“十三五”江苏省高等学校重点教材

U0890768

主编 李 燕 李振宏 耿焕同

C 语言程序设计

江苏大学出版社
JIANGSU UNIVERSITY PRESS
镇 江

图书在版编目(CIP)数据

C 语言程序设计 / 李燕，李振宏，耿焕同主编. —
镇江：江苏大学出版社，2020.9(2025.8 重印)
ISBN 978-7-5684-1385-5

Ⅰ. ①C… Ⅱ. ①李… ②李… ③耿… Ⅲ. ①C 语言—程序设计—高等学校—教材 Ⅳ. ①TP312.8

中国版本图书馆 CIP 数据核字(2020)第 105675 号

C 语言程序设计
C Yuyan Chengxu Sheji

主　　编/李　燕　李振宏　耿焕同
责任编辑/徐　婷
出版发行/江苏大学出版社
地　　址/江苏省镇江市京口区学府路 301 号(邮编：212013)
电　　话/0511-84446464(传真)
网　　址/http://press.ujs.edu.cn
排　　版/镇江文苑制版印刷有限责任公司
印　　刷/江苏扬中印刷有限公司
开　　本/787 mm×1 092 mm　1/16
印　　张/17.75
字　　数/424 千字
版　　次/2020 年 9 月第 1 版
印　　次/2025 年 8 月第 6 次印刷
书　　号/ISBN 978-7-5684-1385-5
定　　价/52.00 元

如有印装质量问题请与本社营销部联系(电话:0511-84440882)

前言

Preface

信息技术的发展促进了科学技术的发展,加快了经济信息化和社会信息化的进程。程序设计是现代科技人才应具备的基本技能,C语言程序设计作为高等学校普遍开设的程序设计入门课程,在大学生思维训练、创新能力培养、计算机素质教育等方面发挥着重要作用。C语言除了可以开发各种类型的软件外,还可直接对可编程硬件进行操作。同时,C语言也是学习其他高级程序设计语言以及计算机类专业课程的基础。

本书作者是长期从事计算机基础课和专业课教学的一线教师,自2002年起负责全校的C语言程序设计课程的教学。经过近二十年的课程建设,积累了丰富的教学经验,对计算机基础课教学规律、非计算机专业的计算机语言课教学特点、C语言课程的教学等有较深入的认识和系统的研究,形成了一套完整的课程体系和教学方法。课程组编写了《C语言程序设计》教材,并于2013年进行改版。本书2020年申报江苏省重点教材再次改版,整体延续了第二版的风格,遵循循序渐进、由浅入深的教学理念,在结构上有了明显的改进,增加了部分具有实际意义的程序实例,由基础知识的学习到实际问题的解决,引导读者逐步掌握C语言的语法与编程技巧。

本书以ISO C89语言规范为蓝本,以Visual C++ 2010为实践环境,系统全面地讲解了从语法到问题编程求解的各个环节。本书共分10章,包括了程序设计的一般性概念以及C语言的语法知识,具体包括:C语言基础知识、数据类型及定义、程序流程控制及结构化程序设计思想、数据的永久存储等。

本书的主要特点为:

(1) 理念新颖,注重基础

围绕应用型本科理工类专业技术人才的培养目标,内容取舍恰当、精心选择。各章知识点完整，不仅涵盖了 C 语言的基本理论知识，还给出了实际应用中的编程技巧，力求让学生能系统、全面、快速地掌握 C 语言程序设计方法，为后续应用开发建立坚实的语言基础。

（2）循序渐进，针对性强

面向编程零基础的读者，针对应用型本科重实践的学习特点，兼顾全国和江苏省二级等级考试大纲（C 语言版）的要求，遵循先理论后实践的学习规律，变抽象为具体的学习策略，增强学习的目标性。科学组织 C 语言知识点和相关考点，首先介绍语法，再给出简洁易懂的示例，然后在后续例题的反复使用中加深理解，提高了教材的可读性和易学性。

（3）培养能力，选例经典

围绕能力培养目标，从易于读者学习的角度出发，精选的示例、例题能充分体现相关章节的知识，引入经典且实用的算法。在例题讲解中详细给出问题分析、流程图、C 语言程序代码、程序分析和运行结果等内容。目的是教会读者如何编程，切实做到编程能力的培养。

本书配有实验教材，该教材内容包括实验、习题解答和等级考试真题讲解。

本书由南京信息工程大学滨江学院 C 语言程序设计课程组教师编写。第 1 章由杨轩老师编写，第 2 章由余晓栋老师编写，第 3 章由张立新老师编写，第 4 章由耿焕同老师编写，第 5 章由陈遥老师编写，第 6 章由方忠进老师编写，第 7 章由朱节中老师编写，第 8 章由李振宏老师编写，第 9 章由李燕老师编写，第 10 章由李富老师编写，附录由任会峰老师编写。耿焕同老师、李振宏老师和李燕老师负责全书的统稿工作。南京信息工程大学滨江学院钱承山教授对本书的编写提出了宝贵的意见和建议，在此深表谢意。部分读者对第二版提出了反馈意见，并对本书的改进提出了中肯的建议，在此表示感谢。

由于编者水平有限，书中难免有不足之处，恳请读者批评指正，不胜感激。编者联系邮箱为：001012@ nuist.edu.cn，002200@ nuist.edu.cn。

目 录

第1章　概述

1.1　计算机程序与程序设计语言

1.1.1　程序和程序设计

计算机程序(Computer Program)是指一组指示计算机或其他具有信息处理能力装置每一步动作的指令,通常用某种程序设计语言编写,运行于某种目标体系结构上。例如,一个程序的源代码就像一个用汉字(程序设计语言)写下的红烧肉烧制工艺(程序源代码),用于指导懂汉语(编译器)同时也会烹饪手法(体系结构)的人来做这道菜(程序)。通常,以英文文本为基础的计算机程序要经过编译和链接而成为一种人们不易看清而计算机可解读的一连串数字的格式,然后在计算机上运行。程序设计的目的是利用计算机对现实问题进行求解。

计算机科学家、图灵奖获得者尼古拉斯·沃斯(Niklaus Wirth)教授对程序进行了经典定义:

程序=算法+数据结构

此公式揭示了程序的本质。随着软件产业的迅猛发展和软件开发工程化进程的加快,程序与软件开发环境的关系越来越紧密,开发工具的选择对程序的开发效率有重大的影响,有时会取得事半功倍的效果。因此,人们对程序的定义进行了扩充:

程序=算法+数据结构+开发环境

本书重点讨论C语言开发环境,而不是复杂的算法和数据结构,目的是让读者利用C语言设计简单程序,建立与计算机之间的会话交流,培养读者的编程思想和程序设计能力。

程序的设计并不是完全凭借“感觉”或是经验来完成的,程序设计的过程需要依据一定的程序设计原理和原则,以及依此提出的设计方法和技术。这就是程序设计方法学所要解决的问题和研究的对象。程序设计方法学的发展、软件的发展以及编程语言的发展三者之间有着密切的关系,通过对其进行研究,可不断地提高编程人员的程序设计水平,丰富编程人员的思维方法;问题求解规模和复杂性大大地促进了程序设计技术的发展,而程序设计水平的提高也推动着程序设计方法学这一学科的不断发展。

从学科定义来说,程序设计方法学的目标是设计出可靠、高效、易读且代价合理的程序。更通俗地说,程序设计方法学的最基本目标是通过对程序本质属性的研究,说明什么样的程序是一个“优秀”的程序,怎样才能设计出“优秀”的程序。

程序设计方法大致经历了手工作坊式、结构化、模块化、面向对象等程序设计阶段。C 语言程序主要是根据结构化程序设计思想和方法来设计程序的。

1.1.1.1　结构化程序设计的思想

1966 年，计算机科学家 Bohm 和 Jacopini 证明了这样的事实：任何简单或复杂的算法都可以由顺序结构、选择结构和循环结构组合而成。因此，这 3 种结构就被称为程序设计的 3 种基本结构，也是结构化程序设计必须采用的结构。

结构化程序设计的基本思想：采用“自顶向下，逐步求精”的程序设计方法和“单入口单出口”的控制结构。“自顶向下，逐步求精”的程序设计方法从问题本身出发，经过逐步细化，将解决问题的步骤分解为由基本程序结构模块组成的结构化程序框图；“单入口单出口”的思想认为，如果一个复杂的程序仅由顺序、选择和循环 3 种基本程序结构通过组合、嵌套构成，那么这个新构造的程序一定是一个“单入口单出口”的程序，据此很容易就能编写出结构良好、易于调试的程序。

1.1.1.2　结构化程序设计的方法

1969 年，迪克斯特拉（E. W. Dijkstra）提出了结构化程序设计方法，即以模块化设计为中心，将待开发的软件系统划分为若干个相互独立的模块，使完成每一个模块的工作变得简单且明确，这为设计一些较大的软件打下了良好的基础。

如何编写程序才算符合结构化程序设计方法呢？按照 1974 年世界著名科学家 D. Gries 教授的分析，结构化程序设计应包括以下 8 个方面的内容：

① 结构化程序设计是指导人们编写程序的一般方法。

② 结构化程序设计是一种避免使用 goto 语句的程序设计。

③ 结构化程序设计是“自顶向下，逐步求精”的程序设计。

④ 结构化程序设计把任何大规模和复杂的流程图转换为标准形式和少数基本而又标准的控制逻辑结构（顺序、选择、循环）。

⑤ 结构化程序设计是一种组织和编写程序的方法，利用它编写的程序容易理解和修改。

⑥ 结构化程序设计是控制复杂性的整个理论和训练方法。

⑦ 结构化程序的一项主要功能是使得正确性的证明容易实现。

⑧ 结构化程序设计将任何大规模和复杂的流程图转换为一种标准形式，使它们能够用几种标准形式的控制结构通过重复和嵌套来表示。

1.1.1.3　结构化程序设计的特征

简单地说，结构化程序设计有以下特征：

(1) 模块化

把一个较大的程序划分为若干个函数或子程序，每一个函数或子程序总是独立成为一个模块；每一个模块又可继续划分为更小的子模块；程序具有一种层次结构。

运用这种编程方法时，必须先对问题进行整体分析，避免想到哪里写到哪里。

(2) 层次化

先设计第 1 层（即顶层），然后逐层细分，逐步求精，直到整个问题可用程序设计语言具体明确地描述出来为止。

步骤:先对问题进行仔细分析,确定其输入、输出数据,写出程序运行的主要过程和任务;然后从大的功能方面把一个问题的解决过程分成几个问题,每个子问题形成一个模块。

特点:先整体后局部,先抽象后具体。

(3) 逐步求精

逐步求精是指对于一个复杂问题,不是一步就编成一个可执行的程序,而是分步进行。具体如下:

第1步编出的程序最为抽象;

第2步编出的程序是把第1步所编的程序(如函数、子过程等)细化,较为抽象;

……

第 n 步编出的程序即为可执行的程序。

所谓"抽象程序",是指程序所描述的解决问题的处理规则,是由那些"做什么(What)"操作组成,而不涉及这些操作"怎样做(How)"以及解决问题的对象具有什么结构,不涉及构造的每个局部细节。

逐步求精法的原理:对于某一个问题或任务,程序员应立足于全局考虑如何解决这一问题的总体关系,暂不涉及每个局部细节。在确保全局的正确性之后,再分别对每一个局部进行考虑,而每个局部又是一个问题或任务。因此,这一方法是自顶而下的,同时也是逐步求精的。

逐步求精法的优点:① 便于构造程序。由这种方法产生的程序,其结构清晰、易读、易写、易理解、易调试、易维护;② 适用于大任务、多人员协同设计,也便于软件管理。

逐步求精法有多种具体做法,如流程图方法、基于函数或子过程的方法等。

1.1.1.4 程序设计的步骤

按照结构化程序设计的思想,程序设计的步骤如下:

(1) 分析问题。对要解决的问题,首先必须分析清楚问题的已知条件、问题的实质等,初步确定问题的解题思路和方法。

(2) 建立数学模型。从编程的角度,遵循编程思想,列出所有已知量,找出问题的求解目标;在对实际问题进行分析后,找出它的内在规律,建立相应的数学模型。只有建立了问题模型,才有可能利用计算机进行解决。

(3) 选择算法。建立数学模型后还不能立即着手编写程序,必须选择合适的数据结构来设计解决问题的算法。一般选择算法时要注意以下几点:① 算法的逻辑结构尽可能简单;② 算法所要求的存储量应尽可能少;③ 避免不必要的循环,减少算法的执行时间;④ 在满足题目条件要求下,使所需的计算量最小。

(4) 编写程序。应把整个程序看作一个整体,先全局后局部,自顶向下。如果某些子问题的算法相同而仅参数不同,可以用函数或子程序表示。

(5) 调试运行。根据程序运行时出现的逻辑错误和输出错误,通过跟踪调试的方法查找出现错误的位置和出错的原因,再次修改程序代码,直至输出正确结果。

(6) 分析结果。根据题目要求,输入要解决问题的初始条件及数据,运行并分析结果,将结果进行保存。

（7）撰写程序的文档。为了便于后期的程序升级及维护，稍复杂的程序需要撰写必要的程序文档，即写明程序设计的思路和相关的实现过程等。

一般来说，前3个步骤可以理解为程序的设计阶段，后4个步骤可以理解为程序的实现阶段。

【例1-1】 输出2到N之间的素数（质数）。

【分析问题】 要求输出2到N之间的素数，程序要做的事就是从2开始依次判断是否为素数。若是素数，则打印出来，否则继续往下找，直到N。

第1步：通过分析问题，给出程序总体框架。

<1>读入一个正整数N。

<2>初始化循环变量i为2。

<3>判断i与N之间的关系。若i大于N，则转向<4>。

<3-1>判断i是否为素数。若i是素数，则打印输出i。

<3-2>取比i大的下一个数，并放入i中。

<3-3>转向<3>。

<4>程序结束。

第2步：细化"判断i是否为素数"。

思路：若i是一个素数，则返回值为真，否则返回值为假。依据素数的定义，除了1和本身之外不能被其他正整数整除的正整数称为素数。

细化程序如下：

<1>初始化循环变量k为2，素数标记flag为真（先假定i是素数）。

<2>判断k与i之间的关系。若k大于等于i，则转向<5>。

<3>判断i是否能被k整除。若能整除，则素数标记flag为假（表示i不是素数），转向<5>。

<4>若素数标记flag为真，则取比k大的下一个数，并放入k中，转向<2>。

<5>返回素数标记flag。

第3步：将程序补充完整。

第4步：其实除了2之外，所有的素数都是奇数，因此可进行相应的程序优化。

1.1.2 程序设计语言及其发展

程序设计语言（Programming Language），是用来定义计算机程序的形式语言。它是一种被标准化的交流技巧，用来向计算机发出指令。一种计算机语言让程序员能够准确地定义计算机所需要使用的数据，并精确地定义在不同情况下所应当采取的行动。

编程语言原本是被设计成专门使用在计算机上的，但它们也可以用来定义算法或者数据结构。编程语言往往使程序员能够比使用机器语言更准确地表达他们所想表达的目的。对从事计算机科学的人来说，懂得程序设计语言十分重要，因为目前所有的计算都需要程序设计语言才能完成。

有许多用于特殊用途的语言，只在特殊情况下使用。例如，PHP专门用来显示网页；Perl更适合文本处理；C语言被广泛用于操作系统和编译器的开发（所谓的系统编程）。

如果所使用的翻译的机制是将所要翻译的程序代码作为一个整体翻译,并之后运行内部格式,那么这个翻译过程就被称为编译。因此,一个编译器是一个将人可阅读的程序文本(叫作源代码)作为输入的数据,然后输出可执行文件。所输出的可执行文件可以是机器语言,由计算机的中央处理器直接运行。

如果程序代码是在运行时才即时翻译,那么这种翻译机制就被称为解释。经解释的程序运行速度往往比编译的程序慢,但往往更具灵活性,因为它们能够与执行环境互相作用。

程序设计语言总的来说分为机器语言、汇编语言、高级语言三大类。而这 3 种语言也恰恰是计算机语言发展史的 3 个阶段。

1946 年 2 月 14 日,世界上第一台计算机 ENIAC 诞生,使用的是最原始的穿孔卡片。这种卡片上使用的语言是只有专家才能理解的语言,与人类语言差别极大,这种语言就称为机器语言。机器语言是第一代计算机语言。这种语言本质上是计算机能识别的唯一语言,人类很难理解。以后的语言就是在这个基础上简化而来的。虽然后来发展的语言能让人类直接理解,但最终送入计算机的还是这种机器语言。

计算机语言发展到第二代,出现了汇编语言。汇编语言用助记符代替了操作码,用地址符号或标号代替地址码。这样就用符号代替了机器语言的二进制码。汇编语言也称为符号语言。比起机器语言,汇编语言大大进步了。尽管还是复杂,用起来容易出错,但汇编语言在计算机语言发展史上是机器语言向更高级的语言进化的桥梁。

当计算机语言发展到第三代时,就进入了“面向人类”的高级语言。高级语言是一种接近于人们使用习惯的程序设计语言。它允许用英文编写计算机程序,程序中的符号和算式也与日常用的数学式差不多。高级语言发展于 20 世纪 50 年代中叶到 70 年代,流行的高级语言已经开始固化在计算机内存里了,如 BASIC 语言。现在,计算机语言仍然在不断地发展,种类也相当多,如 FORTRAN 语言、COBOL 语言、C 语言、C++、C#、Java、Python等。

1.2 C 语言的产生发展及特点

1.2.1 C 语言的产生与发展

C 语言是一种通用的程序设计语言,是一种高级语言,广泛应用于系统软件与应用软件的开发。1969—1973 年,为了移植与开发 UNIX 操作系统,丹尼斯·里奇(Dennis Ritchie)与肯·汤普逊(Ken Thompson),以 B 语言为基础,在贝尔实验室中设计、开发了 C 语言。1973 年,UNIX 操作系统的核心正式用 C 语言改写,这是 C 语言第一次应用在操作系统的核心编写上。1978 年,丹尼斯·里奇和布莱恩·柯林汉(Brian W. Kernighan)合作出版了《C 程序设计语言》的第一版。书中介绍的 C 语言标准也被 C 语言程序员称作“K&R C”,第二版的书中也包含了一些 ANSI C 的标准。

20 世纪 80 年代，为了避免各开发厂商用的 C 语言的语法产生差异，由美国国家标准局为 C 语言制定了一套完整的国际标准语法，称为 ANSI C，作为 C 语言的标准。20 世纪 80 年代至今的有关程序开发工具，一般都支持符合 ANSI C 的语法。

1989 年，C 语言被美国国家标准协会（ANSI）标准化，编号为 ANSIX 3. 159-1989。这个版本又称为 C89。标准化的一个目的是扩展 K&R C。

1990 年，国际标准化组织（ISO）成立 ISO/IECJTC1/SC22/WG14 工作组，以此来规定国际标准的 C 语言，通过对 ANSI 标准的少量修改，最终制定了 ISO 9899:1990，又称为 C90。随后，ANSI 亦接受国际标准 C，并不再发展新的 C 标准。

在 ANSI 的标准确立后，C 语言的规范在一段时间内没有大的变动，然而 C++在自己的标准化创建过程中继续发展壮大。《标准修正案一》在 1994 年为 C 语言创建了一个新标准，但是只修正了一些 C89 标准中的细节和增加更多更广的国际字符集支持。不过，这个标准引出了 1999 年 ISO 9899:1999 的发表。它通常被称为 C99。C99 被 ANSI 于 2000 年 3 月采用。

2011 年 12 月 8 日，ISO 正式发布了新的 C 语言的新标准 C11，之前被称为 C1X，官方名称为 ISO/IEC 9899:2011。新的标准提高了对 C++的兼容性，并增加了一些新的特性。这些新特性包括泛型宏、多线程、带边界检查的函数、匿名结构等。

本书主要基于 C90 的标准来介绍 C 语言。

1.2.2　C 语言的特点

C 语言具有高效、灵活、功能丰富、表达力强和较高的可移植性等特点，在程序设计中备受青睐，是使用最为广泛的编程语言之一。当前，C 语言编译器普遍存在于各种不同的操作系统中，如 Microsoft Windows、MacOS、Linux、UNIX 等。C 语言的设计影响了众多后来的编程语言，如 C++、Objective-C、Java、C#等。

C 语言设计目标是提供一种能以简易的方式编译、处理低级存储器、产生少量的机器代码以及不需要任何运行环境支持便能运行的编程语言。C 语言也很适合搭配汇编语言来使用。尽管 C 语言提供了许多低级处理的功能，但仍保持了良好跨平台的特性，以一个标准规格写出的 C 语言程序可在许多计算机平台上进行编译，甚至包含一些嵌入式处理器（微控制器或称 MCU）以及超级计算机等计算机平台。

一般认为，C 语言具有以下特性：

① C 语言是一个有结构化程序设计、具有变量作用域以及递归功能的过程式语言。

② C 语言传递参数均是以值传递，另外也可以传递指针。

③ 不同的变量类型可以用结构体（struct）组合在一起。

④ 只有 32 个保留字，使变量、函数命名有更多弹性。

⑤ 部分的变量类型可以转换，例如整型和字符型变量。

⑥ 通过指针（pointer），C 语言可以容易地对存储器进行低级控制。

⑦ 编译预处理让 C 语言的编译更具有弹性。

1.3　C 语言程序上机

1.3.1　C 程序开发过程

高级程序设计语言以人为本，面向自然表达，易学、易用、易理解、易修改等优势加速了程序设计语言的发展。计算机语言的发展和应用大大提高了计算机的功能和效率，促进了计算机的普及使用，在计算机科学发展史上是一个重要的里程碑。但是就目前而言，计算机硬件自身根本不懂 C 语言这样的高级语言，机器不能直接执行用高级语言编写的程序，因为机器语言是计算机唯一能直接识别的语言。

高级程序设计语言是人和计算机交互的媒介。那么，如何使一个用高级语言编写的程序能够在只认得机器语言的计算机上执行呢？这就需要由从事计算机软件工作的人员搭一座桥梁，使其成为沟通计算机硬件与用户的渠道，这个桥梁即为“编译程序”。通过编译程序的翻译处理工作，机器才能执行高级语言编写的程序。确切地讲，把用某一种程序设计语言编写的源程序翻译成等价的另一种语言书写的目标程序的程序，称为编译程序（Complier）或翻译程序（Translator）。简单地说，编译程序是一个翻译过程，它是程序设计语言的支持工具或环境。术语“编译”的内涵是实现从源语言表示的算法向目标语言表示的算法的等价变换。

定义 1　源程序是用源语言编写的程序，源语言是用来编写源程序的语言，如 C 语言。

定义 2　目标程序是源程序经过编译程序翻译后生成的程序，常用类似汇编语言的中间语言表示。

定义 3　可执行程序是对目标程序经过链接后生成的可直接执行的程序，用机器语言表示。

高级语言、源程序、编译器和可执行程序的关系，如图 1-1 所示。

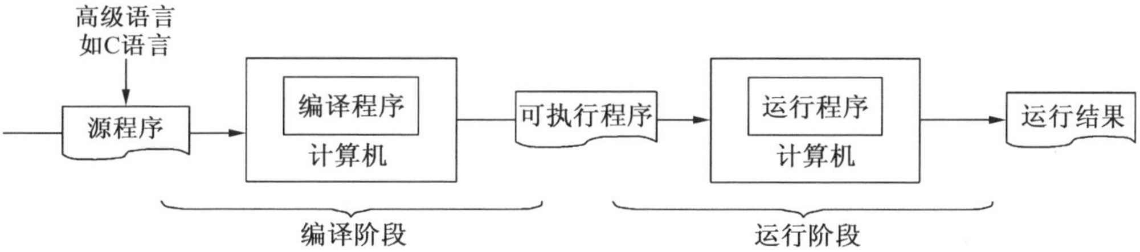

图 1-1　高级语言、源程序、编译器和可执行程序间的关系

C 语言是一种编译型的高级计算机语言，描述解决问题算法的 C 语言源程序文件约定的扩展名为 .c（注：在 Visual C++ 2010 Express 开发环境下，扩展名为 .cpp）。编写好源程序后，首先必须用相应的 C 语言编译程序编译，编译成功后形成相应的中间目标程序文件（.obj），后再用链接程序将该中间目标程序文件与有关的库文件（.lib）和其他有关的中间目标程序文件链接起来，形成最终可以在操作系统平台上直接运行的二进制形式的可执行程序文件（.exe）。具体来说，包括以下几个详细的步骤。

（1）源程序编辑（Edit）：使用文字处理软件或编辑工具将源程序以文本文件形式保存到磁盘，源程序文件名由用户自己选定，但扩展名须为“.c”（或.cpp），如记为Hello.c。编写源程序时，必须注意严格按照C语言的语法规则，特别注意编辑程序是否添加了格式字符，切忌出现不允许的特殊字符，如全角或中文的字符。因此，最好不要使用Word、WPS之类的编辑软件编辑源程序，建议采用记事本的纯文本编辑器或使用专业的开发工具。

（2）编译（Complier）：编译的功能就是调用“编译程序”，将第（1）步形成的源程序文件（Hello.c）作为编译程序的输入并进行编译。编译程序会自动语法分析、检查源程序的语法错误。若存在错误，则报告两类错误类型——警告（Warning）和严重错误（Error），并给出出错所在行和可能的原因。用户根据报告信息修改源程序，再编译，直到程序语法正确为止。编译成功后生成中间目标程序文件，如记为Hello.obj。

（3）链接（Link）：编译后产生的目标程序往往形成多个模块，还要和库函数进行链接才能运行，链接过程是使用系统提供的“链接程序”运行的。使用链接程序，将第（2）步形成的中间目标文件（Hello.obj）与所指定的库文件和其他中间目标文件链接，这期间可能出现缺少库函数等类型的链接错误，同样链接程序会报告错误信息。用户根据错误报告信息再次修改源程序，再编译，再链接，直到程序正确无误，方可生成可执行文件，如记为Hello.exe。

（4）运行（Run）：第（3）步完成后，就可以运行可执行文件（Hello.exe）。若执行结果达到预期的目的，则编程工作到此完成。若执行结果未达预期目的，则可能是解决问题的算法不符合题意而使源程序具有逻辑错误，得到错误的运行结果；或者语义的错误，导致运行时错误，例如程序运行时，出现用0做除数。这就需要检查算法中的问题，重新从编写源程序阶段开始修改源程序，直到取得最终的正确结果。

（5）调试和测试（Debug&Test）：为最大限度地确保编写程序的正确性，需要设计合理且有效的测试用例，进行全面、细致而艰苦的调试和测试工作，必要时需单步跟踪程序的运行。实际上，程序设计过程也是一个排除错误的过程，错误常包括语法错误、功能（逻辑）错误、运行异常错误。这三类错误发生的时期和排除错误的技巧方法均不同。

语法错误发生在编译阶段，没有语法错误的程序仅称为一个合式的程序，即符合特定语言规范的源代码；若发生错误，参考特定编程语言的规范修改即可。

功能（逻辑）错误发生在程序编译成功后的执行阶段，当输入测试用例后，程序运行结果与程序员期待结果不一致。例如，题目要求计算两个数的和，可程序实现时计算了两个数的乘积。对这类错误的排除关键在于找到错误的原因，因此需借助运行结果不正确的测试用例对程序进行跟踪和调试。

运行异常错误指的是编写程序时忽略了对一些边界条件、特定情况的处理，导致异常。这类错误的排除需在程序中添加异常处理代码。

上述三类错误中，最难处理的是功能错误。三类程序错误间的比较总结见表1-1。

表 1-1 三类程序错误间的比较

错误类别	发生阶段	排除方法	难易程度
语法错误	编译阶段	参考语言规范编译器会自动指出	排除难度低
功能错误	运行阶段	借助测试用例,调试和跟踪程序依赖程序员的经验和对出错的敏感性等	排除难度高
运行异常	运行阶段	增加异常处理代码,关键在于找出可能发生异常的代码	排除难度中

1.3.2 C 程序开发环境

本书选择 Visual C++ 2010 Express(学习版)作为学习 C 语言程序设计的开发环境。这也是目前全国计算机等级考试所指定的 C 语言开发环境之一。

Microsoft Visual C++(简称 Visual C++、MSVC、VC++或 VC)是微软公司的 C++开发工具,提供集成开发环境(IDE, Integrated Development Environment),可提供编辑 C 语言、C++及C++/CLI 等编程语言。Visual C++ 2010 Express 是微软 Visual Studio 2010 Express 开发工具家族中的一员,Express 表示这是精简版,相对于专业版去除了一些功能,但体积更小,启动速度更快,而且是免费使用的,主要用于教学等非商业用途。相对于更早期的 VC 6.0,它更方便初学者学习使用。Visual C++ 2010 Express 更具现代化,包括了现代软件开发所需要的一些常见的功能,如 Intellisence(智能检测补全代码)、代码高亮、查找所有引用等。Visual C++ 2010 Express 支持最新的 C++标准。

在 1.5 节中将结合一个简单示例来说明在 Visual C++ 2010 Express 中开发 C 语言程序的过程。

1.4 算法概述

1.4.1 算法的概念

算法(algorithm)在数学和计算机科学之中,为任何良定义(well-defined)的具体计算步骤的一个序列,常用于计算、数据处理和自动推理。精确而言,算法是一个表示为有限长列表的有效方法。算法应包含清晰定义的指令用于计算函数。

一个更为简明的算法定义为:算法是解决一个问题而采取的方法和步骤。它是明确的一系列解决问题的指令集,算法代表着用系统的方法描述解决问题的策略机制。也就是说,它能够对一定规范的输入,在有限时间内获得所要求的输出。

不同的算法可能用不同的时间、空间或效率来完成同样的任务。一个算法的优劣可以用空间复杂度与时间复杂度衡量。

计算机算法一般分为两类:一类是进行数值运算的算法,如求方程的根、计算积分等;另一类是进行非数值运算的算法,如信息检索、排序和画图等。目前,数值运算的算法比较成熟,而非数值计算的种类繁多,情况各异。本书主要讨论数值运算的算法。

1.4.2 算法的特性

高德纳(Donald E. Knuth)在他的著作《计算机程序设计艺术》里对算法的特征进行了归纳。他认为算法有以下5个特性:

① 输入:一个算法必须有零个或以上输入量。

② 输出:一个算法应有一个或以上输出量,输出量是算法计算的结果。

③ 确定性:算法的描述必须无歧义,以保证算法的实际执行结果精确地符合要求或期望,通常要求实际运行结果是确定的。

④ 有限性:依据图灵的定义,一个算法是能够被任何图灵完全系统模拟的一串运算,而图灵机只有有限个状态、有限个输入符号和有限个转移函数(指令)。而一些定义更规定算法必须在有限个步骤内完成任务。

⑤ 有效性:又称可行性。算法中描述的操作都是可以通过已经实现的基本运算执行有限次来实现的。

1.4.3 算法的表示

有效、简洁地描述一个计算机求解过程,称为算法的表示。常见的算法表示方法有自然语言表示方法、流程图表示方法、PAD图和伪代码表示方法等。在详细讨论算法表示时,需先了解程序的3种基本结构。

通常情况下,程序是按顺序一条一条地执行各语句,这种方式称为"顺序执行"。但是,有些程序语言允许程序员指定下一条要执行的语句,即进行控制转移,这使程序的可读性、可维护性、可靠性都大为降低。研究证明,任何单入口和单出口的没有"死循环"的程序都能由3种最基本的控制结构(即顺序结构、选择结构和循环结构)构造出来。

(1) 顺序结构

顺序结构就是从头到尾依次执行每一个语句,它严格按照语句的书写顺序从上到下,从左到右执行。

【例1-2】 求任一个数的平方,并输出。

【问题分析】 依题意,可按如下步骤进行:

第1步:从键盘输入一个数;

第2步:求此数的平方;

第3步:输出平方值。

(2) 选择结构(分支结构)

选择结构是根据不同的条件执行不同的语句或者语句体,分为单分支、二分支和多分支结构。例如,如果明天天气晴好,我就去户外打篮球,否则我就待在家里看书。显然,多分支结构在执行时,会依据执行时的具体情况一次只执行一个,即不同时刻会执行不同的分支。

(3) 循环结构

循环结构就是重复地执行语句或者语句体,达到重复执行一类操作的目的。常见的循环结构有计数型循环、当型循环、直到型循环。例如,一年中有春、夏、秋、冬4个季节,年年如此。

为了更加清楚、准确地表示算法,常采用简单明了的图形符号。这里介绍常用的传统流程图符号(见表 1-2)。

表 1-2 常用的传统流程图符号

形状	名称	描述
	流程符号 Flowline (Arrowhead)	用来表达过程的次序,用一条线由一个符号连接到另一个符号。如果不是标准的上至下、左至右图就会加上箭头。
	起止符号 Terminal	用来表示次要或程序的开始与完结。常以一个圆角长方形表示。通常里面会标上“开始”或“结束”或其他相关字眼,如“提交查询”或“接受产品”。
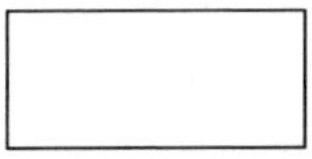	处理 Process	以长方形来代表一系列程序去改变量值、形式、数据的位置。
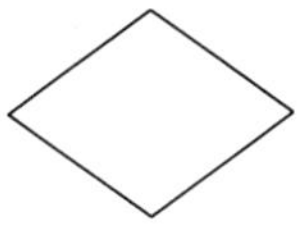	决策判断 Decision	以一个菱形去显示一个条件进程,用来按情况去决定下一步走向。通常以“是/否”或“真/假”值去决定。
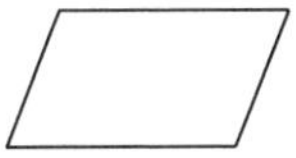	输入/输出 Input/Output	以平行四边形来标示数据输入或输出的过程,即填入数据或显示工作结果的步骤。
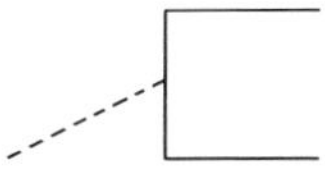	注释 Annotation	用来补充某步骤的额外信息,可用一个虚线来连接一个半闭合的长方形至想注释的符号中。
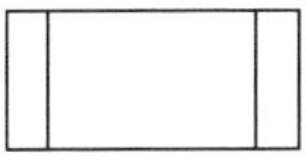	已定义流程 PredefinedProcess	用一个有 2 条左右垂直线长方形,来表示一个已在其他地方定义了的过程。
	同页参考 On-pageConnector	用一个含有字母的小圆圈来连接目标流程画于同一页上。
	换页参考 Off-pageConnector	用一个倒画的屋型来表示目标流程画于另一页上。

一个完整的流程图应包括:表示相应操作的框、带箭头的流程线、框内外必要的文字说明。借助流程图符号,程序的 3 种基本结构表示如下:

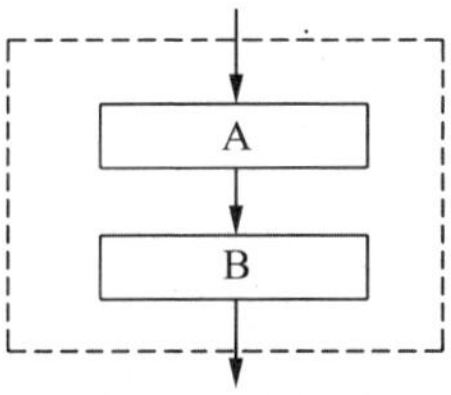

图 1-2 顺序结构

顺序结构:在图 1-2 中,虚框内表示处理框 B 中代码在处理框 A 中的代码执行完后方可执行。

选择结构:在图 1-3 中,虚框表示先对判断框 P 中条件进行判断，再根据判断值的真假，选择相应的处理框执行。图 1-3a 为两分支情形，图 1-3b 为单分支情形。

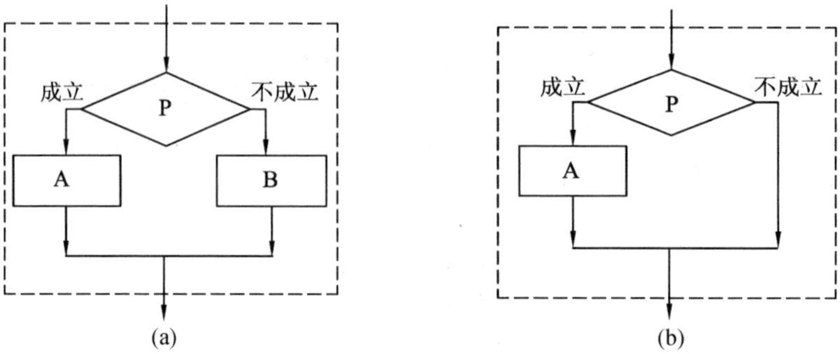

图 1-3　选择结构

循环结构：常分为两种情形，一种是先判断条件后执行循环体，如图 1-4a 所示；另一种是先执行循环体后判断条件，如图 1-4b 所示。两者区别在于：前者会出现循环体一次都不执行的情形，而后者至少执行一次。

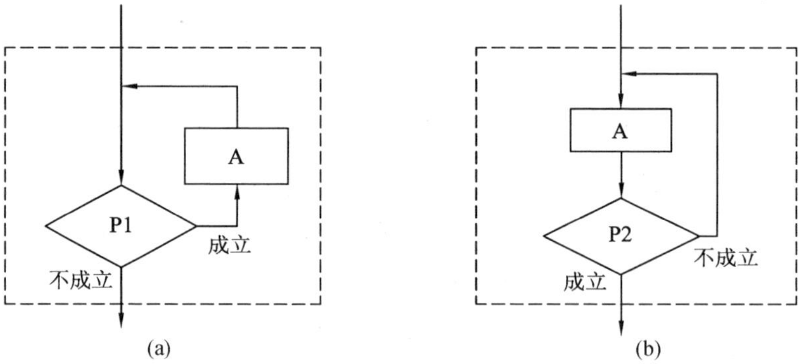

图 1-4　循环结构

从 3 种基本结构的流程图来看，它们具有如下共同特点：① 只有一个入口；② 只有一个出口；③ 结构内的每一部分都有可能被执行到；④ 结构内不存在“死循环”。

除了传统的流程图之外，Nassi Shneiderman 图（简称为 NS 图或盒图）也是表示结构化程序设计算法流程的一种常用方法。NS 图是在 1972 年由毕业于美国石溪大学的 Isaac Nassi 和 Ben Shneiderman 提出。NS 图和传统流程图几乎是同构的，任何的 NS 图都可以转换为流程图，而大部分的流程图也可以转换为 NS 图。与传统流程图的最大区别是不允许使用流程线，带来的好处是使流程更加规范，流程更清晰，避免了频繁使用流程线导致流程凌乱的弊端。但也正是因为没有了流程线，所以像 goto 语句或是 C 语言中针对循环的 break 及 continue 语句是无法用 NS 图表示的。

程序方块（Process Block）是 NS 图的基本结构，它表示不需再分解的基本步骤。当算法流程进行到一个程序方块时，会进行程序方块中的操作，然后移至下一个程序方块。

顺序结构的 NS 图如图 1-5 所示。

双分支选择结构的 NS 图如图 1-6 所示。

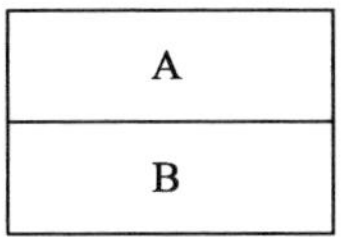

图 1-5　顺序结构 NS 图

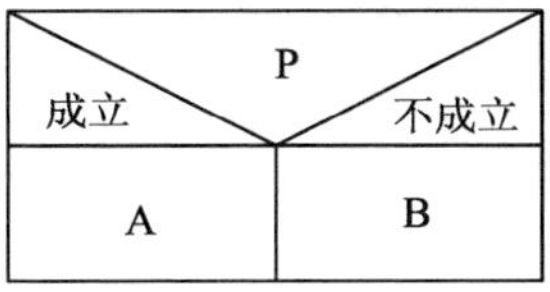

图 1-6　选择结构 NS 图

循环结构的 NS 图如图 1-7 所示，左侧为当型循环，右侧为直到型循环。

图 1-7　循环结构 NS 图

1.4.4　简单算法举例

【例 1-3】　根据降雪量的大小可分为小雪、中雪、大雪和暴雪 4 个等级。通常作如下规定：

（1）小雪：12 小时内降雪量<1.0 mm；

（2）中雪：1.0 mm≤12 小时内降雪量<3.0 mm；

（3）大雪：3.0 mm≤12 小时内降雪量<6.0 mm；

（4）暴雪：12 小时内降雪量≥6.0 mm。

从键盘上接收一个 12 小时内降雪量值，输出下雪的等级。

【问题分析】

（1）依题意，先给出求解的步骤。

第 1 步：定义接收降雪量的实数型变量 r，并从键盘接收正实数，存入 r 中；

第 2 步：若 r<1.0，则输出“小雪”并转第 6 步；

第 3 步：若 r<3.0，则输出“中雪”并转第 6 步；

第 4 步：若 r<6.0，则输出“大雪”并转第 6 步；

第 5 步：输出“暴雪”；

第 6 步：算法结束。

【说明】　此处没有考虑数据的合法性，实际应用中需对输入的数据进行合法性检查。请思考，为什么在第 3 步和第 4 步时，没有像题目中(2)和(3)一样的不等式？

（2）传统流程图表示如图 1-8 所示。

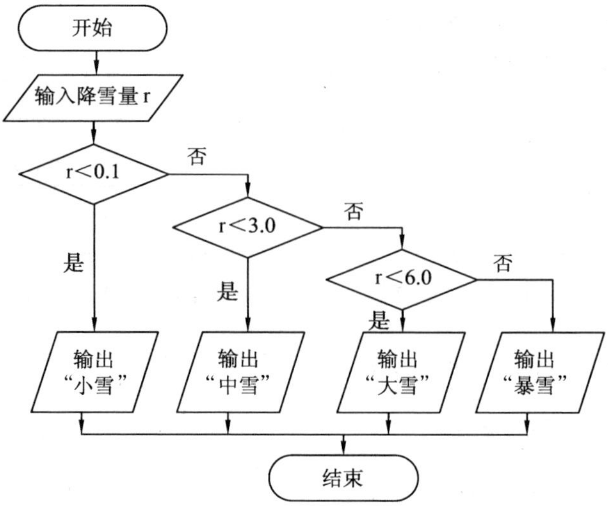

图 1-8　降雪量等级判定的传统流程图

【例 1-4】　写一个算法输入南京市 2013 年 7 月份每天的平均气温,求出这个月的平均气温并输出。

【问题分析】

(1) 依题意,先给出求解的步骤。

第 1 步: 定义一个含有 31 个元素的实数型数组 T,温度总和的实数型变量 Sum T,平均温度的实数型变量 Avg T 等;

第 2 步: 借助循环,从键盘接收每天的平均气温值;

第 3 步: 借助循环,统计这个月的温度总和;

第 4 步: 用温度总和 Sum T 除以 31 天,得该月的平均气温 Avg T;

第 5 步: 输出平均气温 Avg T;

第 6 步: 算法结束。

对第 2 步进一步细化:

第 2.1 步: 循环变量初始化 day=1;

第 2.2 步: 接收一个温度,并存入相应温度数组元素 T[day]中;

第 2.3 步: day=day+1;

第 2.4 步: 如果 day 不大于 31,则转第 2.2 步;

第 2.5 步: 输入结束。

对第 3 步进一步细化:

第 3.1 步: 循环变量初始化 day=1;

第 3.2 步: 从温度数组中读取 T[day]元素,并累加到 Sum T;

第 3.3 步: day=day+1;

第 3.4 步: 如果 day 不大于 31,则转第 3.2 步;

第 3.5 步: 统计结束。

【说明】 此处未考虑数据的合法性，实际应用中需对输入的数据进行合法性检查。

（2）传统流程图表示如图1-9所示。

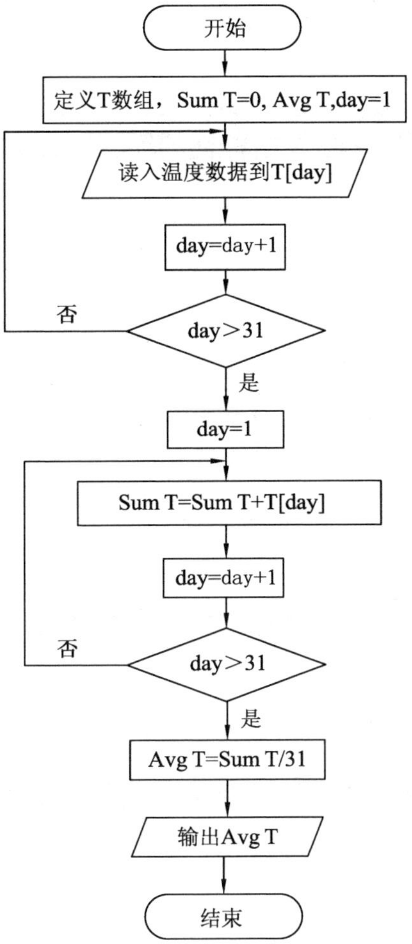

图1-9　平均气温处理的传统流程图

1.5　实验指导

（1）VC++ 2010 Express 界面简介

Visual C++ 2010 Express 的界面（见图1-10）主要由以下几个部分构成：

① 菜单栏：所有功能菜单项所在的区域。在程序设计中主要使用菜单的有“文件”“调试”“工具”等，在新建或打开项目后还会增加“项目”菜单。

② 工具栏：显示常用功能的工具按钮的区域。

③“解决方案资源管理器”窗口：在新建项目后，该窗口用于查看项目结构，为管理各类项目文件的功能区。所有项目文件相关的操作均在此功能区完成，如新建、删除、重命

名源程序文件等。

④ 工作窗口:在刚打开时默认显示初始页。在新建项目中的源程序文件后,在此编辑源程序文件。

⑤ 输出窗口:显示在构建程序的过程中产生的各类提示,如编译和连接过程中产生的错误提示信息等。

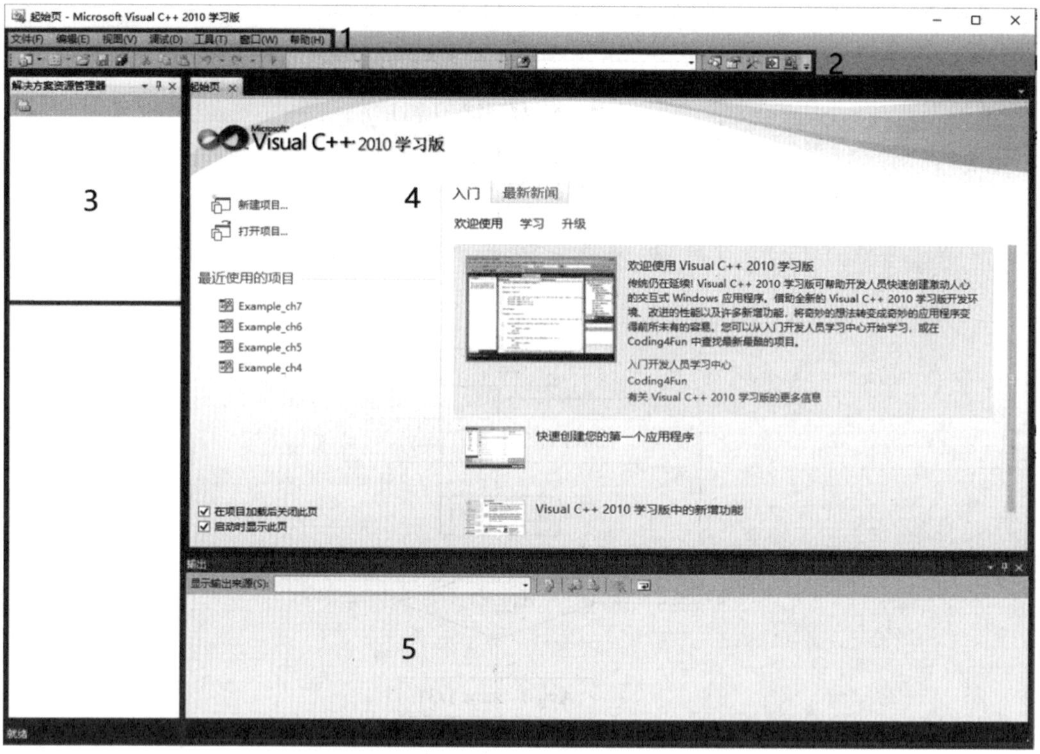

图 1-10　Visual C++ 2010 Express 界面

(2) 新建项目

在 Visual C++ 2010 Express 中,所有的程序均以项目的形式进行管理,所有与程序相关的文件包含在一个项目中,一个项目可以包含多个文件。在初学的阶段,项目一般只有一个源程序文件。当一个程序设计、运行和调试完成后,如果需要设计另一个程序必须新建另一个项目。一般情况下,一个程序对应一个项目。

① 新建项目

通过选择菜单栏上的"文件|新建|项目"菜单项(见图 1-11),或者使用快捷键Ctrl+Shift+N,打开"新建项目"对话框(见图 1-12)。

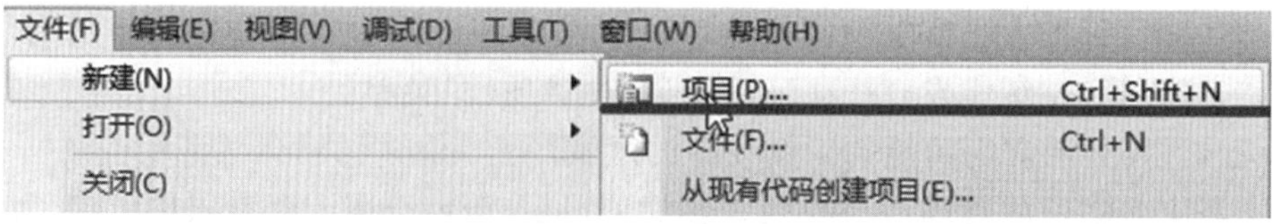

图 1-11　新建项目的菜单项

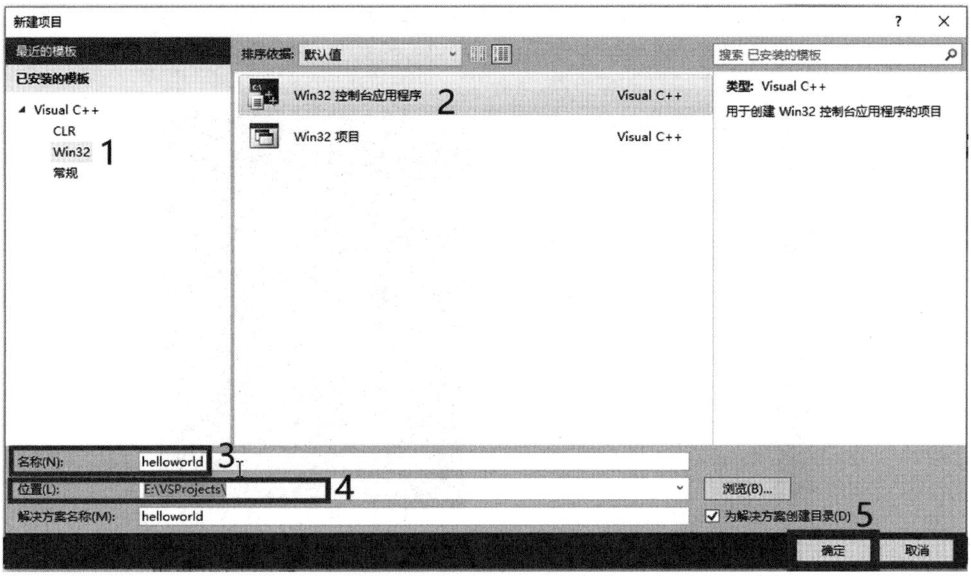

图 1-12　“新建项目”对话框

在对话框中首先选择“项目类型”为“Win32 | Win32 控制台应用程序”(如果是英文版则为 Win32 Console Application)。接下来输入项目“名称”,在本实验中输入项目名称为“helloworld”。再接着选择保存项目的“位置”,也就是这个项目保存在硬盘的什么文件夹下。可以在这里输入文件夹的路径,也可以单击右侧的“浏览”按钮,在弹出的对话框中选择项目的位置。最后,单击“确定”按钮进行下一步设置。

② 设置新建的项目

在弹出的第 1 个窗口(见图 1-13a)直接单击“下一步”按钮。在第 2 个窗口(见图 1-13b)中首先勾中“空项目”选项,然后单击“完成”按钮,完成项目的创建。此时,可以在“解决方案资源管理器”中看到新建的“helloworld”项目的结构(见图 1-14)。

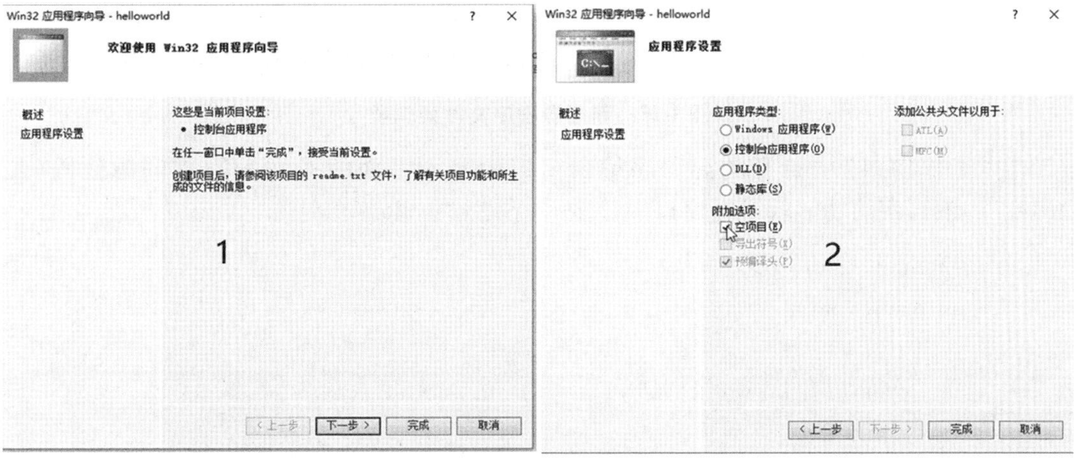

(a)　　　　　　(b)

图 1-13　新建项目设置

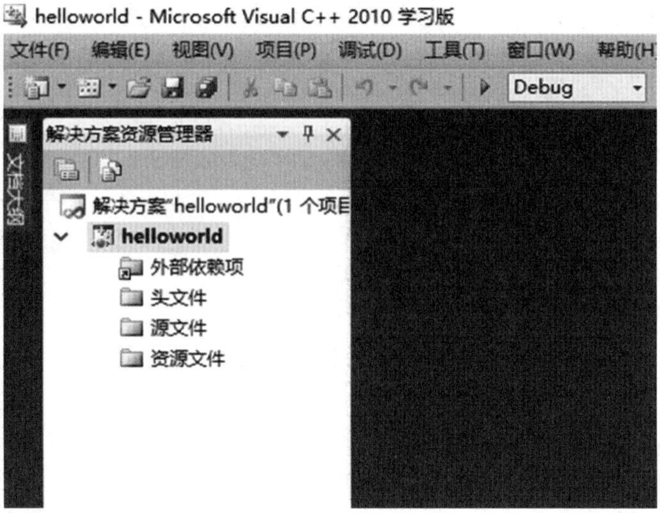

图 1-14　新建项目的结构

（3）新建源程序文件

在“解决方案资源管理器”中新建项目的“源文件”文件夹上单击右键，在弹出的菜单中选择“添加 | 新建项”(见图 1-15)，弹出“添加新项”对话框(见图 1-16)。

在“添加新项”对话框中首先选择“文件类型”为“C++文件(.cpp)”。然后在“名称”中输入源程序文件的名称，在本示例中输入文件名称为“helloworld”，即创建一个名为 helloworld.cpp的源程序文件。最后单击“添加”按钮将新建的源程序文件添加到“helloworld”项目中。

图 1-15　新建源程序文件菜单项

在“工作窗口”中打开的源程序编辑窗口中录入下面的 C 语言写成的源代码(见图 1-17)。该程序的功能就是在窗口中显示一行文字“hello world!”。

```
#include <stdio.h>
int main(void)
{
    printf("hello world!\n");
    return 0;
}
```

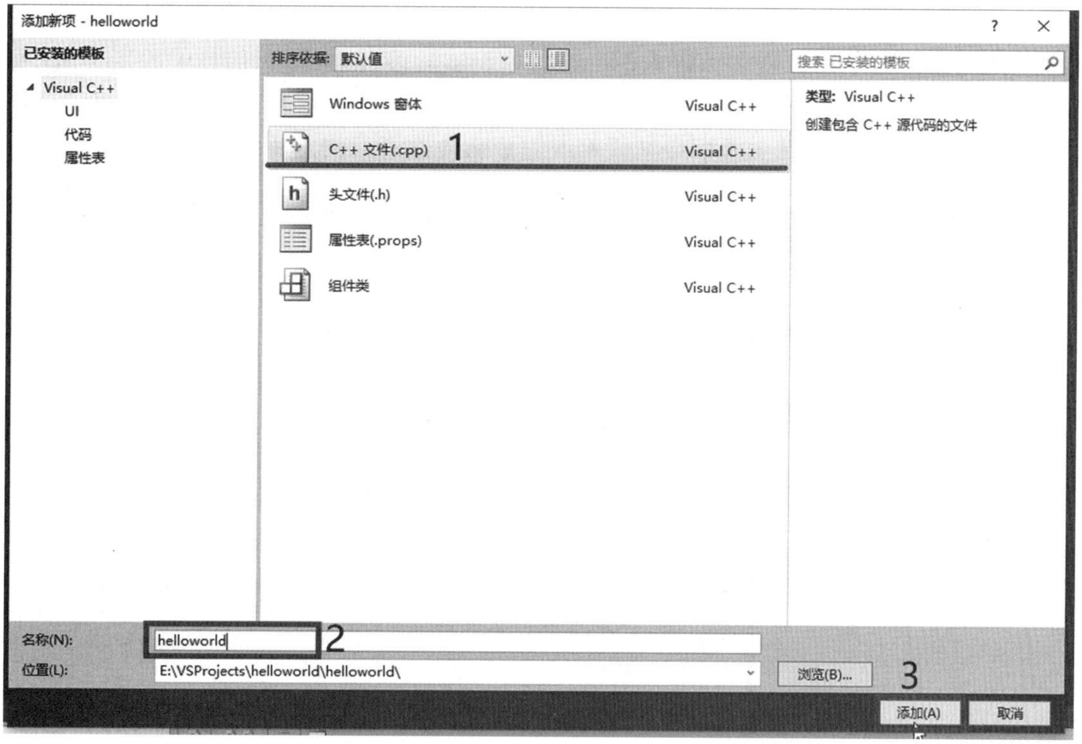

图 1-16　"添加新项"对话框(新建源程序文件)

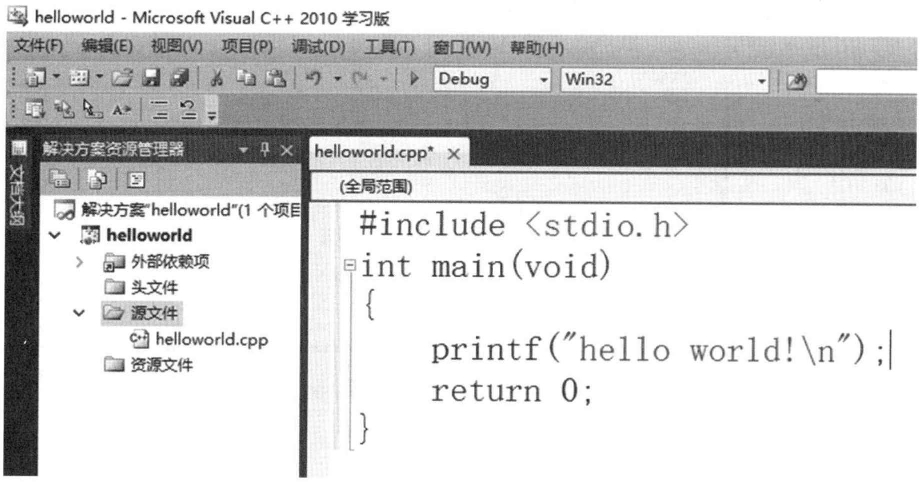

图 1-17　编写源代码

(4) 构建程序(编译与连接)

根据教材 1.3 节的内容,创建源程序文件后需要通过编译得到目标文件,再通过连接得到可执行文件。在 Visual C++ 2010 Express 中把这两个步骤合成了一个操作,称为"生成解决方案",也称为"构建"(Build)过程。可以选择"调试"菜单中的"生成解决方案"菜单项,或是使用快捷键 F7 完成构建程序的过程。

在“输出窗口”窗口中可以看到构建过程中所产生的一些提示信息。如果提示信息中提示成功(见图 1-18),就可以进入下一步运行调试阶段;如果提示信息中提示失败(见图 1-19),则一般意味着有语法错误(程序第 4 行结尾漏写了分号),这时需要根据错误提示信息去修改源程序文件。源程序文件修改完成后再次进行构建程序操作。

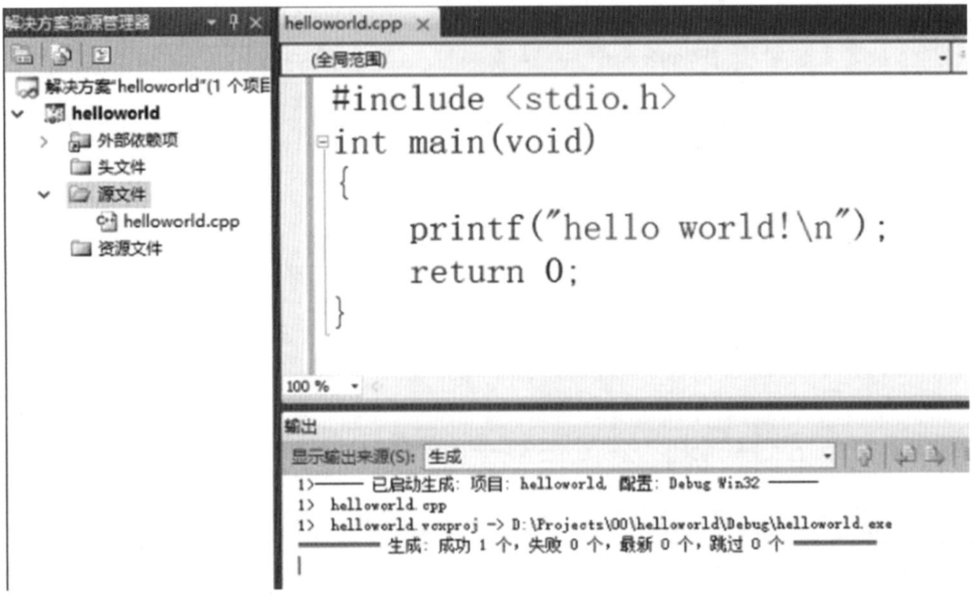

图 1-18　构建程序成功

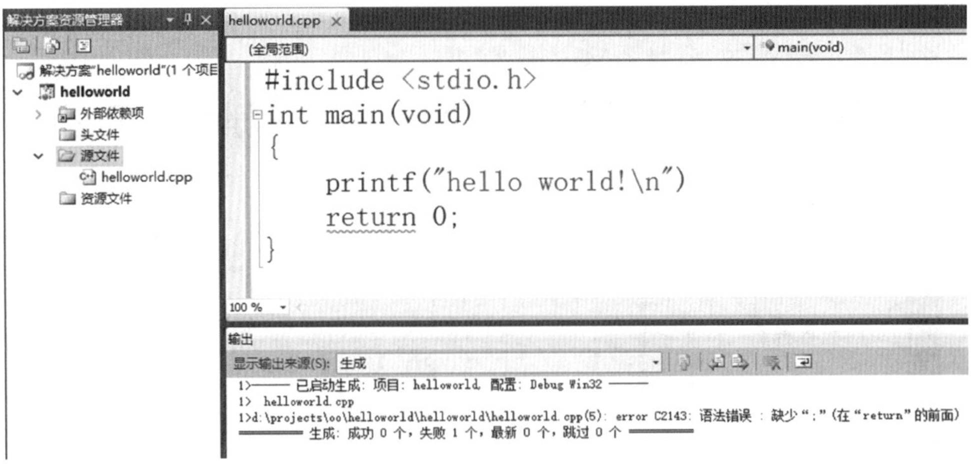

图 1-19　构建程序失败

(5) 运行调试

如果构建程序成功,则可以运行调试程序。在 Visual C++ 2010 Express 中可以选择“调试”菜单中的“启动调试”菜单项,或是使用快捷键 F5 对程序进行运行调试。由于这是以调试模式来运行程序,所以会看到显示结果的窗口一闪而过。如果想看到程序运行的结果,可以使用快捷键 Ctrl+F5 来运行程序(见图 1-20)。

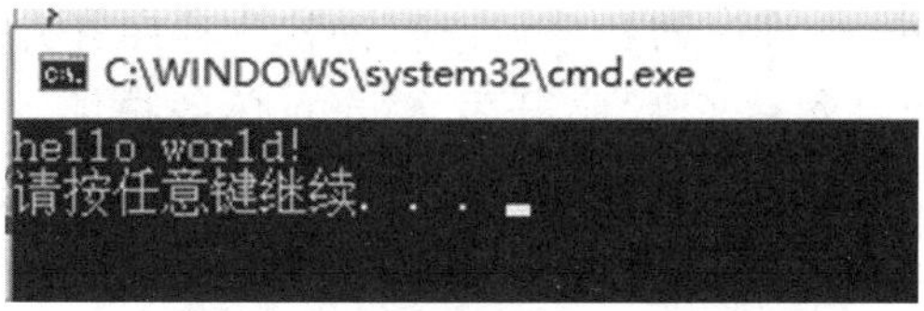

图 1-20 helloworld 程序运行结果

由于本示例中的程序非常简单,所以不会出现运行阶段的错误。在今后各章节的实验和练习中,如果出现运行阶段的错误,则需要返回源程序文件中去查找源代码的错误,再构建程序并继续运行调试,直到程序正确运行为止。结合之前 1.3.1 节介绍的 C 程序开发过程,本节示例的 helloworld 示例程序的开发过程图 1-21 所示。每个阶段所产生的文件都可以在项目文件夹中找到。

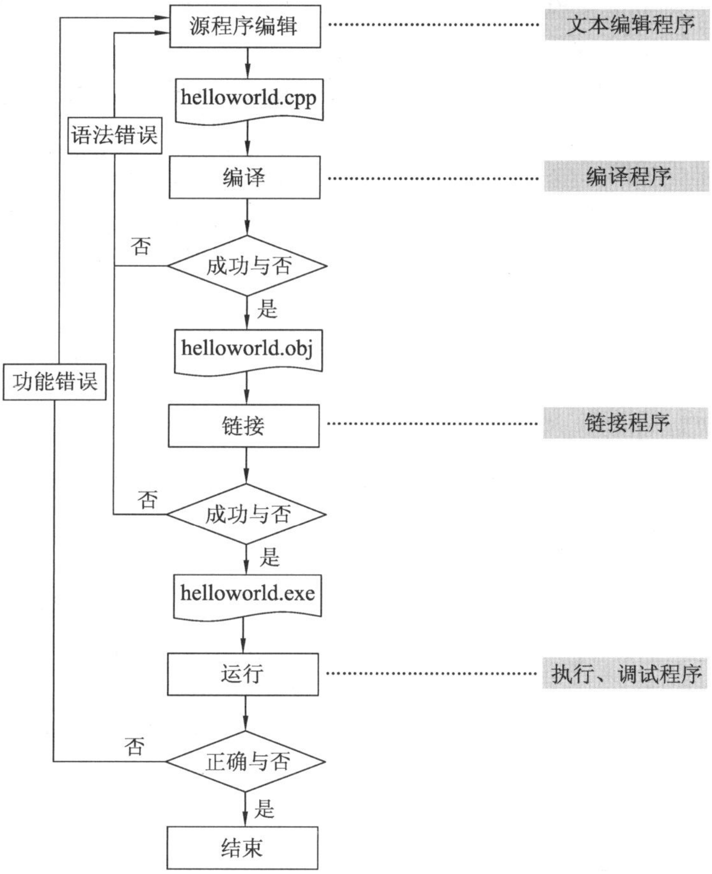

图 1-21 以"helloworld"示例项目为例的 C 程序开发流程

(6) Visual C++ 2010 Express 的调试工具

Visual C++ 2010 Express 提供许多辅助调试的便捷的工具,调试器(Debugger)包含错误列表、添加断点、可视化的程序流程、控制执行流程、Data Tips、监视窗口(Watch Window)、多线程调试和线程窗口,并行调试概览以及 IntelliTrace 调试概览。

Visual C++ 2010 Express 调试器几乎可以帮助找到程序开发中可能产生的所有错误，正确熟练地使用调试器，是每一个程序开发人员的必备技能。本小节主要介绍 Visual C++ 2010 Express 调试工具的基本功能，主要包括：添加断点，调试模式窗口和工具栏等。利用调试器主要用于解决程序的功能错误。在编译阶段产生的语法错误在编写代码时就可以在 Visual C++ 2010 Express 中检查出来，并使用下划的红色波浪线在有语法错误出现的代码上标出。

调试器的调试手段主要有三个阶段：设置断点（Breakpoint）、跟踪（Trace）和观察（View）。

所谓断点是在源程序的某个代码行前加的一个断点标记，设置断点的目的是告诉调试器运行到这行代码时暂时停止下来，以使程序员能够观察程序中的变量、表达式、调试输出信息，进而了解程序的运行情况，并决定下一步如何跟踪程序的运行。

这里，通过一个示例来说明一下利用 Visual C++ 2010 Express 的调试器来调试程序功能错误的基本方法与过程。

【例 1-5】 已知三角形的三边长，利用海伦公式，编写程序求三角形面积，并调试运行。

在 Visual C++ 2010 Express 中新建项目和源程序文件，并在工作区的代码编程窗口中输入下面的代码。其中，每行代码“//”后的内容为程序代码的注释，可以不输入。示例代码无须完全理解，本示例主要是了解在 Visual C++ 2010 Express 中调试的基本方法。

```
#include <stdio.h>
#include <math.h>
int main(void)
{
    double a,b,c;                              //定义输入变量,表示三角形三边长
    double area;                               //定义输出变量,表示三角形面积
    double s;                                  //定义中间变量,表示半周长
    scanf("%lf%lf%lf",&a,&b,&c);               //输入三角形三边长
    s=1/2*(a+b+c);                             //计算半周长
    area=sqrt(s*(s-a)*(s-b)*(s-c));            //海伦公式计算三角形面积
    printf("area=%.2lf\n",area);               //输出三角形面积
    return 0;
}
```

使用组合快捷键 Ctrl+F5 来运行程序，在打开的命令行窗口输入 3 4 5，然后按回车键，可以发现计算的结果不是预期的 6，而是 0，如图 1-22 所示。上面的程序是通过了编译，没有语法错误，但是程序的运行结果是错误的，这就是程序功能错误。在这种情况下，就需要使用 Visual C++ 2010 Express 的调试器来找到出错的代码并进行修改。

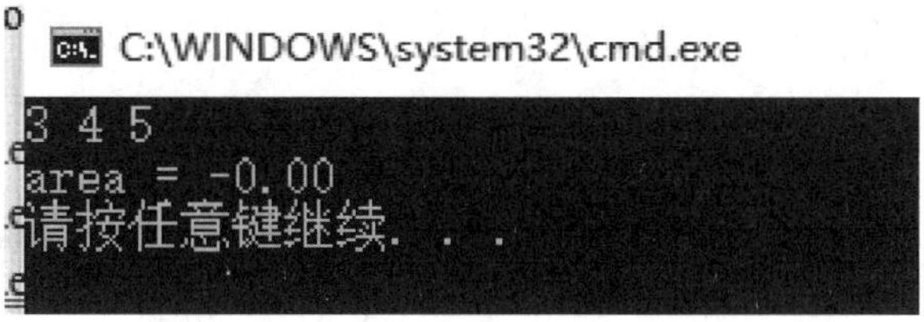

图 1-22　程序运行出现功能错误

（1）在有可能出问题的代码处，添加断点。

断点设置方法：直接在工作区的代码编辑窗口中把光标定位到需要添加断点的代码行，按快捷键 F9 或是在工作区的文本编辑窗口左侧的灰色区域中左键单击。若要取消一个断点，只要在已设置断点的语句行处再次按下 F9 键或是在断点上左键单击即可。

断点用编辑窗口左边框上一个红色的大圆点表示，非常醒目。本示例中在输入的代码行（第 8 行，main 函数的第 5 行）处设置断点。断点设置情况如图 1-23 所示。

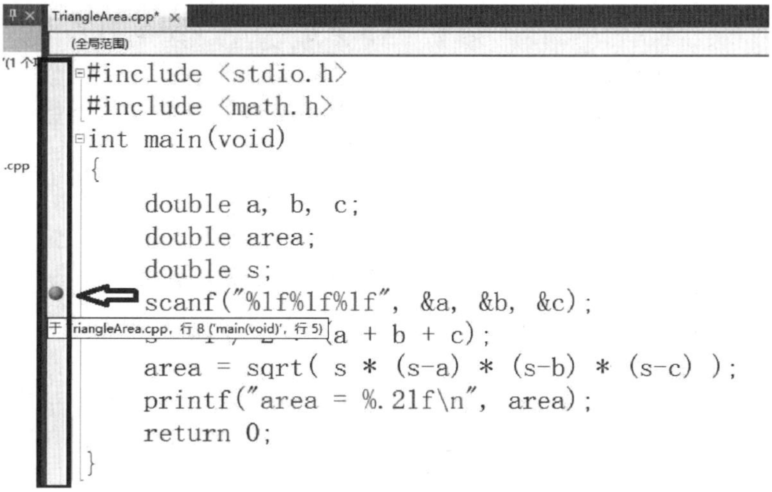

图 1-23　添加断点

（2）打开调试器跟踪程序运行，观察程序运行状态，寻找错误代码。

在源程序中设置好断点后，在 Visual C++ 2010 Express 中可以选择“调试”菜单中的“启动调试”菜单项，或是使用快捷键 F5 对程序进行运行调试，进入调试模式，程序会在设置了断点的代码处暂停运行，等待调试。进入调试模式后，会打开新的调试工具栏，如图 1-24 所示，通过它来跟踪程序的运行。

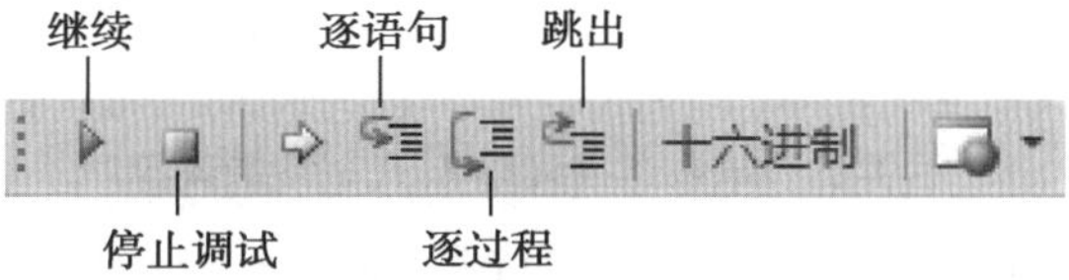

图 1-24　调试工具栏

① 逐语句（Step Into，快捷键 F11）：用于逐行单步运行用户程序。如果执行的下一条

语句是函数调用,则进入函数单步执后状态,即下一步执行的是函数的第一条语句,直到该函数执行结束。

② 逐过程(Step Over,快捷键 F10):与 Step Into 相似, Step Over 命令也用于单步运行用户程序。不同的是,如果执行的下一条语句是函数调用,则调试器直接执行完该函数,并在函数调用的下一条语句处暂时停止下来。

③ 跳出(Step Out,组合快捷键 Shift+F11):运行到函数体外,即从当前位置运行到调用该函数语句的下一条语句。

④ 继续(Continue,快捷键 F5):继续执行程序直到遇到下一个断点。

⑤ 停止调试(Stop Debug,组合快捷键 Shift+F5):中止程序运行,结束调试,关闭调试模式,返回编写代码模式。

除了调试工具栏,在调试模式中还会自动打开调试窗口(Debug Window),如:

① 自动窗口(Autos Box):调试器在调试的时候自动检测与当前语句相关的对象或变量,把它们列在自动窗口。大多数程序运行的状态都可以在自动窗口中观察。

② 监视窗口(Watch Box):用于添加和编辑变量。你可以添加任意多个变量,也可以在运行时编辑这些变量值。

③ 调用堆栈(Call Stack):用于观察调用栈中还未返回的被调用函数列表,调用堆栈给出了从嵌套函数调用一直到断点位置的执行路径。

在本示例中,首先使用快捷键 F10,执行 scanf( )函数所在的代码行,在命令行窗口中输入 3 4 5,按回车键完成输入。此时在自动窗口中可以看到(见图 1-25),表示三边长的三个变量 a,b,c 的值已经变为 3,4,5,代表输入这一行的代码运行正常,没有问题。同时,工作区编辑窗口左侧区域的一个黄色箭头也指向了下一行代码,准备计算半周长 s。

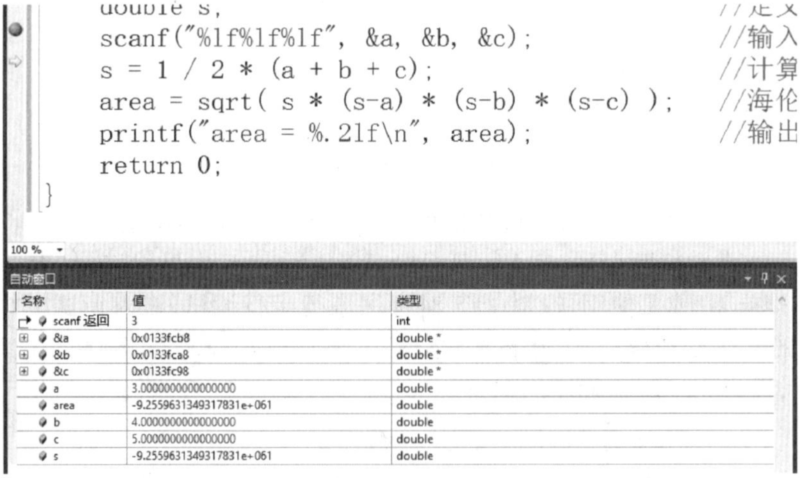

图 1-25　单步运行代码 1,代码没有问题

然后,再使用快捷键 F11,执行计算半周长 s 的代码。此时在自动窗口中可以看到(见图 1-26),表示半周长的变量 s 的值为 0,而不是(3+4+5)÷2 的值 6,所以可以判断这行代码有问题。在学习完后续的章节后,可以知道这里的问题在于 1/2 这个表达式,需要把这个表达式修改为 1.0/2,即把这行代码修改为“s=1.0/2＊(a+b+c);”。

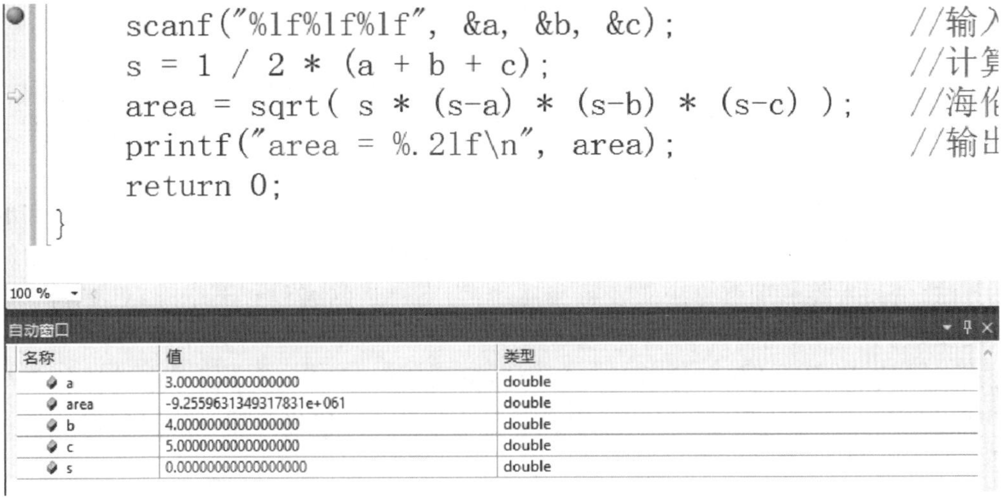

图 1-26　单步运行代码 2,发现问题代码

由于已经找到了一处错误的代码,所以单击调试工具栏上“停止调试”按钮,或使用组合快捷键 Shift+F5,中止程序运行,结束调试,关闭调试模式,返回编写代码模式。

(3) 修改源程序,重新调试运行程序。

把程序中第 9 行计算机半周长的代码由“s=1/2＊(a+b+c);”修改为“s=1.0/2＊(a+b+c);”后,保存源程序代码。重新编译,连接,运行程序。输入 3 4 5,按回车键后,可以得到正确的运行结果(见图 1-27),也代表之前的调试成功,找到并解决了错误代码,程序运行成功。

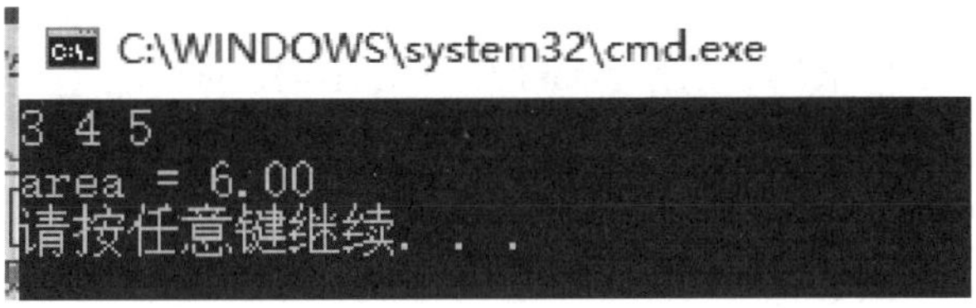

图 1-27　程序运行正确

如果仍然没有解决问题,则需要按照上述的步骤,再次设置断点,启动调试模式,使用调试工具跟踪程序运行,并在调试窗口中观察程序运行状态。如果运行过程中的状态与预期的不一致,则可以定位到错误代码所在的位置。结合所学习的 C 语言编程知识,思考并找到问题所在,修改源代码,直到程序运行正确为止。

【本章小结】

通过对程序设计相关概念的介绍,明确了程序设计是一门科学。结构化程序设计思想是学习C语言程序设计的前提与基础。结构化程序设计过程和步骤将为以后更好地学习程序设计奠定坚实的理论和方法基础,同样适合其他语言的学习。

算法是程序的关键和思想。算法是使用计算机求解问题的思路和步骤,一个好的算法不仅能节省计算时间和存储空间,而且能提高计算质量。本章重点阐述了常见的算法表示方法,使读者能够理解算法的表示和描述,为下一步的编程打下基础,更有利于提高编程的质量。

通过实例,详细地讲解程序设计过程中涉及的各个环节。需掌握程序设计的各个环节和如何在 Visual C++ 2010 Express 中实现。这些基础工作将为后面的程序设计学习打下坚实的实践基础;同时也为其他语言的学习提供借鉴的作用。

习题

1. 什么是程序和程序设计语言,两者间有什么联系?
2. 什么是结构化程序设计方法?
3. 简述结构化程序设计的基本过程?
4. 写一个算法,从键盘输入两个数,从小到大输出,要求用传统流程图表示。
5. 写一个算法,判定某年是否为闰年,要求用传统流程图表示。
6. 写一个算法,求 100 以内所有偶数的和,要求用传统流程图表示。
7. 简述C语言程序设计的主要步骤以及具体作用。
8. 什么样的程序称为正确的程序?通常编程会出现哪些类型的错误?
9. 根据 1.5 节的实验指导,使用 Visual C++ 2010 Express 新建项目,编写代码并调试运行程序。

第2章　数据类型、运算符与表达式

通过第1章的学习,已经初步掌握了程序设计以及程序设计过程的一些基本概念和方法,如:程序设计方法与步骤、算法与程序的概念、算法的表示方法和C语言开发环境等。本章将对C语言程序设计的基础知识进行介绍,主要内容包括:标识符、常量和变量的定义与应用,基本数据类型,运算符的表示,表达式的运算方式,类型转换,位运算的规则等。

2.1　基本字符集、关键字、标识符、常量和变量

2.1.1　基本字符集

字符是组成一门计算机语言的最基本元素。C语言字符集由字母、数字、空白符、标点符号和特殊字符组成。在字符常量、字符串常量和注释中还可以使用汉字或其他可表示的图形符号。

(1) 字母——小写字母'a'~'z'共26个,大写字母'A'~'Z'共26个。

(2) 数字——'0'~'9'共10个。

(3) 空白符——空格符、制表符和换行符等统称为空白符。空白符只在字符常量和字符串常量中起作用。但在其他地方出现时只起分隔作用,编译时此类空白将被忽略。因此,在程序中使用空白符与否,对程序的编译不产生影响,但在程序中适当地使用空白符将增加程序的清晰性和可读性。

(4) 标点符号和特殊字符——主要有“'”“"”“:”“?”“$”“%”“|”“&”“-”“+”等。

2.1.2　关键字

C语言的关键字指的是由系统定义的、具有特定含义、专门用于特定用途的C标识符,也称为保留字(常用关键字见书后附录)。关键字一般为小写字母,在使用时必须遵守一定的语法规则,不能随意更改关键字。如果关键字使用不当,可能会出现意想不到的问题,比如有些程序虽然编译通过,但结果运行不正确,并且很难检查出来。

2.1.3　标识符

C语言中用来对符号常量、变量、函数、数组、数据类型等数据对象命名的有效序列统称为标识符。简单地说,标识符就是符号常量、变量、函数、数组、数据类型等数据对象的名称。除了库函数的函数名由系统定义外,其余数据对象的名称都由用户自定义。

C 语言规定，标识符只能由字母（A～Z，a～z）、数字（0～9）、下划线（_）三种字符组成字符串，并且其第一个字符必须是字母或下划线，不同的编译系统所规定的标识符长度不一定相同。需注意标识符不能与 C 语言的保留关键字相同，如关键字“if”不能作为标识符使用，常用关键字见书后附录。

同时，C 语言是一种区分大小写的语言，例如 BINJIANG、Binjiang 和 binjiang 是三个不同的标识符。在定义和使用标识符时要特别注意区分大小写，以免出现编译时报未定义的语法错误，这是初学者常犯的错误之一。另外，标识符的命名建议取有意义的名字，力求做到见名知意，并符合 C 语言源程序编写的一般规范。

2.1.4 常量

在程序的运行过程中，其值不能改变的量被称为常量，可分为直接常量和符号常量。

2.1.4.1 直接常量

直接常量有整型常量、实型常量、字符常量和字符串常量四种类型。此类常量无须事先定义，因此程序编写时在需要的地方直接写出该常量即可。另外，此常量的类型也不需要事先声明，它们的类型由系统根据书写方法自动默认。

例如：

（1）整型常量：12，0，-3，070（数字前有数字 0，表示八进制数），0x80（数字前有 0x，表示十六进制数）。

（2）实型常量：4.6，-1.23。

（3）字符常量：'a'，'D'。

（4）字符串常量："nuist"，"bjxy"。

直接常量从字面形式即可判断，也称为字面常量。

2.1.4.2 符号常量

C 语言源代码中，也可用一个标识符来代表一个常量，称为符号常量。符号常量在使用之前必须遵循“先定义，后使用”的原则。

【注意】 习惯上，符号常量的标识符常用大写字母来表示，变量标识符主要用小写字母来表示，以示区别并增加程序的可读性。

定义格式如下：

```
#define 符号常量名  常量
```

其中：C 语言中，预处理命令都以“#”开头，因此#define 是一条预处理命令，称为宏定义命令，其功能是把某一常量值定义为某一特定标识符。程序编译时，编译器首先将符号常量用所定义的常量值进行替换，即预处理宏替换，再进行其他编译工作。因此，符号常量一经定义，源程序中所有出现的符号常量标识符就表示了定义的常量值。

程序中采用符号常量，常具有以下优点：

（1）书写简单，不易出错。使用符号常量可以将复杂的常量定义为简明的符号常量，使得书写简单，而且不易出错。如例 2-1 中第 2 行语句：

```
#define  PI  3.14
```

这里,圆周率 π 的符号常量 PI 被定义为 3. 14,在程序中书写 PI,显然比书写 3. 14 要简明且可读。

(2) 方便修改程序,一改全改。例如:要提高例 2-1 中圆周率 π 的计算精度,在程序例 2-1 方法一中只需修改“#define　PI　3. 14”语句为“#define　PI　3. 14159265”即可;而在程序例 2-1 方法二中,则须将程序中凡用到 3. 14 处都改为 3. 14159265,这不仅需要多处修改且容易遗漏。

(3) 增加程序的可读性。符号常量通常含义清楚、见名知意。例如,在前面的宏定义命令中,很明显 PI 表示圆周率 π,比直接使用常量 3. 14 具有更好的可读性。

【例 2-1】　求一个半径为 R 的圆的周长和面积。

方法一　采用符号常量的源代码如下:

```
#include <stdio.h>
#define PI 3.14                    //符号常量 PI 的定义
#define R 3                        //符号常量 R 的定义,作为半径
int main( )
{
   double circumference,area;
   circumference=2.0 * PI * R;
   area =PI * R * R;
   printf("周长=%f,面积=%f\n",circumference,area);
   return 0;                       }
}
```

方法二　不采用符号常量的源代码如下:

```
#include <stdio.h>
void main( )
{
   double r=3,circumference,area;
   circumference=2.0 * 3. 14 * 3;
   area=3. 14 * 3 * 3;
   printf("周长=%f,面积=%f\n",circumference,area);
}
```

【说明】　方法二中的程序也就是方法一中的程序在编译系统执行预处理命令“#define　PI　3.14”的宏替换后所生成的代码。

执行该程序输出结果如下:

```
周长=18.84,面积=28.27
```

2.1.5 变量

相对于常量而言，在程序的运行过程中，其值可以改变的量称为变量。从存储角度来看，定义变量实际上是在内存中申请一块有名称的连续存储空间。在源代码中，通过定义变量来申请并命名这样的存储空间，并通过变量的名称来操作这块存储空间，俗称“按名存取”。这样做的好处是避免了程序员直接对地址操作，从而方便用户使用，对用户是透明的。变量是程序中数据的临时存放场所。在代码中，变量中可以用来存放单词、数值、日期及属性等信息。一个变量必须要有一个名称与之对应，是对在内存中占据一定的存储单元的命名。变量 iYear 和 iMonth 的内存状态示意图如图 2-1 所示。

变量名	地址	变量值
	…	…
iYear	1F06	2011
iMonth	1F0A	8
	…	…

图 2-1　变量内存状态示意图

在 C 语言中，变量定义必须放在变量使用之前，且一般放在函数体的开始部分，也称为定义语句。一旦变量被定义，变量名和变量值是两个不同的概念，在使用时一定要加以注意与区分。

为了更加清楚理解变量及其使用，需特别注意：

（1）变量的三大基础属性：变量名、变量地址、变量值。变量在程序运行过程中一旦定义且分配后，变量名与地址不可更改，但变量的值可以改变；变量名取名需遵守标识符命名规则。

（2）变量遵循“先定义，后使用”的原则。即只有定义过的变量才可以在程序中使用；定义后的变量就有了确定的类型，以便编译系统对变量参与的运算进行合法性检查；再者编译系统会根据变量类型事先确定变量的存储空间，有助提高程序的编译效率。

（3）变量定义时，可以直接赋初值。C 语言允许在定义变量的同时对变量进行初始化赋值操作。例如：

```
1    int a=8;              //定义 a 为整型变量，初值为 8
2    float f=108.56;       //定义 f 为实型变量，初值为 108.56
3    char ch1='A';         //定义 ch1 为字符型变量，初值为'A'
4    int i,j=2,k=5;        //可以只对定义的一部分变量赋初值。
                           //定义 i,j,k 为整型变量，只对 j,k 初始化，
                           //j 的初值为 2,k 的初值为 5
```

上述程序第 1 行代码：

```
int a=8;
```

也可以写成：

```
int a;
a=8;
```

2.2　数据类型

在一个程序中，算法处理的对象是各种类型的数据，而数据在程序中是以某种特定的形式（如整数、实数、字符等）和结构（如数组、链表等）存在的。在使用 C 语言编程解决问题时，需要先选择合适的数据类型来表示数据。常见的 C 语言数据类型如图 2-2 所示。

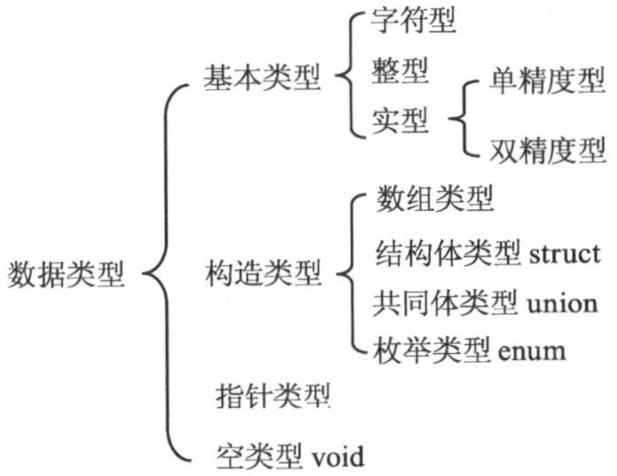

图 2-2　C 语言的数据类型

（1）基本类型：又称原子类型，其最主要的特点是其值不可以再分解为其他类型。

（2）构造类型：根据已定义的一个或多个数据类型，用构造的方法来定义的类型。也就是说，一个构造类型的值可以分解成若干个“成员”或“元素”。每个“成员”都是一个基本数据类型或又是一个构造类型。在 C 语言中，常用的构造类型有：数组类型、结构体类型、共用体类型和枚举类型。

（3）指针类型：一种特殊且非常重要的数据类型之一。其值用来存放某个变量在内存储器中的地址，不是真正要存取的值。虽然指针变量的取值类似于整型量，但这是两个类型完全不同的量，不能混为一谈，在后面的章节中将详细介绍。

（4）空类型：在调用函数值时，通常应向调用者返回一个函数值。这个返回的函数值是具有一定的数据类型的，应在函数定义及函数说明中给以说明，例如在例题中给出的 add 函数定义中，函数头为“int add(int a,int b);”，其中“int”类型说明符即表示该函数的返回值为整型量。除此之外，也有一类特殊的函数，调用后并不需要向调用者返回函数值，这类函数可定义为“空类型”，其类型说明符为 void。

表 2-1 是常用基本数据类型的分类。

表 2-1　基本数据类型

数据类型	类型说明符	字节	数值范围
字符型	char	1	C 语言允许的字符集
基本整型	int	4	-2147483648~2147483648，即 -2^{31} ~ $(2^{31}-1)$

续表

数据类型	类型说明符	字节	数值范围
短整型	short int	2	$-32768 \sim 32767$,即$-2^{15} \sim (2^{15}-1)$
长整型	long int	4	$-2147483648 \sim 2147483647$,即$-2^{31} \sim (2^{31}-1)$
无符号型	unsigned int	4	$0 \sim 4294967295$,即 $0 \sim (2^{32}-1)$
无符号短整型	unsigned short int	2	$0 \sim 65535$,即 $0 \sim (2^{16}-1)$
无符号长整型	unsigned long	4	$0 \sim 4294967295$,即 $0 \sim (2^{32}-1)$
单精度实型	float	4	$-3.4\times10^{38} \sim 3.4\times10^{38}$
双精度实型	double	8	$-2.3\times10^{308} \sim 1.7\times10^{308}$

注:与数学上不同的是,数值型数据在计算机内表示时是有精度和范围的。

2.2.1 整型数据

首先介绍整型数据,包括整型常量与整型变量两大类。整型数据在内存中以二进制形式存放,并且以补码形式表示。

2.2.1.1 整型常量

整型常量就是整常数。在C语言中,使用的整常数有八进制、十六进制和十进制三种。默认情况下,整数常量的类型为int。

(1) 十进制。例如123,-456,0。

(2) 八进制。以数字"0"开头,后面跟几位的数字(0~7)。例如:0123=$(123)_8$=$(83)_{10}$;-011=$(-11)_8$=$(-9)_{10}$。

(3) 十六进制。以"0x"开头,后面跟几位的数码(0~9,A~F)。例如:0x123=$(123)_{16}$=$(291)_{10}$;-0x12=$(-12)_{16}$=$(-18)_{10}$。

【注意】 整型常量后可以用"u"或"U"明确说明为无符号整型数;用"l"或"L"明确说明为长整型数。

例如:158L(十进制数为158)、012L(十进制数为10)、0x15L(十进制数为21)。

长整数158L和基本整常数158在数值上并无区别。但对158L,因为是长整型量,C语言编译系统将为它分配8个字节存储空间。而对158,因为是基本整型,只分配4个字节的存储空间。因此在运算和输出格式上要予以注意,避免出错。

例如:358u,0x38Au,235Lu均为无符号整数。

前缀、后缀可同时使用以表示各种类型的整数,例如:0xA5Lu表示十六进制无符号长整数A5,其数的十进制值为165。

2.2.1.2 整型变量

(1) 整型变量的分类与相应的类型名包括:整型(int)、无符号整型(unsigned int)、短整型(short int)、无符号短整型(unsigned short int)、长整型(long int)、无符号长整型(unsigned long)等,其长度和取值范围参见表2-1。

(2) 整型变量的定义格式:

整型数据类型名 变量名表；

(3) 整型变量的赋值方法：

方法一　整型数据类型名 变量名=整型数据；

或为：

方法二　变量名=整型数据；

【例 2-2】　一个整型数据变量定义和赋值的例子。

```
#include <stdio.h>
int main( )                        //主函数
{                                  //main 函数体开始
   int a,b,c,d,e=1,f=0;            //定义整型变量 a,b,c,d,e,f,并且对 e,f 赋初值
   unsigned int h;                 //定义无符号整型变量 u
   a=12;b=-24;h=10;                //对 a,b,h 赋值
   c=a+h;d=b+h;
   printf("%d,%d\n",c,d);          //屏幕输出 c,d
   return 0;
}                                  //main 函数体结束
```

【程序分析】　变量定义时，一次可以定义多个相同类型的变量。各个变量用“,”分隔。类型说明与变量名之间至少有一个空格间隔；最后一个变量名之后必须用“;”结尾；变量说明必须在变量使用之前；也可以在定义变量的同时，对变量进行初始化。如“int e=1, f=0; ”。

2.2.2　实型数据

实型数据包括实型常量与实型变量两大类。实型数据在内存中以二进制形式存放，按照指数形式存储，分为小数部分和指数部分单独表示。

2.2.2.1　实型常量的两种表示方法

(1) 十进制小数形式。由正负号、数字、小数点组成。例如：0.123，123.，123.0，0.0。

(2) 指数形式。格式：aEn。例如：123e3 和 123E3 都是实数的合法表示。

在进行实型常量的表示时，需注意以下几点：

① 字母 e 或 E 之前必须有数字，e 后面的指数必须为整数。

例如：e3，2.1e3.5，.e3，e 都不是合法的指数形式。

② 建议使用规范化的指数形式。在字母 e 或 E 之前的小数部分，小数点左边应当有且只能有一位非 0 数字。用指数形式输出时，是按规范化的指数形式输出的。

例如：2.3478e2，3.0999E5，6.46832e12 都属于规范化的指数形式。

③ 实型常量默认情况下为双精度类型，如果要指定它为单精度，可以加后缀 f 进行说明。

2.2.2.2　实型数据的内存表示

一个实型数据一般在内存中占 4 个字节(32 位)。与整数存储方式不同，实型数据是

按照指数形式存储的。系统将实型数据分为小数部分和指数部分,分别存放。例如:实型数据 3.14159 存放的示意图,如图 2-3 所示。

数符	小数部分	指数	备注
+	.314159	1	
正数	.314159×	10^1	=3.14159

图 2-3　实型数据内存表示的示意图

2.2.2.3　实型变量的分类

实型变量分为单精度(float)、双精度(double)和长双精度(long double)。表 2-2 列出了常用的 C 语言编译系统情况,不同的系统会有些差异。

表 2-2　不同实型类型的取值范围

类型	比特数	有效数字	数值范围
float	32	6~7	-3.4×10^{38} ~ 3.4×10^{38}
double	64	15~16	-2.3×10^{308} ~ 1.7×10^{308}
long double	128	18~19	-1.2×10^{4932} ~ 1.2×10^{4932}

对于每一个实型变量也都应该先定义后使用。例如:

```
float x,y;
double z;
long double t;
```

2.2.2.4　实型数据的舍入误差

实型变量是用有限的存储单元来存储的,因此提供的有效数字是有限的,在有效位数以外的数字将被舍去,由此可能会产生精度上的误差,这与整型数据的溢出错误是不一样的。

【例 2-3】　实型数据的舍入误差。

```
#include <stdio.h>
int main()
{
   float a,b;
   a=123456.789e5;
   b=a+20;
   printf("a=%f,b=%f\n",a,b);
   printf("a=%e,b=%e\n",a,b);
   return 0;
}
```

由于实型变量只能保证 7 位有效数字，后面的数字无意义，因此程序的运行结果如下：

```
a=12345678848.000000,b=12345678868.000000
a=1.234568e+010,b=1.234568e+010
```

由此可得出，因实数在 C 语言中表示存在着舍入误差，使用时要注意：

① 不要试图用一个实数精确表示一个大整数，记住：浮点数是不精确的。

② 避免直接将一个很大的实数与一个很小的实数相加、相减，否则会“丢失”小的数。

③ 根据要求选择单精度或双精度。

2.2.3　字符型数据

字符常量是用一对单引号(' ')括起来的一个字符。一般指 ASCII 码字符，字符常量主要用下面几种形式表示：

(1) 可显示的字符常量直接用单引号括起来，如，'a'、'x'、'D'、'?'、'$'等都是字符常量。

(2) 所有字符常量(包括可以显示的、不可显示的)均可以使用字符的转义表示法表示(ASCII 码表示)。转义表示格式：“\ddd”或“\xhh”(其中 ddd 和 hh 是字符的 ASCII 码，ddd 八进制、hh 十六进制)。注意：不可写为“\0xhh”或“\0ddd”(整数)。

(3) 预先定义的一部分常用的转义字符。例如：“\n”表示换行，“\t”表示水平制表，详见表 2-3。

表 2-3　常用的转义字符及其含义

转义字符	转义字符的意义	ASCII 代码(十进制)
\n	回车换行	10
\t	横向跳到下一制表位置	9
\b	退格	8
\r	回车	13
\f	走纸换页	12
\\	反斜线符'\'	92
\'	单引号符	39
\"	双引号符	34
\a	鸣铃	7
\ddd	1~3 位八进制数所代表的字符	
\xhh	1~2 位十六进制数所代表的字符	

字符型变量用来存放字符数据，同时只能存放一个字符。所有编译系统都规定以一个字节来存放一个字符，或者说，一个字符变量在内存中占一个字节。字符数据在内存中

的存储形式:以字符的 ASCII 码,以二进制形式存放,占用 1 个字节。

以“char ch = 'a';”为例,字符型变量 ch 的内存存放示意情况如图 2-4 所示。

变量名	地址	变量值	备注
	…	…	
ch	01F06	01100001	'a'
	…	…	
iMonth	01F10	8	数值 8
	…	…	

图 2-4　字符型变量内存存放示意图

对于定义的字符变量 ch 赋初值'a',实际是在变量 ch 所在的存储空间存放了对应的二进制数 01100001,也就是十进制的 97,十六进制的 0x61。'a'是二进制数 01100001 的一种对应的字符表现形式。

可以看出,字符数据以 ASCII 码存储的形式与整数的存储形式类似。在 C 语言中,字符型数据和整型数据之间可以互相使用,具体表现如下:

(1) 可以将整型量赋值给字符变量,也可以将字符量赋值给整型变量。

(2) 可以对字符数据进行算术运算,相当于对它们的 ASCII 码进行算术运算。

(3) 一个字符数据既可按字符形式输出(ASCII 码对应的字符),也可按整数形式输出(直接输出 ASCII 码)。

【注意】 尽管字符型数据和整型数据之间可以互相使用,但是字符型只占 1 个字节,即如果作为整数使用,其表示的范围为:0~255(无符号)和-128~127(有符号)。

【例 2-4】 一个将字符变量赋以整数的例子。

```
#include <stdio.h>
int main()
{
    char c1='a';                                //字符常量'a'
    char c2='\x61';                             //'\x..','\...'十六进制字符常量
    char c3='\141';                             //十进制字符常量
    char c4=97;                                 //十进制数转换成字符变量
    char c5=0x61;                               //十六进制数转换成字符变量
    char c6=0141;                               //八进制数转换成字符变量
    printf("c1=%c,c2=%c,c3=%c,
      c4=%c,c5=%c,c6=%c\n",c1,c2,c3,c4,c5,c6);          //字符形式输出
    printf("c1=%d,c2=%d,c3=%d,
      c4=%d,c5=%d,c6=%d\n",c1,c2,c3,c4,c5,c6);          //数值形式输出
return 0;
}                                               //main 函数体结束
```

程序的运行结果如下：

```
c1=a,c2=a,c3=a,c4=a,c5=a,c6=a
c1=97,c2=97,c3=97,c4=97,c5=97,c6=97
```

整型数据在计算机内部用四个字节表示，取低 8 位赋值给字符变量。

【例 2-5】 一个大小写字母转换的例子。

```
#include <stdio.h>
int main()
{
    char c1,c2,c3;
    c1='a';
    c2='b';
    c1=c1-32;
    c2=c2-32;
    c3=130;
    printf("%c %c %c\n",c1,c2,c3);        //字符形式输出
    printf("%d %d %d\n",c1,c2,c3);        //数值形式输出
    return 0;
}
```

在上例中，依据书后的附录 A（ASCII 码表），小写字母比对应的大写字母的 ASCII 码大 32，本例还可以看出允许字符数据与整数直接进行算术运算，运算时字符数据用 ASCII 码值参与运算。本例的运行结果如下：

```
A B ?
65 66 -126
```

本例中还可以看出，系统允许字符数据与整数直接进行算术运算，运算时字符数据用 ASCII 码值参与运算。请读者自行分析 c3 字符输出的值为什么是-126（提示：整数按补码方式存储）。

2.2.4 用 const 修饰符限定变量

C 语言在定义变量时可以在其数据类型前加上 const 修饰符，其作用是限定一个变量的值不允许被修改。这种变量的作用和符号常量类似，称为只读变量（Read-Only Variable），其定义语句格式如下：

const<数据类型><只读变量名 1>=<值 1> [，<只读变量名 2>=<值 2> ，…]；

例如：

```
const double pi=3.14;
```

其中，<只读变量名>也是用户自定义标识符，但只读变量必须在定义时给定初始化

值,而且在后面的程序中其值不能被修改。

【例 2-6】 计算圆的面积和周长。

```
1   #include <stdio.h>
2   int main()
3   {
4       const   double   pi=3.14;   //定义只读变量 pi
5       double r=3,circumference,area;
6       circumference=2.0 * pi * r;
7       area=pi * r * r;
8       printf("周长=%f,面积=%f\n",circumference,area);
9       return 0;
10  }
```

程序输出结果如下:

```
周长=18.84,面积=28.27
```

【说明】 在程序代码第 4 行定义了一个名为 pi 的 double 型只读变量,pi 可以用于运算和输出,但不能被修改。用 const 修饰的只读变量与【例题 2-1】中用#define 定义的符号常量的区别在于:只读变量有数据类型,而符号常量则没有数据类型。编译器对只读变量进行类型检查,而对符号常量则只进行字符串替换,不进行类型检查,字符串替换时非常容易产生意想不到的错误。因此,建议在编程时尽量用 const 只读变量代替符号常量。

2.3 运算符与表达式

运算符从狭义的概念讲是表示各种运算的符号。C 语言的运算符较为丰富,涉及的范围也很广,除了控制语句和输入/输出以外的几乎所有的基本操作都可看作运算符处理,所以 C 语言运算符也可以看作是操作符,它们构成了 C 语言多种多样的表达式。

在 C 语言中除了提供一般高级语言的算术、关系、逻辑运算符外,还提供了赋值符运算符、位操作运算符、自增自减运算符等;有时甚至将数组下标、函数调用也作为运算符。

C 语言的运算符可分为以下几类:

(1) 算术运算符:用于各类数值运算。包括加(+)、减(-)、乘(*)、除(/)、求余(或称模运算,%)、自增(++)、自减(--)共 7 种。

(2) 关系运算符:用于比较运算。包括大于(>)、小于(<)、等于(==)、大于等于(>=)、小于等于(<=)、不等于(!=)6 种。

(3) 逻辑运算符:用于逻辑运算。包括与(&&)、或(||)、非(!)3 种。

(4) 位操作运算符:参与运算的量,按二进制位进行运算。包括位与(&)、位或(|)、

位非(~)、位异或(^)、左移(<<)、右移(>>)6 种。

(5) 赋值运算符：用于赋值运算，分为简单赋值(=)、复合算术赋值(+=、-=、*=、/=、%=)、复合位运算赋值(&=、=、^=、>>=、<<=)3 类共 11 种。

(6) 条件运算符：这是一个三目运算符，用于条件求值(?:)。

(7) 逗号运算符：用于把若干表达式组合成一个表达式(，)。

(8) 指针运算符：用于取内容(*)和取地址(&)两种运算。

(9) 求字节数运算符：用于计算数据类型所占的字节数(sizeof)。

(10) 特殊运算符：包括括号()、下标[]、成员(→,.)等。

本节主要介绍算术运算符(包括自增、自减运算符)、赋值运算符、逗号运算符；其他运算符在本章后续相关小节中，结合有关内容进行介绍。

在学习 C 语言运算符时，值得注意的是 C 语言运算符与数学运算符是有差别的，在介绍到具体 C 语言运算符时，再作讲解。

表达式是由常量、变量、函数和运算符组合起来、符合 C 语言语法规则的式子。每个表达式都有一个值和类型，它们等于计算表达式所得结果的值和类型。表达式求值按运算符的优先级和结合性规定的顺序进行。单个的常量、变量、函数可以看作是表达式的特例，是最简单的表达式。

2.3.1　算术运算符与表达式

(1) 算术运算符

加法运算符(+)：是一种双目运算符，即应有两个运算量参与加法运算。

减法运算符(-)：是一种双目运算符。但(-)也可作负值运算符，此时为单目运算，如-x，-5 等具有左结合性。

(3) 乘法运算符(*)：是一种双目运算。与数学运算符(×)的表示形式不一样。

(4) 除法运算符(/)：是一种双目运算。参与运算量均为整型时，结果也为整型，舍去小数。如果运算量中有一个是实型，则结果为双精度实型，且与数学运算符(÷)的表示形式不一样。

(5) 模运算符(%)：是一种双目运算符，也称求余运算符。“%”要求两侧均为整型数据，如 7%4 的值为 3。这个运算相当于数学运算中两数相除后，取余数部分。

【注意】 为更好地理解除法运算符(/)和模运算符(%)的区别，补充如下：

① 两个整数相除的结果为整数，如 5/3 的结果为 1，舍去小数部分。但是如果除数或被除数中有一个为负值，则舍入的方向是不固定的，如 5/-3=-1；多数机器采用“向 0 取整”的方法实际上就是舍去小数部分(注意：不是四舍五入)。

② 求余运算符(%)要求两个操作数均为整型，结果为两数相除所得的余数。求余也称为求模。一般情况，余数的符号与被除数符号相同。例如：-8%5=-3；8%-5=3。

(2) 算术表达式

简单的算术表达式通常是由常量、变量、算术运算符和括号等连接起来的式子。

例如：假定变量 a,b,c 为数值型数据，则 a*b/c-1.5+'a'是一个合法的 C 语言算术表达式。

（3）算术运算符的优先级与结合性

C 语言规定了进行表达式求值过程中各运算符的“优先级”和“结合性”。

① C 语言规定了运算符的“优先级”和“结合性”。在表达式求值时，先按运算符的“优先级别”由高到低次序执行。

② 如果在一个运算对象两侧的运算符的优先级别相同，则按规定的“结合方向”处理。若属于左结合性类型的（自左向右结合方向），则运算对象先与左面的运算符结合；若属于右结合性类型的（自右向左结合方向），则运算对象先与右面的运算符结合。

③ 在书写多个运算符的表达式时，应当注意各个运算符的优先级，确保表达式中的运算符能以正确的顺序参与运算。

④ 编程时对于不确定各算符优先级或者想清晰表示复杂表达式中算符的优先级，可以通过强制加圆括号“( )”规定计算顺序，起到以不变应万变的效果。

2.3.2 逻辑运算符与表达式

（1）逻辑运算符

C 语言中提供了 3 种逻辑运算符：&&（与运算）、‖（或运算）、!（非运算）。“&&”和“ ‖ ”均为双目运算符，具有左结合性。“!”为单目运算符，具有右结合性。逻辑运算符和其他运算符优先级的次序如图 2-5 所示。

！（非）	高
算术运算符	↑
关系运算符	
&&和‖	
赋值运算符	低

图 2-5　运算符的优先级

按照运算符的优先顺序，以下各表达式的含义：

a>b && c>d　　等价于　(a>b)&&(c> d)

!b = =c ‖ d<a　　等价于　((!b)= =c) ‖ (d< a)

a+b>c&&x+ y<b　　等价于　((a+b)>c)&&((x+y)< b)

（2）逻辑表达式

用逻辑运算符将关系表达式或逻辑量连接起来的式子称为逻辑表达式。逻辑表达式的一般形式：

表达式　逻辑运算符　表达式

逻辑表达式的运算数和值均为布尔值：true 或 false。下面是 3 种最基本的逻辑表达式：

① A&&B：表示只有 A 和 B 的值都为 true 时，表达式的值为 true，否则其值为 false。

② A ‖ B：表示只要 A 和 B 中的值都为 false 时，表达式的值为 false，否则其值为 true。

③ ！ A：表示对 A 取反。如果 A 为 true，则表达式的值为 false；如果 A 为 false，则其值为 true。

【注意】　在 C 语言中，布尔值 true（真）和 false（假）分别用整数 1 和 0 表示。在进行逻辑值的“真”和“假”判断时，以非 0 则判断为“真”，0 则判断为“假”。

为了提高运算速度，在计算含有多个 && 运算符的表达式时，只要其中一个运算数的值为 false，表达式的值就为 false，不再对后面的运算数进行计算。例如：表达式 A&&B&&C，如果 A 的值为 false，则表达式的值就为 false，不再计算 B&&C。同理，在计算含有多个“ ‖ ”运算符的表达式时，只要其中一个运算数的值为 true，表达式就为 true，不再计算后面的其他运算式子。

【例 2-7】 一个使用逻辑运算符的例子。

```
#include<stdio.h>
void main( )
{
    char c='k';
    int i=1,j=2,k=3;
    float x=3e+5,y=0.85;
    printf("%d,%d\n",!x*!y,!!!x);
    printf("%d,%d\n",x||i&&j-3,i<j&&x<y);
    printf("%d,%d\n",i==5&&c&&(j=8),x+y||i+j+k);
}
```

程序的运行结果如下：

```
0,0
1,0
0,1
```

【程序分析】 本例中！x 和！y 分别为 0，！x＊！y 也为 0，故其输出值为 0。由于 x 为非 0，故！!！x 的逻辑值为 0。对 x ‖ i && j-3，先计算 j-3 的值为非 0，再求 i && j-3 的逻辑值为 1，故 x ‖ i&&j-3 的逻辑值为 1。对 i<j&&x<y，由于 i<j 的值为 1，而 x<y 为 0，故表达式的值为 1 与 0 相与，最后为 0；对 i==5&&c&&(j=8)，由于 i==5 为假，即值为 0，该表达式由两个与运算组成，所以整个表达式的值为 0。对 x+y ‖ i+j+k，由于 x+y 的值为非 0，故该表达式的值为 1。

2.3.3 关系运算符与表达式

（1）关系运算符

在程序中经常需要比较两个量的大小关系，以决定程序下一步的工作。比较两个量的运算符称为关系运算符。

在 C 语言中有以下关系运算符：

① 小于运算符(<)：如 a<b 表示 a 小于 b。

② 小于等于运算符(<=)：如 c<=5 表示 c 小等于 5。

③ 大于运算符(>)：如 b>c 表示 b 大于 c。

④ 大于等于运算符(>=)：如 b>=0 表示 b 大于等于 0。

⑤ 等于运算符(==)：如 c==b 表示 c 等于 b。

⑥ 不等于运算符(!=)：如 c!=10 表示 c 不等于 10。

关系运算符的优先级：关系运算符都是双目运算符，其结合性均为左结合。关系运算符的优先级低于算术运算符，高于赋值运算符。在 6 个关系运算符中，前 4 种关系运算符(<、<=、>、>=)的优先级别相同,后 2 种(==、!=)也相同,但前 4 种高于后 2 种。

算术运算符

↑

关系运算符

↑

赋值运算符

例如:"<"优先于"==",而"<"与">"优先级相同。

c>a+b　　等价于　c>(a+b)

a>b==c　等价于　(a>b)==c

【注意】

① C 语言中等于运算符(==)与数学运算符中的等于(=)的表示形式不同,C 语言关系运算符中的等于是用两个连在一起的等号表示(==)。一个等号(=)在 C 语言中是表示赋值运算。

② 由于实型数据在计算机内部的表示存在精度问题,因此不能直接使用等于运算符来判断两个实数(float、double 类型)是否相等。一般通过两实数相减后的绝对值是否小于某一正小数来判断,即达到精度要求。

(2) 关系表达式

用关系运算符将两个基本表达式(可以是关系表达式、逻辑表达式、赋值表达式、字符表达式)连接起来的式子称为关系表达式。

关系表达式的一般形式:

　　表达式　关系运算符　表达式

例如:

　　a>c
　　a>(b>c)

关系表达式的值是"真"和"假",即用整数 1 和 0 表示。例如:5>0 的值为"真",即为 1。

2.3.4　自增、自减运算符

自增、自减运算符是单目运算符,使得变量的值增 1 或减 1。

(1) 自增、自减运算分为两种:

① ++i(或--i),称为前置运算,i 的值增加 1(减少 1),表达式++i(或--i)的值为 i 改变之后的值,即先自增(自减),再参与运算。

② i++(或 i--),称为后置运算,i 的值增加 1(减少 1),表达式 i++(或 i--)的值为 i 改变之前的值,即先参与运算,再自增(自减)。

例如:i=3, j=++i;　　// i 值为 4,j 值为 4

　　　i=3,j=i++;　　// i 值为 4,j 值为 3

(2) 自增、自减运算符只用于变量,而不能用于常量或表达式。

例如:6++,(a+b)++,(-i)++都不合法。

(3) ++和--的结合方向是“自右向左”,与一般算术运算符是不同的。

例如: -i++ 等同于 -(i++),是合法的。

2.3.5 逗号运算符与表达式

在 C 语言中逗号“,”也是一种运算符,称为逗号运算符。其功能是把两个表达式连接起来组成一个表达式,称为逗号表达式。根据运算符优先级,“=”运算符优先级高于“,”运算符,逗号运算符级别是最低的。

逗号表达式的一般形式:

表达式 1,表达式 2,…,表达式 n

逗号表达式的求解过程: 自左向右,先求解表达式 1,再求解表达式 2,…,最后求解表达式 n。整个逗号表达式的值是表达式 n 的值。

【例 2-8】 一个逗号表达式的例子。

```
#include <stdio.h>
void main( )
{
    int a=0,b=0,c=0;
    c=((a-=a-5),(a=b));
    printf("%d,%d,%d\n",a,b,c);
}
```

程序的运行结果如下:

```
0,0,0
```

【程序分析】 该例的难点是“c=((a-=a-5),(a=b));”语句。分析可知,主体是一个赋值语句,右边是一个带有逗号运算符的表达式,在每个表达式又分别是赋值语句。c 等于整个逗号表达式的值,也就是表达式 2 的值。详细分析如下:

“(a-=a-5)”可以看成“(a=a-a+5)”,那么“c=((a-=a-5),(a=b));”可以看成“c=((a=a-a+5),(a=b));”,也就是“a=a-a+5;c=a=b;”。综上所述:a=0,b=0,c=0。

如果将“c=((a-=a-5),(a=b));”修改为“c=(a-=a-5),(a=b);”,含义就不同了,这就是一个具有两个表达式的逗号表达式。这两个表达式分别为“c=((a-=a-5)”和“(a=b)”,逗号表达式的值在计算后并不赋值给任何变量。

【注意】

(1) 逗号表达式中的表达式 1 和表达式 2 允许嵌套,即也可以是逗号表达式。

例如:

表达式 1, (表达式 2, 表达式 3)

形成了嵌套情形。因此可以把逗号表达式扩展为以下形式:

表达式 1, 表达式 2, …, 表达式 n

整个逗号表达式的值等于表达式 n 的值。

（2）逗号表达式主要用于将若干表达式“串联”起来，表示一个顺序的操作（计算），在许多情况下，使用逗号表达式的目的只是想分别得到各个表达式的值，而并非需要得到整个逗号表达式的值。

需提醒的是，不是在所有出现逗号的地方都组成逗号表达式。例如，在变量说明中，函数参数表中逗号只是用作各变量之间的间隔符。

例如：当 a,b,c 取值为 0 时，

```
c=((a-=a-5),(a=b,b+3));printf("%d,%d,%d\n",a,b,c);
```

结果为0　0　3。

```
c=(a-=a-5),(a=b,b+3);printf("%d,%d,%d\n",a,b,c);
```

结果为0　0　5。

2.3.6　赋值运算符及表达式

由赋值运算符组成的表达式称为赋值表达式。一般形式：

变量=表达式

例如：x=10+23。

赋值运算符“=”的含义：将赋值运算符右边的表达式的值存放到左边变量名标识的存储单元中。

赋值表达式是类似这样的句子：“a=5”（注意后边没有分号），而“a=5;”就是一个赋值语句。赋值表达式的结果是赋值运算符右边表达式的值。

例如：“x=10+y;” 执行赋值运算（操作），将 10+y 的值赋给变量 x，同时整个表达式的值就是刚才所赋的值。

【注意】

（1）赋值运算符左边必须是变量，右边可以是常量、变量、函数调用或它们组成的表达式。

例如：x=10，y=x+10，y=func() 都是合法的赋值表达式。

（2）赋值运算时，当赋值运算符两边数据类型不同时，将由系统自动进行类型转换。转换原则：先将赋值号右边表达式类型转换为左边变量的类型，然后赋值。

（3）C 语言的赋值符号“=”除了表示一个赋值操作外，还是一个运算符。也就是说，赋值运算符完成赋值操作后，整个赋值表达式还会产生一个所赋的值，这个值还可继续使用。

（4）赋值表达式的求解过程：① 先计算赋值运算符右侧的“表达式”的值；② 将赋值运算符右侧“表达式”的值赋给左侧的变量；③ 整个赋值表达式的值就是被赋值变量的值。

例如：分析 x=y=z=3+5 这个表达式。根据优先级：原式等同于 x=y=z=(3+5)；根据结合性（从右向左）：等同于 x=(y=(z=(3+5)))，等同于 x=(y=(z=3+5))。

z=3+5：先计算 3+5，得值 8 赋值给变量 z，z 的值为 8，(z=3+5) 整个赋值表达式值为 8。

y=(z=3+5)：将上面(z=3+5)整个赋值表达式值 8 赋值给变量 y，y 的值为 8，(y=(z=3+5))整个赋值表达式值为 8。

x=(y=(z=3+5))：将上面(y=(z=3+5))整个赋值表达式值 8 赋值给变量 z，z 的值为 8，整个表达式 x=(y=(z=3+5))的值为 8。

最后，x，y，z 都等于 8。

(5) 将赋值表达式作为表达式的一种，使赋值操作不仅可以出现在赋值语句中，而且可按表达式的形式出现在其他语句中。

复合赋值表达式的一般形式：

变量　双目运算符　表达式

等价于：

变量=变量　双目运算符　表达式

例如：

n+=1　　等价于　　n=n+1

x*=y+1　等价于　　x=x*(y+1)

【注意】 赋值运算符、复合赋值运算符的优先级比算术运算符低。

2.3.7 类型转换

在进行表达式运算或运行赋值语句时，不同类型的数据先转换成同一类型，然后进行计算或赋值。例如，整型(包括 int、short、long)和实型(包括 float、double)数据可以混合运算，另外字符型数据和整型数据可以通用。因此，整型、实型、字符型数据之间可以混合运算。例如：表达式 10+'a'+1.5-8765.1234*'b'是合法的。

具体转换的方法有两种：自动转换和强制转换。

2.3.7.1　自动转换(隐式转换)

C 语言自动转换不同类型的行为称之为隐式类型转换，由编译系统自动完成。转换规则：

(1) 在不同类型数据进行混合运算时，先转换为同一类型，然后进行运算。

(2) 低精度类型向高精度类型转换，即数据总是由低级别向高级别转换，按数据长度增加的方向进行，这样可以保证精度不降低。

int →unsigned int →long →unsigned long →long long →
→unsigned long long →float →double →long double

(3) 若字符数据参与运算，则必定将其转化为整数，float 型数据在运算时一律先转换为双精度型，以提高运算精度(即使是两个 float 型数据相加，也先都转换为 double 型，然后再相加)。

char，short →int

（4）如果赋值符号“=”两边的数据类型不同，赋值号右边的类型转换为左边的类型。这种转换是截断型的转换，并不进行四舍五入处理。

C 语言这种赋值时的类型转换形式可能会不精确的情况，因为不管表达式的值怎样，系统都自动将其转为赋值运算符左部变量的类型。而转变后数据可能有所不同，若不加注意，就可能带来错误。

2.3.7.2　强制转换

强制转换是通过类型转换运算来实现，在需要强制转换类型的变量或常量前面加上（类型说明符）。一般形式：

（类型说明符）表达式

功能：把表达式的结果强制转换为类型说明符所表示的类型。

例如：

```
(int)a                    //将 a 的结果强制转换为整型量
(int)(x+y)                //将 x+y 的结果强制转换为整型量
(float)a+b                //将 a 的内容强制转换为浮点数，再与 b 相加
```

（1）类型说明符和表达式都需要加括号（单个变量可以不加括号）。

（2）无论隐式转换还是强制转换都是临时转换，都只是为了本次运算的需要而对变量的数据长度进行的临时性转换，而不改变数据说明时对该变量定义的类型，也不改变变量值。

（3）强制转换优点正好与自动类型转换相反，强制转换需要手动指定一个准确的数据类型；但程序的可读性、可移植性增强，并易于排错。

【例 2-9】 一个强制类型转换的例子。

```
#include <stdio.h>
void main()
{
    float f=5.75;                        //声明部分，定义变量
    printf("(int)f=%d\n",(int)f);      //将 f 的结果强制转换为整型，输出
    printf("f=%f\n",f);                 //输出 f 的值
}                                        //函数体结束
```

程序的运行结果如下：

```
(int)f=5
f=5.750000
```

【例 2-10】 一个隐式类型转换的例子。

```
#include <stdio.h>
void main()
{
    unsigned short a,b;
```

```
    short i,j;
    a=65535;
    i=-1;
    j=a;                        //隐式类型转换
    b=i;                        //隐式类型转换
    printf("(unsigned)%u→(int)%d\n",a,j);
    printf("(int)%d→(unsigned)%u\n",i,b);
}
```

程序的运行结果如下：

```
(unsigned)65535→(int)-1
(int)-1→(unsigned)65535
```

2.4　位运算

位运算是指进行二进制位的运算，例如对两个数按位与操作。C 语言提供了位运算的功能，主要用于开发系统软件或用于计算机控制外部设备等功能。这也是 C 语言比其他的面向过程语言功能强大的一个方面。

C 语言提供了 6 种位操作运算符。位运算符除了取反“~”是单目运算符，其他都是双目运算符。这些运算符只能用于整型操作数，即只能用于带符号或无符号 short、int、long 类型和 char 类型，不能用于实型。C 语言提供的位运算符见表 2-4。

表 2-4　C 语言中的 6 种位运算符

运算符	含义	描述
&	按位与	若两个相应的二进制位都为 1，则该位的结果值为 1；否则为 0
|	按位或	若两个相应的二进制位中有一个为 1，则该位的结果值为 1；否则为 0
^	按位异或	若参加运算的两个二进制位值相同则为 0；否则为 1
~	取反	单目运算符，对一个二进制数按位取反，即将 0 变 1，将 1 变 0
<<	左移	将一个数的各二进制位全部左移若干位，右边补 0
>>	右移	将一个数的各二进制位右移若干位，移到右端的低位被舍弃，对于无符号数，高位补 0；对于带符号数，通常高位补符号位，因系统不同会有所差别

2.4.1　按位与运算符

按位与是指参加运算的两个数据，按二进制位进行“与”运算。如果两个相应的二进制位都为 1，则该位的结果值为 1；否则为 0。这里的 1 和 0 对应逻辑中的 true 和 false，即 0&0=0，0&1=0，1&0=0，1&1=1。

由于内存储存数据的基本单位是字节（Byte），一个字节由 8 个位（bit）所组成。位是

用以描述机器数的最小单位。例如:3&5 的二进制编码是$(00000001)_2$,按位与运算的过程如下:

```
    00000011
&   00000101
------------
    00000001
```

【例 2-11】 一个按位与运算的例子

```c
#include <stdio.h>
int main( )
{
    int a=3;
    int b=5;
    printf("%d",a&b);
    return 0;
}
```

按位与运算的常见用途:

(1) 置零

若对一个存储单元某位进行置零,而其他位不变。方法:寻找一个二进制数,某位的相应位为 0,其他位为 1,然后使二者进行按位与 & 运算,即可达到清零某一位目的。

例如:原数为 43,要要求将最低位置 0,其余位不变。

解:找一个数 254,即$(11111110)_2$,将两者按位与运算:

```
    00101011
&   11111110
------------
    00101010
```

【例 2-12】 一个使用按位与运算置零某位的例子。

```c
#include <stdio.h>
int main( )
{
    int a=43;
    int b=254;
    printf("%d",a&b);
    return 0;
}
```

若要求全部清零,只需将 0 进行按位与即可。

(2) 取某些指定位

若有一个 2 字节整数 a,想要取其中的低字节,只需要将 a 与 8 个 1 按位与即可。

```
    00101100 10101100
&   00000000 11111111
---------------------
    00000000 10101100
```

（3）保留指定位

与一个数进行“按位与”运算，此数在该位取 1。

例如：有一整数 84，即$(01010100)_2$，想把其中从左边数起的第 3，4，5，7，8 位保留下来，运算如下：

```
    01010100
&   00111011
------------
    00010000
```

2.4.2　按位或运算符

两个相应的二进制位中只要有一个为 1，该位的结果值为 1。通俗地说，一真为真，即 0|0=0，0|1=1，1|0=1，1|1=1。

例如：$(60)_8|(17)_8$，将八进制 60 与八进制 17 进行按位或运算。

```
    00110000
|   00001111
------------
    00111111
```

【例 2-13】　一个使用按位或运算的例子。

```
#include <stdio.h>
void main()
{
    int a=060;
    int b=017;                    //按位或
    printf("%d",a|b);
}
```

跟按位与运算类似，按位或有置 1 的应用。例如：如果想使一个数 a 的低 4 位改为 1，则只需要将 a 与$(17)_8$进行按位或运算即可。

2.4.3　按位异或运算符

按位异或^的运算规则：若参加运算的两个二进制位值相同则为 0，否则为 1，即0^0=0，0^1=1，1^0=1，1^1=0。

例：

```
    00111001
^   00101010
------------
    00010011
```

【例 2-14】　一个使用按位异或运算的例子。

```c
#include <stdio.h>
int main( )
{
    int a=071;
    int b=052;
    printf( "%d" ,a^b) ;
    return 0;
}
```

按位异或的常见用途：

(1) 使特定位翻转

设有数$(01111010)_2$,想使其低4位翻转,即1变0,0变1。可以将其与$(00001111)_2$进行“异或”运算,即:

```
    01111010
^   00001111
------------
    01110101
```

运算结果的低4位正好是原数低4位的翻转。可见,要使哪几位翻转就将与其进行∧运算的该几位置为1,其余位置为0即可,因与0相“异或”,保留原值。

(2) 交换两个值,不用临时变量

例如:a=3,即$(11)_2$;b=4,即$(100)_2$。

若将a和b的值互换,可以用以下赋值语句实现:

```c
a=a^b;
b=b^a;
a=a^b;
```

执行与分析如下:

语句1的执行结果为:a=a^b=$(011)_2$^$(100)_2$,即a=7=$(111)_2$。

语句2的执行结果为:b=b^a=$(111)_2$^$(100)_2$=$(011)_2$=3。

语句3的执行结果为:a=a^b=$(111)_2$^$(011)_2$=$(100)_2$=4。

等效于:执行前两个赋值语句:“a=a^b;”和“b=b^a;”相当于b=b^(a^b)。再执行第三个赋值语句:“a=a^b;”。此时由于a的值等于(a^b),b的值又等于(b^(a^b)),因此,代入后相当于a=a^b^b^a^b,即a的值等于a^a^b^b^b,等于b。

【例2-15】 一个使用按位异或交换两个整数的例子。

```c
#include <stdio.h>
int main( )
{
    int a=3;
    int b=4;
    a=a^b;
```

```
    b=b^a;
    a=a^b;
    printf("a=%d b=%d",a,b);
    return 0;
}
```

程序的运行结果如下：

```
a=4 b=3
```

2.4.4　按位取反运算符

按位取反"~"的优先级比算术运算符、关系运算符、逻辑运算符和其他位运算符都高。其是单目运算符，用于求整数的二进制反码，即分别将操作数各二进制位上的 1 变为 0，0 变为 1。

【例 2-16】　一个对八进制数 77 按位取反的例子。

```
#include <stdio.h>
int main()
{
    int a=077;
    printf("%d",~a);
    return 0;
}
```

2.4.5　按位左移运算符

左移运算符是用来将一个数的各二进制位左移若干位，移动的位数由非负右操作数指定，其右边空出的位用 0 填补，高位左移溢出则舍弃该高位。

【例 2-17】　将 a 的二进制数左移 2 位，右边空出的位补 0，左边溢出的位舍弃。若 a=15，即 $(00001111)_2$，左移 2 位得 $(00111100)_2$。

```
#include <stdio.h>
int main()
{
    int a=15;
    printf("%d",a<<2);
    return 0;
}
```

左移 1 位相当于该数乘以 2，左移 2 位相当于该数乘以 2＊2=4，15<<2=60，即乘了 4。但此结论只适用于该数左移时被溢出舍弃的高位中不包含 1 的情况。

假设以一个字节(8 位)存一个整数 a,若 a 为无符号整型变量,则 a=64 时,左移一位时溢出的是 0,而左移 2 位时,溢出的高位中包含 1。

2.4.6 按位右移运算符

右移运算符是用来将一个数的各二进制位右移若干位,移动的位数由非负右操作数指定,移到右端的低位被舍弃,对于无符号数,高位补 0,对于有符号数,通常对左边空出的部分用符号位填补,具体依不同的系统而定。

例: 设 a 的值是八进制数 113755。

a:1001011111101101(用二进制形式表示)

a>>1: 1100101111110110(右移)

【例 2-18】 一个使用按位右移运算的例子。

```
#include <stdio. h>
void main( )
{
    int a=0113755;
    printf( "%d" ,a>>1);
}
```

2.4.7 位运算赋值运算符

将按位运算符和赋值运算符结合,可形成复合的赋值运算符,简称为位运算赋值运算符。例如: &=, | =,>>=,<<=,^=等。例如: a | =a 相当于 a=a | a, a>>=2 相当于 a=a>>2。

2.5 程序举例

【例 2-19】 一个运算符与表达式的例子。

```
#include <stdio.h>
int main (   )
{
  int m=3, n=5;
  m+=m++ || ++n;
  printf (“m=%d, n=%d\n”,m,n);
  return 0;
}
```

程序运行结果如下:

```
m=5, n=5
```

【程序分析】　表达式“m +=m++||++n;”相当于“m +=((m++)||(++n));”。因为“m++”是将 m 的当前值 3 作为该表达式的值，接着再进行自增运算，所以“(m++)||(++n)”相当于“3||(++n); m=m+1”。该表达式的值总是 1，由于“逻辑短路”现象，“++n”不再运算。这时的原表达式相当于“m+=1; m=m+1”，m 的值增加了 2，变为 5，而 b 的值没变。

【例 2-20】　编写程序，从键盘任意输入 4 个整数，要求输出其中的最大值和最小值。(利用条件运算符)

【问题分析】　声明 6 个整型变量分别存放最大值、最小值和 4 个整数。从键盘输入 4 个整数，用其中一个整数的值初始化最大值 max 和最小值 min，然后反复利用条件运算符进行比较，当变量比较完成后，max 和 min 就是最终的最大值和最小值。

程序源代码如下：

```
#include <stdio.h>
int main ( )
{
    int a,b,c,d;
    int max,min;
    printf ("please input 4 intergers:");
    scanf ("%d%d%d%d",&a,&b,&c,&d);
                                        /*输入 4 个整数*/
    max=min=a;                          /*初始化最大值、最小值*/
    max=max>b? max:b;                   /*max 与 b 比较,较大的数存入 max*/
    min=min<b? min:b;                   /*min 与 b 比较,较小的数存入 min*/
    max=max>c? max:c;                   /*max 与 c 比较,较大的数存入 max*/
    min=min<c? min:c;                   /*min 与 c 比较,较小的数存入 min*/
    max=max>d? max:d;                   /*max 与 d 比较,较大的数存入 max*/
    min=min<d? min:d;                   /*min 与 d 比较,较小的数存入 min*/
    printf ("max=%d, min=%d\n", max, min);
    return 0;
}
```

【例 2-21】　编写程序，从键盘输入一个 3 位正整数，然后按数位的逆序输出该数。例如：若从键盘输入：123<回车>，则程序在屏幕输出：321。

【问题分析】

此题考察利用 C 语言解决基本数学问题的能力。对于一个 3 位整数 m，本程序综合运用整数除，求余等操作计算出其个、十、百位上的数字，并复制给变量 x、y、z。另外，用表达式 x＊100+y＊10+z 可以计算出 m 的逆序数。本程序用到的算法非常有用，在后面的学习中还会遇到，请读者仔细理解体会。

程序源代码如下：

```
#include <stdio.h>
int main (    )
{
   int m;                     /*定义变量 m 表示 3 位正整数*/
   int x,y,z;                 /*定义变量 x,y,z 分别表示 m 各位上数字*/
   int rm;                    /*定义变量 rm 表示 m 的逆序数*/
   printf ("Input a positive integer (100~999): ");
   scanf ("%d", &m);          /*输入 m*/
   x=m%10;                    /*计算 m 个位上的数字*/
   y=m/10%10;                 /*计算 m 十位上的数字*/
   z=m/100;                   /*计算 m 百位上的数字*/
   rm=x*100+y*10+z;           /*计算 m 的逆序数*/
   printf ("%d\n", rm);       /*输出 rm*/
   return 0;
}
```

【本章小结】

主要介绍了C语言程序的基本构成,标识符、常量和变量,基本数据类型,运算符与表达式,以及按位运算符等内容。其中:标识符、常量和变量定义与应用是本章的一个重点,特别要深入理解变量的三大基本属性;另外各种C语言运算符的表示及功能也要重点掌握。总之,本章内容虽有些零碎,但非常基础和重要,一定要切实领会,并加以掌握。

【考点提示】

在计算机二级等级考试中,本章主要出题方向及考察点主要如下:① C的数据类型(基本类型、构造类型、指针类型、无值类型)及其定义方法;② C运算符的种类、运算优先级和结合性;③ 不同类型数据间的转换与运算;④ C表达式类型(赋值表达式、算术表达式、关系表达式、逻辑表达式、条件表达式、逗号表达式)和求值规则;⑤ 按位运算符的含义和使用;⑥ 简单的位运算应用等。

习题

1. 设有语句 int a=3,则执行语句 a+=a-=a*a 后,变量 a 的值是________。
2. 在C语言中,要求运算数必须是整数的运算符是________。
3. 阅读以下程序,输出结果是________。

```
#include <stdio. h>
void main( )
```

```
{
    int i=010, j=10;
    printf("%d,%d\n", ++i, j--);
}
```

4. 阅读以下程序,输出结果是________。

```
#include <stdio.h>
void main( )
{
    unsigned  a=32768;
    printf("a=%d\n",a);
}
```

5. 设 X,Y,Z 和 K 是 int 型变量,则执行表达式 X=(Y=4, Z=16, K=32)后,X 的值为________。

6. 若有定义变量 int K=7,X=12; 则表达式(X%=K)-(K%=5)的值是________。

7. 阅读以下程序,输出结果是________。

```
#include <stdio.h>
void main( )
{
    int  a=12;
    printf("%d  %d\n", --a, a++);
}
```

8. 阅读以下程序段,输出结果是________。

```
int  a=0,c=0;
c=(c-=a-5);
printf("%d  %d", a,c);
```

9. 当运行以下程序时,在键盘上从第一列开始输入 9876543210<CR>(<CR>代表 Enter 键),则程序的输出结果是________。

```
#include <stdio.h>
void main( )
{
    int a; float b, c;
    scanf("%2d%3f%4f", &a, &b, &c);
    printf("\na=%d, b=%f, c=%f\n", a, b, c);
}
```

10. 阅读以下程序,输出结果是________。

```
#include <stdio.h>
void main( )
{
    double d=3.2;
    int x,y;
    x=1.2; y=(x+3.8)/5.0;
    printf("%d\n", d*y);
}
```

11. 变量 a 中的数据用二进制表示的形式是 01011101,变量 b 中的二进制数据是 11110000。如要将 a 的高 4 位取反,低 4 位不变,所要执行的运算是________。

12. 阅读以下程序,输出结果是________。

```
#include <stdio.h>
void main( )
{
    int a=1, b=2, c=3, x;
    x=(a^b)&c;
    printf(“%d\n”, x );
}
```

13. 阅读以下程序段,c 的值是________。

```
int  a=1, b=2, c;
c=a^(b<< 2);
```

14. 阅读以下程序,输出结果是________。

```
#include <stdio.h>
void main()
{
    unsigned char a=2, b=4, c=5, d;
    d=a | b;
    d&=c;
    printf(“%d\n”, d);
}
```

第 3 章　顺序结构程序设计

第 2 章介绍了编程中用到的一些基本要素，如常量、变量、运算符、表达式等，它们是构成程序的基本成分。本章学习顺序结构程序设计，通过本章的学习，理解 C 语言源程序的组成，掌握 C 语言中格式化输入输出函数及字符输入输出函数的使用，程序设计的一般规范等。

3.1　C 语言程序的组成

通过对前面章节中简单的 C 语言程序实例分析，对 C 语言程序的基本组成和形式——程序结构——已经有了初步的了解。下面给出一个 C 语言程序的基本框架，如图 3-1 所示。

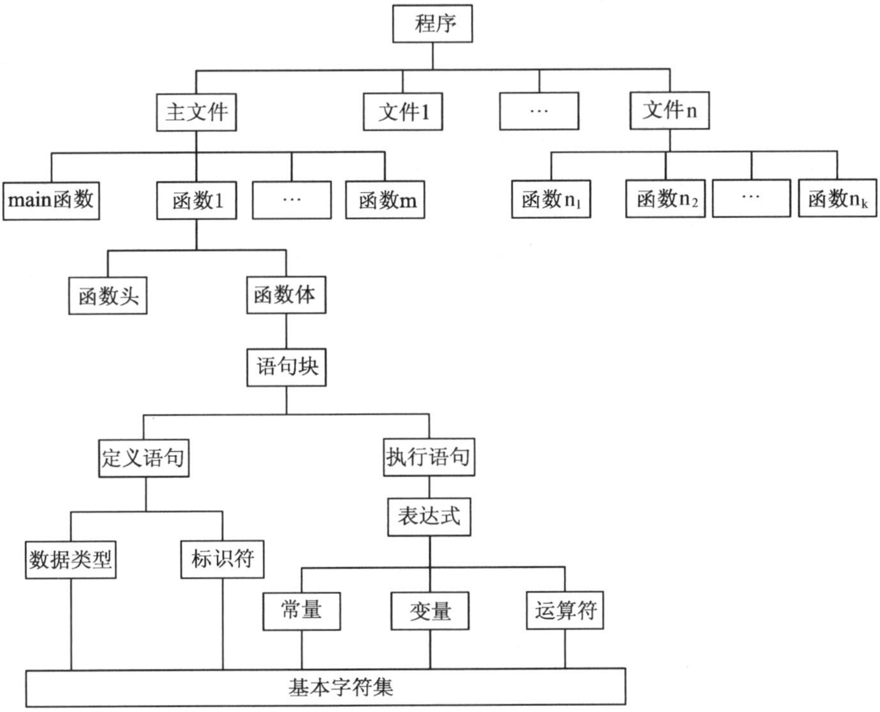

图 3-1　C 语言程序基本框架

由图 3-1 可以看出，C 语言程序由函数构成，C 语言是一种函数式的语言，函数是 C 语言程序的基本单位。一个 C 语言程序必须包含且仅包含一个 main 函数，除此之外还可包含若干个其他函数。main 函数是一个独立应用程序的主体结构，它被操作系统调用。一个 C 语言程序总是从 main 函数开始执行，而不论 main 函数在程序中的位置。可以将 main 函数放在整个程序的最前面，也可以放在整个程序的最后，或者放在其他函数之间。

函数由多种语句（包含变量定义语句）组成，语句由各种表达式构成，表达式由运算符、常量和变量构成。

3.2 顺序结构简述

顺序结构（见图 3-2）的程序是一种最简单的结构化程序结构，只要按照解决问题的顺序写出相应的语句就行，它的执行顺序是自上而下，依次执行，即先执行 A，再执行 B。这是一般程序都包含的结构。

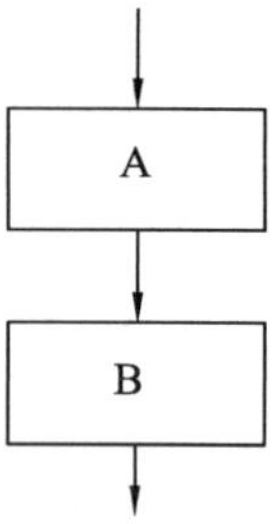

图 3-2　顺序结构流程图

下面以例 3-1 说明顺序结构的程序设计过程。

【例 3-1】　编程实现交换两个整型变量的值并输出。

【问题分析】　“交换两个变量的值”是一个程序设计中常用到的功能。形象地说，变量的作用相当于在内存中提供一个存放数据的空间或容器。因此变量具有以下特点：每个变量占用一个内存空间，有新的内容被送到这个变量中，旧的内容就被冲刷掉了。在程序中就可以根据当前的情况，定义一个指定类型的容器来存放该类型的数据。所以，本例可以转换成将两个容器中的数据进行对换的问题。

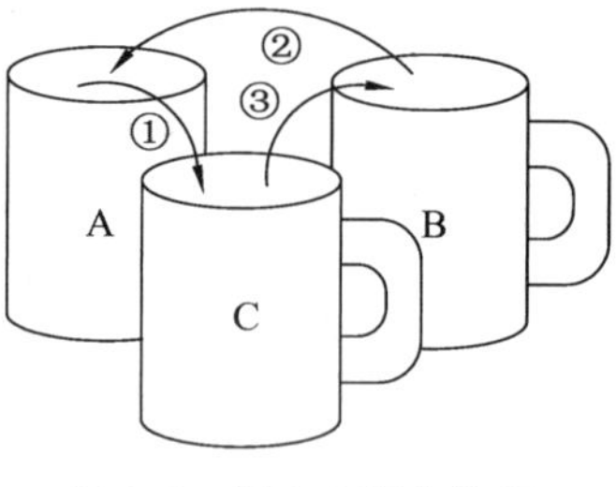

图 3-3　例 3-1 程序流程

借鉴实际生活中交换两个容器里东西的方法（见图 3-3），借助第 3 个容器 C，先将第一个容器 A 中的东西放到 C 中，然后将第 2 个容器 B 中的东西放到 A 中，最后将 C 中的东西放到 B 中即可。因此，将该方法应用到该程序中，可以简单称为“交换三部曲”，其流程图如图 3-4 所示。

程序的源代码如下（算法 1）：

```
#include<stdio.h>
int main( )
{  int a=4,b=7,c;
   printf("交换前: a=%d , b=%d\n",a,b);
   c=a;
   a=b;
   b=c;
   printf("a=%d , b=%d\n",a,b);
   return 0;
}
```

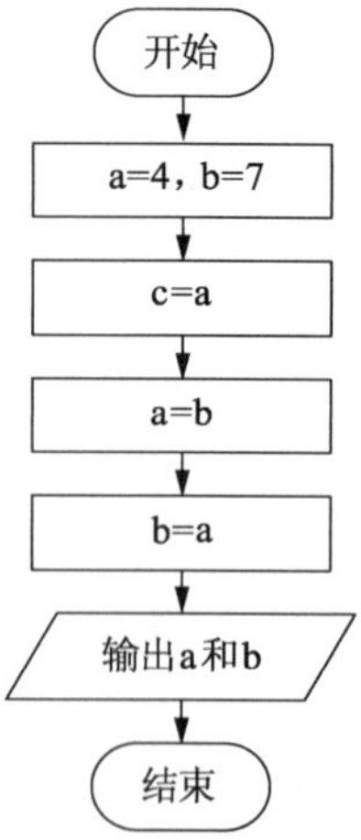

图 3-4　交换两只杯中物品的示意图

程序的运行结果如下：

```
交换前: a=4 , b=7
a=7 , b=4
```

【程序分析】 上述方法可以成为“ 第三人 ”交换法 ,在其中可以了解中间变量的作用,以加深对程序的理解。观察整个算法,第三人扮演着什么角色? 可以看出: 第三人(即中间变量)就像一个邮递员。

此外,还可以使用一种不需要中间变量的同功能算法,即“近距离互换”法。

程序的源代码如下(算法 2):

```
#include<stdio.h>
int main()
{   int a=4,b=7;
    printf("交换前:a=%d,b=%d\n",a,b);
    a=a+b;
    b=a-b;
    a=a-b;
    printf("交换后:a=%d,b=%d\n",a,b);
    return 0;
}
```

无论是算法 1 的程序还是算法 2 的程序,从运行的结构上说都有一个共同的特点:从程序开始到程序结束,程序运行没有出现某一行语句重复运行,或者某一行语句不执行的情况。

从以上两个算法中可以看出,程序设计的顺序结构在程序执行过程中,语句按先后顺序自上而下一行一行执行,没有分支,没有重复,直到程序结束。

当然,在程序中还需要实现数据的输入输出操作,以便计算机接收外部数据进行处理和将结果输出。下面将介绍在 C 语言中如何实现输入输出操作。

3.3　数据输入输出

所谓数据输出,是指把数据从计算机内部(主要指内存的数据)送到计算机外部设备上的操作。例如,把计算机内的运算结果显示在屏幕上,或者送到磁盘上保存起来,或者打印出来等。与此过程相反,数据输入则是指从计算机外部设备将数据送入计算机内部的操作。例如,从终端键盘上(或从文件中等)读入数据等。

C 语言本身没有专门的输入输出语句,但可以通过调用 C 语言标准库函数中提供的输入和输出函数,来实现数据的输入和输出操作。在 VC 6.0 环境下,在调用输入和输出库函数之前,要求在源程序的头部书写包含头文件 stdio.h 的命令行,即

```
#include<stdio.h>
```

在C语言标准库函数中提供各种输入输出函数,这里先介绍两对基本的常用输入输出函数,在本书的文件部分章节也将介绍一些。

输入输出函数都从这3个方面来定义的,因为在进行数据的输入输出时,需要告诉程序3种信息:一是输入输出哪些数据;二是用何种格式输入输出;三是从什么设备上输入输出。

下面先介绍其中2个常用的输入输出函数:格式输出函数printf( )和输入函数scanf( )。

3.3.1 printf( )函数

3.1.1.1 printf的一般调用形式

printf函数称为格式输出函数,是C语言提供的标准输出函数之一,实现按指定的格式在显示器上输出数据的功能。printf函数的调用形式如下:

printf(格式控制, 输出项1, 输出项2, …)

其中,“格式控制”是一个字符串,所以也称为格式控制字符串,简称为格式字符串。

【例3-2】 阅读以下程序。

```
1    int a=-1,b=2;
2    printf("a=%d,b=%d", a,b);
```

在第2行的输出语句中,printf是函数名,“a=%d,b=%d”为输出格式,它决定了输出数据的内容和格式。后面“a,b”为2个输出项,是printf函数的实参,实现将a和b的值在屏幕上输出,运行结果如下:

```
a=-1,b=2
```

3.3.1.2 printf函数的常用格式说明

在printf函数中,格式控制字符串中包含两种字符:一种是格式说明字符(如例3-3的第4行中%d部分),它们都必须用“%”开头、以一个格式字符结束,在此之间可以根据需要插入“宽度说明”、左对齐符号“-”、前导零符号“0”等,以起到控制相应输出项输出格式的作用;另一种是普通字符(如例3-3的第4行中“两者之和a+b=”部分),将按原样输出。

【例3-3】 阅读以下程序。

```
1    int main( )
2    {
3        int a=10,b=20,sum=a+b;
4        printf("两者之和a+b=%d", sum);
5        return 0;
6    }
```

程序运行结果如下:

```
两者之和a+b=30
```

printf 的主要控制格式如下：

%[-][0][m.n][l 或 h]格式字符

其中，%和格式字符是不可缺少的，其余组成部分按需选择。“[ ]”表示可选项。

(1) %：表示格式说明的起始符号，不可缺少。

(2) -：有“-”表示左对齐输出，如省略表示右对齐输出。

(3) 0：有 0 表示指定空位填 0，如省略表示指定空位不填。

(4) m.n：m 指域宽，即对应的输出项在输出设备上所占的字符数。n 指精度，用于说明输出的实型数的小数位数。没有指定 n 时，隐含的精度为 n=6 位。

(5) l 或 h：l 对于整型指 long 型，对于实型指 double 型。h 用于将整型的格式字符修正为 short 型。

(6) 格式字符：格式字符用以指定输出项的数据类型和输出格式。可用以下几种不同控制形式：

① d 格式：用来输出十进制整数。

%d：按整型数据的实际长度输出。

%md：m 为指定的输出字段的宽度。如果数据的位数小于 m，则左端补以空格，若大于 m，则按实际位数输出。

%ld：输出长整型数据。

② o 格式：以无符号八进制形式输出整数。对长整型可以用“%lo”格式输出。同样也可以指定字段宽度用“%mo”格式输出。

【例 3-4】　阅读以下程序分析运行结果。

```
int main( )
{
    int a=-1;
    printf("%d,%o",a,a);
    return 0;
}
```

程序运行结果如下：

```
-1, 37777777777
```

【程序分析】　-1 在内存单元中(以补码形式存放)为$(1111\ 1111\ 1111\ 1111\ 1111\ 1111\ 1111\ 1111)_2$，转换为八进制数为$(377\ 7777\ 7777)_8$，所以以上程序要%o 格式输出时则为 37777777777。

③ x 格式：以无符号十六进制形式输出整数。对长整型可以用“%lx”格式输出。同样也可以指定字段宽度用“%mx”格式输出。

④ u 格式：以无符号十进制形式输出整数。对长整型可以用“%lu”格式输出。同样也可以指定字段宽度用“%mu”格式输出。

⑤ c 格式：输出一个字符。

⑥ s 格式：用来输出一个串。可用以下几种形式：

%s：输出一个字符串，如例 3-5。

【例 3-5】 阅读以下程序。

```
printf("%s\n","CHINA");      //输出字符串"CHINA"(不包括双引号)
```

程序运行结果如下：

```
CHINA
```

%ms：输出的字符串占 m 列，如字符串本身长度大于 m，则突破 m 的限制，将字符串全部输出。若串长小于 m，则左补空格。

%-ms：如果串长小于 m，则在 m 列范围内，字符串向左靠，右补空格。

%m. ns：输出占 m 列，但只取字符串中左端 n 个字符。这 n 个字符输出在 m 列的右侧，左补空格。

%-m. ns：其中 m，n 含义同上，n 个字符输出在 m 列范围的左侧，右补空格。如果 n>m，则自动取 n 值，即保证 n 个字符正常输出。

⑦ f 格式：用来输出实数（包括单、双精度），以小数形式输出。可用以下几种形式：

%f：不指定宽度，整数部分全部输出并输出 6 位小数。

%m. nf：输出共占 m 列，其中有 n 位小数，如数值宽度小于 m 则左端补空格。

%-m. nf：输出共占 m 列，其中有 n 位小数，如数值宽度小于 m 则右端补空格。

【注意】 输出实数时，其数据的实际精度并不完全取决于格式控制中的域宽和小数的域宽，而是取决于数据在计算机内的存储精度。对于单精度数，使用%f 格式符输出时，仅前 7 位是有效数字，输出 6 位小数。对于双精度数，使用%lf 格式符输出时，前 16 位是有效数字，输出 6 位小数。因此，若程序中指定的域宽和小数的域宽超过相应类型数据的有效数字，输出的多余数字是没有意义的，只是系统用来填充域宽而已。

【例 3-6】 阅读以下程序。

```
printf("%1f\n",100 00000.0/3);
```

程序运行结果如下：

```
3333333,333333
```

⑧ e 格式：以指数形式输出实数。可用以下几种形式：

%e：数字部分（又称尾数）输出 6 位小数，指数部分占 5 位，其中小数点占一位。且小数点前必须有而且只有 1 位非零数字。

%m. ne 和%-m. ne：m，n 和“-”字符含义与前相同。此处 n 指数据的数字部分的小数位数，m 表示整个输出数据所占的宽度。

⑨ g 格式：自动选 f 格式或 e 格式中较短的一种输出，且不输出无意义的零。另外，

如果想输出字符“%”,则应该在“格式控制”字符串中用连续两个%表示。

【例 3-7】 阅读以下程序。

```
printf("%f%%\n",1.0/3);          //输出 0.333333%
```

程序运行结果如下:

```
0.333333%
```

3.3.1.3　使用 printf 函数的注意事项

在程序中使用 printf 函数时应该注意以下几个事项:

(1) printf 的输出格式为自由格式,是否在两个数之间留逗号、空格或回车,完全取决于格式控制。如果不注意,很容易造成数字连在一起,使得输出结果没有意义。

【例 3-8】 阅读以下程序。

```
1    int main()
2    {
3        int k=1234;double f=123.456;
4        printf("%d%d%.3f\n",k,k,f);
5        return 0;
6    }
```

程序运行结果如下:

```
12341234123.456
```

由第 4 行语句的输出结果可以看出,无法分辨其中的数字含义。而如果将第 4 行语句改为

```
printf("%d %d %.3f\n",k,k,f);
```

则其输出结果如下:

```
1234 1234 123.456
```

即在相邻两数之间加了空格,这样就分开了。当然也可加其他字符(如分号等)。

(2) 格式控制中必须含有与输出项一一对应的输出格式说明,类型必须匹配。若格式说明与输出项的类型不一一对应匹配,则不能正确输出,而且编译时不会报错。若格式说明个数少于输出项个数,则多余的输出项不予输出;若格式说明个数多于输出项个数,则将输出一些毫无意义的数字乱码。

(3) 在格式控制中,除了前面要求的输出格式外,还可以包含任意的合法字符(包括汉字和转义符),这些普通字符输出时将“原样”输出。此外,还可利用“\n”(回车)等一些转义符控制输出格式。

(4) printf 函数有返回值,返回值是本次调用输出字符的个数,包括回车等控制符。

考虑 C 语言学习的侧重点和篇幅限制,printf 函数的其他详细、完整格式(如输出数据时的域宽可以改变等)可参考 C 语言手册和集成环境中的开发文档等。

3.3.2 scanf( )函数

scanf 函数是 C 语言提供的标准输入函数之一,通过该函数实现从终端键盘上读入数据的功能。

3.3.2.1 scanf 函数的一般调用形式

scanf 函数的一般调用形式如下:

scanf(格式控制,输入项 1,输入项 2,…)

【例 3-9】 阅读以下程序。

```
1    #include <stdio.h>
2    int main( )
3    {
4       int x;float y;double z;
5       scanf("%d%f%lf",&x,&y,&z);                  //通过键盘输入 x,y,z 值
6       printf("x=%d, y=%f, z=%lf\n",x,y,z);        //在显示器上输出 x,y,z 值
7       return 0;
8    }
```

从键盘输入如下:

```
1 2.3 4.5
```

相应程序输出如下:

```
x=1, y=2.300000, z=4.500000
```

【程序分析】 例 3-9 中第 5 行通过 scanf 函数分别为变量“x,y,z”进行输入。其中 scanf 是函数名,双引号括起来的字符串部分为格式控制部分,其后的“&x,&y,&z”为输入项。

格式控制的主要作用是指定输入时的数据转换格式,即格式转换说明。scanf 的格式转换说明与 printf 的类似,也是由“%”开始,其后是格式字符。例 3-9 中 scanf 函数格式控制的%d、%f(或%e)和%lf(或%le)分别用于 int、float 和 double 型数据的输入。

在 C 语言中,scanf 函数的常用格式控制如下:

%[*][width][l|h]格式符

【说明】 (1) “[ ]”表示可选项,可缺省;“|”表示互斥关系。

(2) width:指定输入数据的域宽,遇空格或不可转换字符则结束。

(3) 格式符:各种格式转换符(参照 printf)。

(4) *:抑制符,输入的数据不会赋值给相应的变量。

(5) l:用于 d,u,o,x(或 X)前,指定输入为 long 型整数;用于 e(或 E)、f 前,指定输入为 doule 型实数。

(6) h:用于 d,u,o,x(或 X)前,指定输入为 short 型整数。

输入项之间用逗号隔开。对于 int、float 和 double 型变量,在变量之前必须加 & 符号作为输入项(& 是 C 语言中的求地址运算符,输入项必须是地址表达式)。

【注意】 printf 中%f 格式符既可以输出 float 型又可以输出 double 型的数据。但要输入 double 型的数据,格式一定要指定为%lf。

3.3.2.2　scanf 函数的常用格式说明

每个格式说明都必须用%开头,以一个“格式字符”作为结束。通常允许用于输入的格式字符及其对应的功能,与 printf 函数中的格式声明相似,但有以下几点需要注意的说明:

(1) 在格式串中,必须含有与输入项一一对应的格式转换说明符。若格式说明与输入项的类型不一一对应匹配,则不能正确输入,且编译时不会报错。若格式说明个数少于输入项个数,scanf 函数结束输入,则多余的输入项将无法得到正确的输入值;若格式转换说明个数多于输入项个数,scanf 函数也结束输入,多余的数据作废,不会作为下一个输入语句的数据。

(2) 在 VC 2010 环境下,输入 short 型整数,格式控制要求用%hd。要输入 double 型数据,格式控制必须用%lf(或%1e),否则数据不能正确输入。

(3) 在 scanf 函数的格式字符前可以加入一个正整数指定输入数据所占的宽度,但不可以对实数指定小数位的宽度。

(4) 当输入项与输入格式一一对应时,由于输入的是一个字符流,scanf 从这个流中按照格式控制指定的格式解析出相应数据,送到指定地址的变量中。因此当输入的数据少于输入项时,运行程序将等待输入,直到满足要求为止。当输入的数据多于输入项时,多余的数据在输入流中没有作废,而是等待下一个输入操作语句继续从此输入流读取数据。

(5) scanf 函数有返回值,其值就是本次 scanf 调用正确输入的数据项的个数。

(6) 当格式控制字符串中含有抑制符“ * ”时,表示本输入项对应的数据读入后不赋给相应的变量(该变量由下一个格式指示符输入)。

例如:

```
int n1, n2;
scanf("%2d%*2d%3d",&n1,&n2);
printf("n1=%d, n2=%d \n",n1, n2);
```

若输入 123456789↙,则输出结果为 n1 = 12, n2 = 567。其运行结果如下:

```
123456789
n1=12, n2=567
```

(7) 使用格式控制符"%c"输入单个字符时,空格和转义字符均作为有效字符被输入。

(8) 输入数据时遇到以下情况,系统认为该数据输入结束:

① 遇到空格,或者回车键、Tab 键。

② 遇到输入域宽度结束。例如,"%3d",只取 3 列。

③ 遇到非法输入。例如,在输入数值数据时,遇到字母等非数值符号。如"scanf ("%d", &a);", 如果输入 12a3↙, a 的值将是 12。

(9) 当一次 scanf 调用需要输入多个数据项时,如果前面数据的输入遇到非法字符,并且输入的非法字符不是格式控制字符串中的常规字符,那么这种非法输入将影响后面数据的输入,导致数据输入失败。

3.3.2.3 使用 scanf 函数从键盘输入数据

当用 scanf 函数从键盘输入数据时,每行数据在未按下回车键(Enter 键)前可以任意修改;但按下回车键后,scanf 函数即接收了这一行数据,不能再修改。对此类输入,需作如下两方面的说明。

(1) 输入数值数据

在输入整数或实数数值型数据时,输入的数据之间必须用空格、回车符或制表符(Tab 键)等默认间隔符隔开,间隔符个数不限。即使在格式说明中人为指定了输入宽度,也可以用此方式输入。

例如:在例 3-9 中,若要给 x 赋值 10,y 赋值 12.3,z 赋值 1234567.89,输入格式可以是:

10　12.3　1234567.89↙

也可以是:

10↙
12.3↙
1234567.89↙

在输入整数或实数这类数值型数据时,输入的数据之间也可以用在格式符中指定其他分隔符(如逗号、冒号等)。例如,例 6-10 中的输入语句(第 4 行)可以如下:

```
scanf("%d,%f,%lf",&x,&y,&z);
```

则输入格式应如下,在每个输入数据之间用指定分隔符(如逗号)分开:

10, 12.3, 1234567.89↙

(2) 指定输入数据所占的宽度

可以在格式字符前加入一个正整数指定输入数据所占的宽度。例如,例 6-8 中的输

入语句(第 4 行)可改为:

```
scanf("%3d%5f%5lf",&x,&y,&z);
```

若从键盘上从第 1 列开始输入,如上例输入改为:

123456.789.123↙

则其输出的结果如下:

```
x=123, y=456.700012, z=89.120000
```

【程序分析】

(1)由于格式控制是%3d,故把输入数字串的前 3 位 123 赋值给了 x;

(2)由于对应于变量 y 的格式控制是%5f,故把输入数字串中随后的 5 位数(包括小数点)456.7 赋值给了 y;

(3)由于格式控制是%5lf,故把数字串中随后的 5 位(包括小数点)89.12 赋值给了 z。

由以上示例可知,在 scanf 函数格式字符中指定输入数据所占宽度的情况下,数字之间不需要间隔符,若插入了间隔符,系统也将按指定的宽度来读取数据,从而会引起输入混乱。除非数字“粘连”在一起,否则不提倡指定输入数据所占的宽度。

3.3.3　getchar()函数与 putchar()函数

3.3.3.1　getchar 函数

getchar 函数也是 C 语言提供的标准输入函数之一,通过该函数实现从终端键盘读字符的功能。getchar 函数的调用形式如下:

```
int getchar();
```

getchar 有一个 int 型的返回值,即为键盘输入字符(的 ASCII 码)。当程序调用 getchar 时,程序就等待用户按键,用户输入的字符被存放在键盘缓冲区中,直到用户按回车为止(回车字符也放在缓冲区中)。当用户键入回车之后,getchar 才开始从在键盘缓冲区中每次读入一个字符。getchar 函数的返回值是用户输入的第一个字符的 ASCII 码,如出错返回-1,且将用户输入的字符回显到屏幕。若用户在按回车之前输入了多于一个字符,则其他字符会保留在键盘缓存区中,等待后续 getchar 调用读取。也就是说,后续的 getchar 调用不会等待用户按键,而直接读取缓冲区中的字符,直到缓冲区中的字符读完为止,才等待用户按键。

3.3.3.2　putchar 函数

putchar 函数是 C 语言提供的标准输出函数之一,实现在标准终端输出设备(即显示器)上输出字符。putchar 函数的调用形式如下:

putchar(字符变量或常量)

【例 3-10】　阅读以下程序。

```
int main( )
```

```
{
        char ch='a';
        putchar('A');                       //输出大写字母 A
        putchar(ch);                        //输出字符变量 ch 的值
        putchar('\101');                    //也是输出字符 A
        putchar('\n');                      //换行
        return 0;
}
```

程序运行结果如下：

```
AaA
Press any key to continue
```

【注意】 对于控制字符(如例 3-10 中的换行字符“\n”)则仅执行其控制功能(如换行),并不在屏幕上显示其字符。

3.4 源程序编写的一般规范

除了好的程序设计方法和技术之外,程序设计编码的规范也是很重要的。良好的程序设计风格可以使程序结构清晰合理,使程序代码易于测试和维护。程序设计风格是指编写程序时所表现出的特点、习惯和逻辑思路,为了测试和维护程序,往往还要阅读和跟踪程序,因此程序设计的风格总体而言应该强调简单和清晰。良好的编程风格是提高程序可靠性非常重要的手段,也是大型项目多人合作开发的技术基础。本节目的在于通过规范定义来避免不好的编程风格,增强程序的易读性,便于自己和其他程序员理解。

在编写程序过程,遵循的规范有很多,不同的软件公司也专门设计了适合本公司的规范,因此,本节仅介绍常见的约定规范。

3.4.1 标识符命名及书写规则

(1) 规范的基本要求

这里的标识符是指编程语言中语法对象的名字,它们有常量名、变量名、函数名、类型名和文件名等,标识符的基本语法是以字母和下划线开始,由字母、数字及下划线组成的单词。

标识符本身最好能够表明其自身的含义,以便于使用和他人阅读;按其在应用中的含义可由一个或多个词组成,可以是英文词或中文拼音词。

当标识符由多个词组成时,建议每个词的第一个字母大写,其余全部小写,常量标识符全部大写。中文词由中文描述含义的每个汉字的头一个拼音字母组成;英文词尽量不缩写,如果有缩写,在同一系统中对同一单词必须使用相同的表示法。标识符的总长度建议一般不要超过 32 个字符。

（2）特殊约定

有的编程工具或软件企业对标识符的命名有自己的特有规定。

例如，把标识符分为两部分：规范标识前缀+含义标识。

其中，规范标识前缀用来标明该标识的归类特征，以便与其他类型的标识符互相区别。例如：实型标识符的前缀为 f，表示身高的实型变量可命名为 fHeight；整型标识符的前缀为 i，表示年龄的整型变量可命名为 iAge；字符型标识符的前缀为 c，表示性别的字符型变量可命名为 cSex。

含义标识用来标明该标识所对应的被抽象的实体，以便记忆，上面例子中“fHeight”的“Height”就是含义标识。

（3）源代码文件标识符命名规则

源代码文件标识符分为两部分，即文件名前缀和后缀。格式规则如下：××…××.×××。前缀部分通常与该文件所表示的内容或作用有关；后缀部分通常表示该文件的类型，可以自己设定，具体的编程环境有特殊规定的以编程环境的规定为准，如 VS 2010 中默认的源程序后缀为 cpp。

前缀和后缀这两部分字符应仅使用字母、数字和下划线；文件标识的长度建议超过 32 个字符，以便于识别。

3.4.2　注释及格式要求

注释总是出现在程序需要作一个概括性说明、不易理解或易理解错的地方。注释应做到语言简练、易懂而又准确，所采用的语种可选中文，如有输入困难、编译环境限制或特殊需求也可采用英文。

（1）源代码文件的注释

一般在文件的头部加上注释，常用来标明程序名称，说明程序所完成的主要功能，文件的作者及完成时间等；或阶段测试结束后，主要修改活动的修改人、时间、简单原因说明列表；以及维护过程中需要修改程序时，应在被修改语句前面注明修改时间和原因说明。

（2）函数（过程）的注释

一般在函数头部加上必要的注释，是用来对函数进行功能和参数（值参、变参）说明。如算法复杂时，需在函数的主体部分进行注释，用来对其算法思路与结构作出必要说明。

（3）语句的注释

需要进行语句注释的场合包括：应对不易理解的分支条件表达式加注释；不易理解的循环，应说明出口条件；过长的函数实现，应将其语句按实现的功能分段加以概括性说明。

（4）常量和变量的注释

建议在常量名字（或有宏机制的语言中的宏）声明后应对该名字作适当注释，注释说明的要点是：被保存值的含义，合法取值的范围等；变量的注释也可作类似处理。

3.4.3　缩进规则

（1）控制结构的缩进

程序应以缩进形式展现程序的块结构和控制结构，在不影响展示程序结构的前提下尽可能地减少缩进的层次。常采用的两种缩进为：

缩进方式 1

```
if (expression)
{
    statements
}
else
{
    statements
}
```

缩进方式 2

```
if (expression ){
    statements
}
else{
    statements
}
```

(2) 缩进的限制

一个程序的宽度如果超出页宽或屏宽，这将是很难读的，所以须使用拆行缩进的方法、合并表达式或编写函数的方法来限制程序的宽度。

通常建议如下，任何一个程序最大行宽不应超过 80 列，超过者应拆行书写；建议一个函数的缩进不得超过 5 级，超过者应将其子块写为函数处理；算法或程序本身的特性有特殊要求时，可以超过 5 级。

3.4.4 代码的排版布局

在使用 C 语言开发集成环境进行源程序代码编写时，建议采用如下的代码排版规范：

(1) 关键词和操作符之间加适当的空格；

(2) 相对独立的程序块与块之间加空行；

(3) 较长的语句、表达式等要分成多行书写；

(4) 划分出的新行要进行适应的缩进，使排版整齐，语句可读；

(5) 长表达式要在低优先级操作符处划分新行，操作符放在新行之首；

(6) 循环、判断等语句中若有较长的表达式或语句，则要进行适应的划分；

(7) 若函数中的参数较长，则要进行适当的划分；

(8) 不允许把多个短语句写在一行中，即一行只写一条语句；

(9) 函数的开始、结构的定义及循环、判断等语句中的代码都要采用缩进风格；

(10) C 语言是用大括号“{”和“}”界定一段程序块的，编写程序块时“{”和“}”应各独占一行并且位于同一列，同时与引用它们的语句左对齐。在函数体的开始进行结构的定义、枚举的定义以及 if、for、do、while、switch、case 语句中的程序尽量采用上面缩进方式 1 排版。

3.4.5 函数的编写规范

C 语言是一种结构化的程序设计语言，结构化在 C 语言中的体现通过函数来表示，即 C 语言源程序是通过函数来组织代码的，最简单的程序也应至少包含一个名叫 main 的函数。因此，非常有必要了解 C 语言中函数的编写规范。具体来说：

(1) 函数的规模尽量限制在 200 行以内；
(2) 一个函数最好仅完成一件功能；
(3) 为简单和共性的功能编写函数；
(4) 用注释详细说明每个参数的作用、取值范围及参数间的关系；
(5) 函数名应准确描述函数的功能等。

3.5　程序举例

下面举一个典型的应用例子，可以使用有格式输入输出功能编写输入输出数据整齐划一的 C 程序。

【例 3-11】　以下是一张 1998 年主要站汛期雨量统计表(见表 3-1)：

表 3-1　1998 年主要站汛期雨量统计表

站名	汛期各月雨量/毫米				
	5 月	6 月	7 月	8 月	9 月
江阴气象站	76.8	176.5	308.1	41.0	69.6
定波闸气象站	71.5	208.5	352.1	47.2	62.6
肖山气象站	65.5	200.0	239.7	44.3	63.0

输入 3 个气象站 5 个月(汛期)雨量数据，统计每个气象站的总雨量和平均雨量，计算 5 月、6 月、7 月、8 月和 9 月的平均雨量，输出每个气象站每个月的雨量、总雨量和平均雨量。

要求按以下格式输入成绩数据：

	5 月	6 月	7 月	8 月	9 月
输入江阴气象站 5 个月的雨量：	76.8	176.5	308.1	41.0	69.6
输入定波闸气象站 5 个月的雨量：	71.5	208.5	352.1	47.2	62.6
输入肖山气象站 5 个月的雨量：	65.5	200.0	239.7	44.3	63.0

要求按以下格式输出有关数据：

	5 月	6 月	7 月	8 月	9 月	总雨量	平均雨量
江阴气象站 5 个月的雨量：	76.8	176.5	308.1	41.0	69.6	672.0	134.40
定波闸气象站 5 个月的雨量：	71.5	208.5	352.1	47.2	62.6	741.9	148.38
肖山气象站 5 个月的雨量：	65.5	200.0	239.7	44.3	63.0	612.5	122.50

【问题分析】　根据题意，需要使用 21 个实型变量。设：

j1, j2, j3, j4, j5, total_j, av_j 分别存放江阴气象站 5 个月的雨量、总雨量和均雨量。

d1, d2, d3, d4, d5, total_d, av_d 分别存放定波闸气象站 5 个月的雨量、总雨量和均雨量。

x1, x2, x3, x4, x5, total_x, av_x 分别存放肖山气象站 5 个月的雨量、总雨量和平均雨量。编写程序如下：

```
#include<stdio.h>
int main( )
{
   float j1, j2, j3, j4, j5, total_j, av_j;
float d1,d2,d3,d4,d5,total_d,av_d;
float x1,x2,x3,x4,x5,total_x,av_x;
printf("\t\t\t  5月   6月   7月   8月   9月\n");
printf("输入江阴气象站五个月的雨量:");
scanf("%f%f%f%f%f",&j1,&j2,&j3,&j4,&j5);
printf("输入定波闸气象站五个月的雨量:");
scanf("%f%f%f%f%f",&d1,&d2,&d3,&d4,&d5);
printf("输入肖山气象站五个月的雨量:");
scanf("%f%f%f%f%f",&x1,&x2,&x3,&x4,&x5);
total_j=j1+j2+j3+j4+j5;
av_j=total_j/5;
total_d=d1+d2+d3+d4+d5;
av_d=total_d/5;
total_x=x1+x2+x3+x4+x5;
av_x=total_x/5;
printf("   5月   6月   7月   8月   9月总雨量平均雨量\n");
printf("江阴气象站:   %.1f   %.1f   %.1f   %.1f   %.1f   %.1f   %.1f\n",
j1,j2,j3,j4,j5,total_j,av_j);
printf("定波闸气象站:%.1f   %.1f   %.1f   %.1f   %.1f   %.1f   %.1f\n",
d1,d2,d3,d4,d5,total_d,av_d);
printf("江阴气象站:   %.1f   %.1f   %.1f   %.1f   %.1f   %.1f   %.1f\n",
x1,x2,x3,x4,x5,total_x,av_x);
return 0;
}
```

程序运行情况如下：

```
                              5月     6月     7月     8月     9月
输入江阴气象站五个月的雨量:    76.8    176.5   308.1   41.0    69.6
输入定波闸气象站五个月的雨量: 71.5    208.5   352.1   47.2    62.6
输入肖山气象站五个月的雨量:    65.5    200.0   239.7   44.3    63.0
             5月    6月    7月    8月    9月    总雨量   平均雨量
江阴气象站:   76.8   176.5  308.1  41.0   69.6   672.0   134.4
定波闸气象站: 71.5   208.5  352.1  47.2   62.6   741.9   148.4
江阴气象站:   65.5   200.0  239.7  44.3   63.0   612.5   122.5
```

【程序分析】 由该程序进一步体会计算机解决问题的环节：输入——处理——输出，并理解顺序结构。该程序中数据来源是程序运行中从输入设备读取，处理后在通过输出设备输出结果。

【本章小结】

结构化程序是由顺序、分支和循环三种基本结构组成的，其中顺序结构是最简单的一种，按语句的先后顺序依次执行。本章介绍了 C 语言源文件组成、顺序程序结构、编程的一般规范，其中需要用到数据的输入输出操作，然后介绍了几种常见的输入输出函数——格式输入输出函数和字符输入输出函数，从而实现了数据的输入输出任务。最后文中给出了一个综合实例说明顺序结构。

【考点提示】

在二级等级考试中，本章主要出题方向及考察点主要如下：

(1) printf 函数的格式

① %d 对应整型；%c 对应字符；%f 对应单精度。还有宽度、左对齐等修饰。

② %ld 对应 long int；%lf 对应 double。

(2) scanf 函数的格式

① 注意格式控制符(* ,o,d,x,c)。

② 使用 scanf 时要求给出变量地址，一次可输入多个数据的处理。

(3) putchar 和 getchar 函数的使用。

习题

1. 简答题

(1) 请给出顺序结构程序的简单描述及流程图。

(2) 在 C 语言中，如何实现数据的输入与输出功能？

(3) C 语言的格式化输入输出函数、字符输入输出函数分别是什么？这两种不同类型的输入输出函数有什么区别？

2. 程序完善题

(1) 当运行以下程序时，在键盘上从第一列开始输入 9876543210<CR>(这里<CR>代表 Enter)，则程序的输出结果是______________。

```
#include<stdio. h>
int main( )
{   int a;float b,c;
    scanf("%2d%3f%4f",&a,&b,&c);
    printf("a=%d,b=%f,c=%f\n",a,b,c);
    return 0;
```

```
}
```

(2)若 int 类型占 4 个字节，则以下程序段的输出结果是______________。

```
#include<stdio.h>
int main()
{  int   a=-1;
   printf("%d,%x\n",a,a);
   return 0;
}
```

(3)输入两个整数 a,b，然后交换它们的值，最后输出。

```
#include <stdio.h>
int main()
{
     int a,b,temp;
     printf("请输入 a 和 b 的值:");
     scanf("%d%d",&a,&b);
     ____________
     ____________
     ____________
     printf("交换后, a=%d, b=%d\n",a,b);
     return 0;
}
```

3. 编程题

(1) 若 a=3,b=4,c=5,x=1.2,y=2.4,z=-3.6,ch='a'。若想得到以下的输出格式和结果，请写出程序。

```
a=3,b=4,c=5
x=1.20,y=2.400,z=-3.6
x+y=3.60, y+z=-1.20, z+x=-2.40
ch='a'or97
```

(2) 输入一摄氏温度，编程输出华氏温度。已知，华氏温度转换为摄氏温度的计算公式如下：C=(F-32)×5/9；其中，F 表示华氏温度，C 表示摄氏温度。

输入格式：100　　　　输出格式：38

(3) 编程实现输入千米数，输出显示其英里数。已知：1 英里=1.609 34 千米(用符号常量)。

输入格式：10　　　　输出格式：6.213 7

（4）从键盘输入一个三位的自然数 m，分离出它的百位、十位与个位上的数字并求和输出。

输入格式：724　　　　　　输出格式：13

（5）键盘输入一个小写字母，要求输出其大写字母。

输入格式：d　　　　　　输出格式：D

第4章 分支结构程序设计

第3章介绍了顺序结构及其程序设计,以及如何实现数据的输入输出功能。顺序结构的程序只能实现简单的逻辑,且所有的代码均被执行;其实,有一种逻辑是根据某一条件是否满足,才决定本次程序运行时要选择哪些代码去执行,并且所有的代码在某次运行时均有可能会被执行到。如何处理现实中的此类逻辑呢?这就是本章将继续介绍结构化程序设计中的另一个重要结构——分支结构及其程序设计。

为更好地学习本章内容,需预先掌握以下知识点:基本C语言程序输入输出语句、顺序结构程序设计等。通过本章的学习,学生将掌握如下内容:理解分支结构的含义,掌握if语句和switch语句的使用,掌握break语句在switch语句中的使用,能编写带有逻辑判断的选择结构程序。

4.1 分支结构概述

在编写程序时,有时并不能保证程序一定执行某些指令,而要根据一定的外部条件来判断哪些指令要执行。例如,学生每次上课将根据课表(周几第几节)做出判断,确定上什么课。学生事先并不知道具体操作时执行哪段指令,课表给出了不同条件下的处理方式,计算机程序也是如此,可以根据不同的条件执行不同的代码,这就是分支结构,也称为选择结构。

C语言提供了可以进行逻辑判断的两类分支语句:if语句和switch语句。由这些分支语句可构成程序中的分支结构,即根据给定条件是否成立而决定执行不同步骤的一种算法结构。分支结构的基本模式分为两种:单分支结构(见图4-1)和双分支结构(见图4-2)。由图看出,执行到分支结构时,在两条可能的路径中,根据条件是否成立而选择其中一条路径执行。

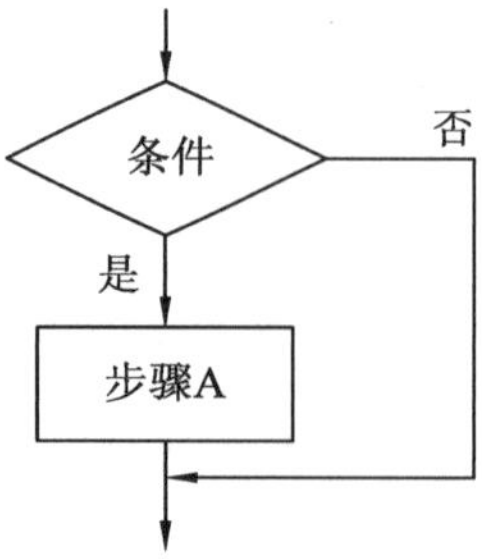

图4-1 单分支结构

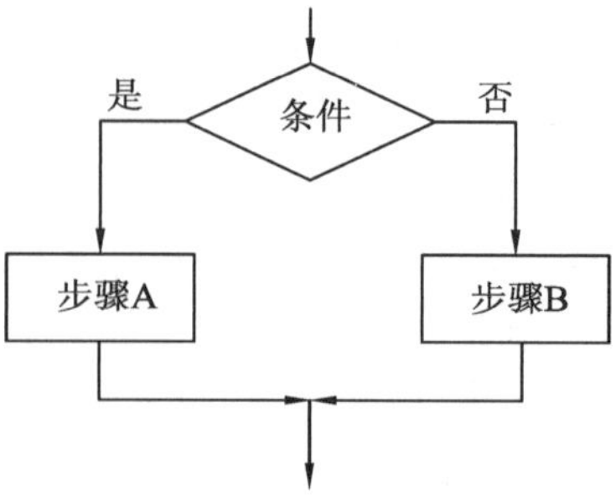

图4-2 双分支结构

在图 4-1 的单分支结构中，当条件判断成立时，往下执行预定步骤 A，否则跳过预定步骤 A。在图 4-2 的双分支结构中，根据条件判断的“是”与“否”，分别执行不同步骤 A 或 B。无论单、双分支都一定有判断框和汇聚点，判断框是分支结构的开始，汇聚点是分支结构的结束。分支结构只有一个入口（即判断框的入口）和一个出口（即汇聚点的出口）。

分支结构在实际应用程序中可以说是无处不在，因为程序是为解决某个实际问题而设计的，而问题往往包含多个方面，不同的情况需要有不同的处理。若没有分支结构，则很多情况将无法处理，因此，正确掌握选择结构程序设计方法对于编写实际应用程序是非常重要的。

4.2 if 语句

C 语言提供的 if 语句有表 4-1 所示的两种基本形式。

表 4-1 if 语句的两种基本形式

类别	特征	语句形式
单分支结构	不含 else 子句的 if 语句	if(表达式) 语句
双分支结构	含 else 子句的 if 语句	if(表达式) 语句 1 else 语句 2

4.2.1 单分支 if 语句

4.2.1.1 语句形式

if 语句的一般形式如下：

```
if (表达式)  语句
```

例如：

```
if (a< b){t=a; a=b; b=t;}
```

上述结构中，if 是关键字，其后是表达式，称为条件表达式。该语句作为条件判断使用，而且 if 语句后面的表达式必须用括号括起来，可以是 C 语言中任意合法的表达式。表达式之后只允许是一条语句，称为 if 子句。但是，如果要想在满足条件时执行一组（多个）语句，则必须把这一组语句用“{ }”括起来，组成一个复合语句，如{t=a; a=b; b=t;}。

需要注意的是，在“}”之后不能再加分号。在逻辑结构上，复合语句相当于是“一条语句”。有时可形象地称之为“语句打包”。该例中，当 a<b 时，就执行 if 子句{t=a; a=b; b=t;}。而且复合语句是可以嵌套的，即复合语句内还有更小的复合语句。

4.2.1.2 if 语句的执行过程

如图 4-3 所示，执行 if 语句时，首先计算 if 后面一对圆括号中的表达式的值，然后判断表达式的值：若表达式的值为非零，即表达式的值就为“真”，则执行其后的 if 子句；反之，表达式的值为零，即表达式的值为“假”，则跳过 if 子句，接着执行 if 语句后的下一条语句。

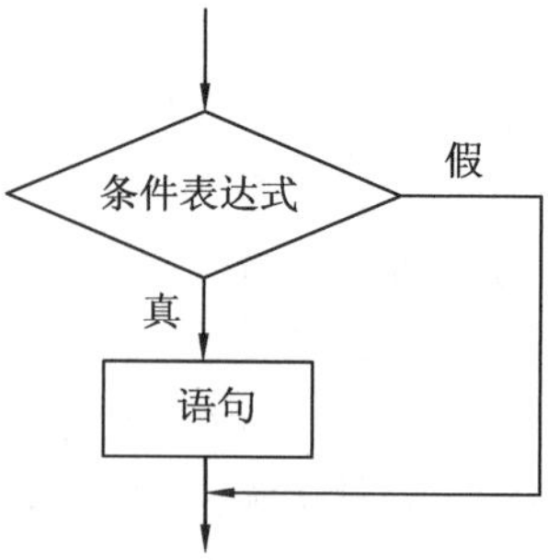

图 4-3　if 语句的执行过程

【例 4-1】　由键盘输入两个整数，要求输出其中的最小数。

```
1    #include<stdio.h>
2    void main()
3    {
4      int x, y, min;
5      printf("输入 x 和 y: ");          //提示输入
6      scanf("%d%d",&x,&y);
7      printf("x=%d,y=%d\n",x,y);
8      min=x;
9      if (min>y) min=y;
10     printf("最小值为: %d \n",min);
11   }
```

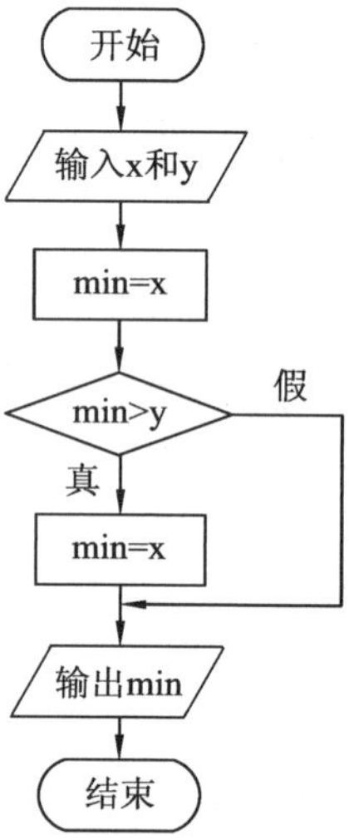

图 4-4　例 4-1 流程图

例 4-1 是一个 if 语句的简单应用，其流程图如图4-4 所示。

（1）当执行完第 5 行 printf 语句，在屏幕上显示提示信息“输入 x 和 y:”之后，scanf 语句等待用户给变量“x，y”输入两个整数，然后把输入的两个数显示在屏幕上。

（2）执行第 8 行，为 min 赋初值为 x，接下来执行 if 语句，计算表达式 min>y 的值：如果 min 大于 y，表达式的值为 1，则令 min 值为 y；否则，即 min 小于或等于 y，表达式的值为 0，则跳过此 if 子句。继续执行下面的语句，即调用 printf 函数，输出 min 的值，程序结束。

程序的运行结果如下：

```
输入 x和y: 28 65
x=28,y=65
最小值为: 28
```

【程序分析】　这个程序功能是求两个数的最小值，那么求 3 个数或更多数的最小值呢？也可以用此类方法，即打擂算法：先找出任一人站在台上，例 4-1 中对应第 8 行语句；第 2 人上去与之比武，胜者留在台上，例 4-1 中对应第 9 行语句；第 3 人与台上的人比武，胜者留台上，败者下台，以后每一个人都是与当时留在台上的人比武，直到所有人都上台比过为止，最后留在台上的是冠军。例 4-1 中是按值进行打擂，值小者为胜者，min 用来存放为擂主的值。如果求最大值，则仅需设定值大者为胜者。在数组章节中，可以将此方法与数组结合用来求几个数的最大值或最小值。

4.2.2　双分支 if-else 语句

4.2.2.1　语句形式

if-else 语句的一般形式如下：

```
if (表达式)  语句 1
else  语句 2
```

例如：

```
int a; scanf("%d",&a);
if (a!=0)   printf("a!=0\n");
else   printf("a==0\n");
```

在该结构中，if 和 else 是 C 语言的关键字。“语句 1”称为 if 子句，“语句 2”称为 else 子句，这些子句只允许为一条语句，若需要多条语句时，则应该使用复合语句进行“语句打包”。

【注意】 else 不是一条独立的语句，它只是 if 语句的一部分。在程序中 else 必须与 if 配对，共同组成一条 if-else 语句。

4.2.2.2　if-else 语句的执行过程

如图 4-5 所示，执行 if-else 语句时，首先计算紧跟在 if 后面一对圆括号内表达式的值，如果表达式的值为非 0，则执行 if 子句，然后跳过 else 子句，去执行 if 语句之后的下一条语句；如果表达式的值为 0，跳过 if 子句，去执行 else 子句，执行完之后接着去执行 if 语句之后的下一条语句。

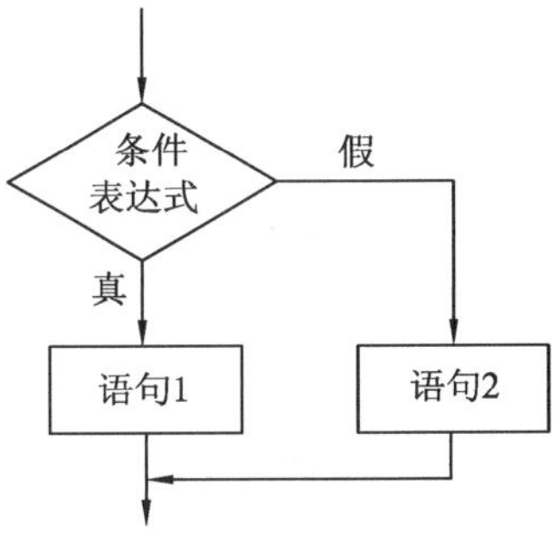

图 4-5　if-else 语句的执行过程

【例 4-2】 键盘输入一个年份，判断其是否为闰年，并且输出相应信息。

【问题分析】 判断年份是不是闰年。闰年的定义：能被 4 整除但不能被 100 整除，或能被 400 整除。

参照图 4-6 中例 4-2 的流程图，将其转换为程序如下：

```
#include<stdio.h>
void main(){
    int year;
    printf("\n 请输入年份 year:");
    scanf("%d",&year);
    if(year%400==0 || (year%4==0&&year%100!=0)) //判断是不是闰年
    printf("%d 年是闰年\n",year);
    else printf("%d 年不是闰年\n",year);
}
```

程序的第一次运行情况：

```
请输入年份 year:2006
2006年不是闰年
```

程序的第二次运行情况：

```
请输入年份 year:2012
2012年是闰年
```

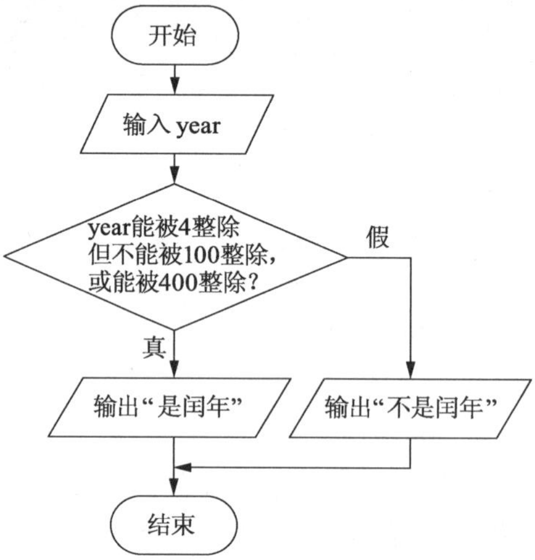

图 4-6　例 4-2 流程图

4.3　多分支结构

分支结构在现实生活中处处可见，学生的活动安排、按照不同收入扣的税点以及将百分制的分数转换为相应的等级等。

4.3.1　嵌套的 if 语句

if 子句和 else 子句中可以是任意合法的 C 语句，包括复合语句，因此当然也可以是 if 语句，通常称此为嵌套的 if 语句。内嵌的 if 语句既可以嵌套在 if 子句中，也可以嵌套在 else 子句中。具体形式有以下几种：

4.3.1.1　在 if 子句中嵌套具有 else 子句的 if 语句

语句形式如下：

```
if(表达式 1)
    if(表达式 2) 语句 1
    else 语句 2
else 语句 3
```

当表达式 1 的值为非 0 时，执行内嵌的 if-else 语句，并且再根据表达式 2 的值再次决定语句 1 还是语句 2；否则，当表达式 1 的值为 0 时，执行语句 3。

4.3.1.2　在 if 子句中嵌套不含 else 子句的 if 语句

语句形式如下：

```
if(表达式 1)
{    if(表达式 2) 语句 1    }
else
     语句 2
```

【注意】　在 if 子句中的一对花括号不可缺少。因为 C 语言的语法规定：else 子句总是与前面离它最近的不带 else 的 if 相结合，与书写格式无关。因此，若以上语句中删去一对花括号，则逻辑就发生了变化，即：当表达式 1 成立时，且表达式 2 也成立时，执行语句 1；否则当表达式 1 成立，且表达式 2 也不成立时，执行语句 2。也就是说，只有（表达式 1 成立时，才会执行语句 1 或语句 2；否则什么语句也不执行，即从最外面看就变成了一条单分支的 if 语句。

通过分析，与没有删除一对花括号之前的逻辑含义不同了。即：当表达式 1 成立时，且表达式 2 也成立时，执行语句 1，否则当表达式 1 不成立时，就执行语句 2，其实还有当表达式 1 成立而表达式 2 不成立时，则什么语句都不执行。

因此，在编程时是否要加一对花括号要特别小心，学会分析嵌套后的逻辑判断关系，否则出现逻辑错误后很难排查。

```
if(表达式1)                                  if(表达式1)
  if(表达式2) 语句1     <== 实质上等价于 ==>      if(表达式2) 语句1
else 语句2                                     else 语句2
```

从以上语句形式可看出，语句的语义跟书写格式没有关系，因此在编程时要特别注意。

当用花括号把内层 if 语句括起来后此内层 if 语句在语法上成为一条独立的语句，从而在语法上使得 else 与外层的 if 配对。

4.3.1.3　在 else 子句中嵌套 if 语句

语句形式如下：

（1）内嵌的 if 语句带有 else 子句

```
if(表达式1) 语句1                        if(表达式1) 语句1
else                                     else if(表达式2) 语句2
  if(表达式2) 语句2    <== 等价于 ==>    else语句3
  else 语句3
```

（2）内嵌的 if 语句不带 else

```
if(表达式1) 语句1                        if(表达式1) 语句1
else                   <== 等价于 ==>    else if(表达式2) 语句2
  if(表达式2) 语句2
```

由以上两种语句形式可以看到，内嵌在 else 子句中的 if 语句无论是否有 else 子句，在语法上都不会引起误会,因此建议在设计嵌套的 if 语句时,尽量把内嵌的 if 语句嵌在 else 子句中。

在 else 子句中嵌套 if 语句可形成多层嵌套,这时形成了层次式的嵌套 if 语句,此语句可用以下语句形式表示,读起来既层次分明,又不占太多的篇幅。

```
if(表达式 1)         语句 1
else if(表达式 2)   语句 2
else if(表达式 3)   语句 3
else if(表达式 4)   语句 4
     …
else 语句 n
```

以上形式的嵌套 if 语句执行过程如下:自上而下逐一对 if 后的表达式进行检测,当某一个表达式的值为非 0 时,就执行与此有关子句中的语句,层次形中的其余部分不执行,直接跳过去;如果所有表达式的值都为 0,则执行最后的 else 子句,此时如果程序中最内层的 if 语句没有 else 子句,即没有最后的那个 else 子句,那么将不进行任何操作。以此方式,可实现多分支的结构。

【例 4-3】 编程实现:根据输入的学生成绩给出相应的等级,大于或等于 90 分以上的等级为 A,60 分以下的等级为 E,其余每 10 分为一个等级。而对于超出 0~100 范围的成绩则给出错误数据提示。

【问题分析】 分析可以看出这个题目是根据输入的学生百分制成绩来确定其相应的等级,其处理流程如图 4-7 所示。

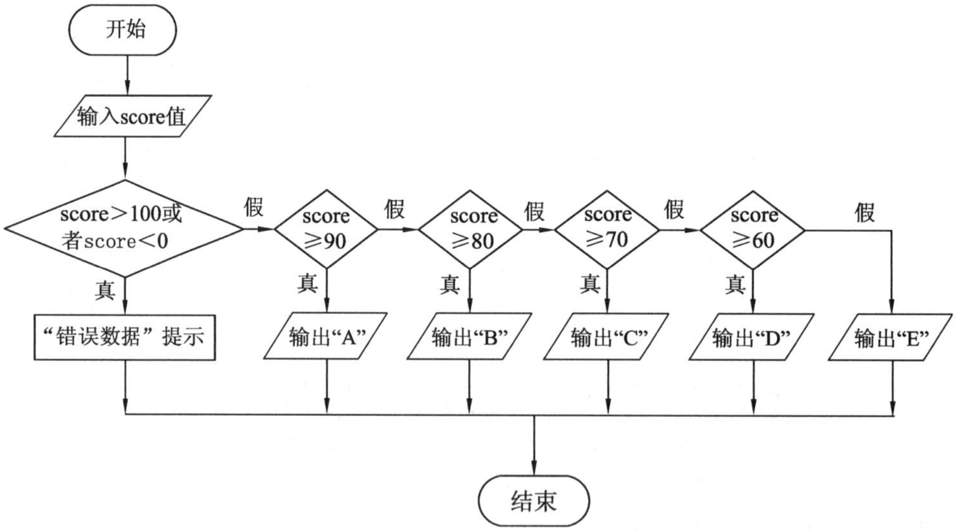

图 4-7 例 4-3 的流程图

参考如图 4-7 为例 4-3 的流程图,将其转换为代码,用 if-else 语句的程序如下:

```c
#include<stdio. h>
void main( ) {
    int score;
    printf( "输入成绩 score:" ); scanf( "%d" ,&score) ;
    printf( "score=%d: " ,score) ;
    if( score>100||score<0) printf( "错误数据!\n" ) ;
    else if( score>=90) printf( " 等级为 A\n" ) ;
    else if( score>=80) printf( " 等级为 B\n" ) ;
    else if( score>=70) printf( " 等级为 C\n" ) ;
    else if( score>=60) printf( " 等级为 D\n" ) ;
    else printf( " 等级为 E\n" ) ;
}
```

【程序分析】 当执行以上程序时,首先输入学生的成绩,然后进入 if 语句。if 语句中的表达式将依次对学生成绩进行判断,若能使某 if 后的表达式值为 1,则执行与其相应的子句,之后便退出整个 if 结构。例如,若输入的成绩为 97 分,首先输出“score=97:”,当自上而下逐一检测时,使“score>=90”这一表达式的值为 1,因此在以上输出之后再输出 A,然后便退出整个 if 结构。如果输入 36 分,则首先输出“score=36:”,因为所有 if 子句中的表达式的值都为 0,因此执行最后 else 子句中的语句,接着输出 E,然后退出 if 结构。

根据输入成绩 score 的 6 种不同情况,依次得到:

程序的第一种运行情况:

程序的第二种运行情况:

程序的第三种运行情况:

程序的第四种运行情况:

程序的第五种运行情况:

程序的第六种运行情况：

```
输入成绩score:120
score=120 : 错误数据!
```

4.3.2 switch 语句

为更好地实现多分支结构，且增加程序的可阅读性，在 C 语言中专门设计了易于多分支结构实现的 switch 语句。

4.3.2.1 语句形式

switch 语句的一般形式如下：

```
switch(表达式)
{
    case 常量表达式 1：语句 1
    case 常量表达式 2：语句 2
    …
    case 常量表达式 n：语句 n
    default：语句 n+1
}
```

【说明】

(1) switch 是 C 语言中的关键字，switch 后面用花括号括起来的部分称为 switch 语句体。

(2) 紧跟在 switch 后一对圆括号中的表达式，可以是整型表达式或字符型表达式等可枚举的数据，不允许是实型数据，这一点要特别注意；另外表达式两边的一对括号也不能省略。

(3) case 也是关键字，与其后面的常量表达式合称 case 语句标号，注意表达式中不能包含变量。常量表达式的类型必须与 switch 后圆括号中的表达式类型相同，各 case 语句标号的值应该互不相同，否则会出现相互矛盾的现象。

(4) default 也是关键字，起标号的作用，代表所有 case 标号之外的那些标号。default 标号可以出现在语句体中任何标号位置上。在 switch 语句体中也可以没有 default 标号。

(5) case 语句标号后的语句 1、语句 2 等，可以是一条语句，也可以是若干条语句，语句组可以加花括号，也可以不加花括号，但一般不加花括号。

(6) 必要时，case 语句标号后的语句可以省略不写。

(7) 在关键字 case 和常量表达式之间一定要有空格。

4.3.2.2 switch 语句执行过程

当执行 swicth 语句时，首先计算紧跟其后圆括号中表达式的值，然后在 switch 语句体内寻找与该值吻合的 case 标号。如果有与该值相等的标号，则执行该标号后开始的各语句，包括在其后的所有 case 和 default 中的语句，直到 switch 语句体结束；如果没有与该值相等的标号，并且存在 default 标号，则从 default 标号后的语句开始执行，直到 switch 语句体结束；如果没有与该值相等的标号，同时又没有 default 标号，则跳过 switch 语句体，去执行 switch 语句之后的语句。

【例 4-4】 用 switch 语句改写例 4-3。

参照图 4-7 中例 4-3 的流程图，用 swicth 语句实现的程序如下：

```
#include<stdio.h>
void main(){
    int score;
    printf("输入成绩:");
    scanf("%d",&score);/* score 中存放学生的成绩 */
    printf("score=%d: ",score);
    if(score>100||score<0) printf("错误数据！ \n");
    else{
        switch(score/10){
            case 10:
            case 9: printf("A\n");
            case 8:printf("B\n");
            case 7:printf("C\n");
            case 6:printf("D\n");
            default:printf("E\n");
        }
    }
}
```

【程序分析】 当执行以上程序，输入了一个 67 分的学生成绩后，接着执行 switch 语句，首先计算 switch 之后一对括号中的表达式“67/10”，它的值为 6，然后寻找与 6 吻合的 case 6 分支，开始执行其后的语句。执行该程序的输入输出结果如下：

```
输入成绩:67
score=67: D
E
```

在输出了与 67 分相关的 D 之后，又同时输出了与 67 不相关的等级 E，这显然不符合原意。为了改变这种多余输出的情况，switch 语句常需要与 break 语句配合使用。

【注意】 case 后面的“常量表达式”仅起语句标号作用，并不进行条件判断。系统一旦找到入口标号，就从此标号开始执行，不再进行标号判断，所以必须加上 break 语句，以便结束 switch 语句。

4.3.2.3　*在 switch 语句体中使用 break 语句*

break 为 C 语言中的关键字，break 语句又称中断语句。可以将 break 语句放在 case 标号之后的任何位置，通常是在 case 之后的语句最后加上 break 语句。每当执行到 break 语句时，立即跳出 switch 语句体。switch 语句通常总是和 break 语句联合使用（见图 4-8），使得 switch 语句真正起到分支的作用。

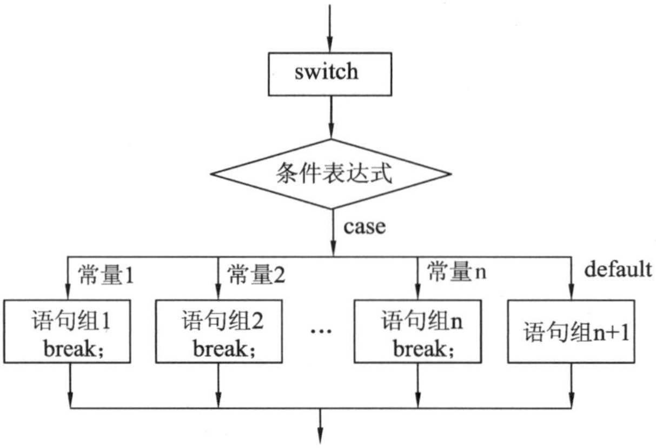

图 4-8 带 break 的 switch 结构流程图

【例 4-5】 现用 break 语句修改例 4-4 的程序。

```
#include<stdio.h>
void main(){
    int score;
    printf("输入成绩:");
    scanf("%d",&score);/* score 中存放学生的成绩 */
    printf("score=%d:",score);
    if(score>100||score<0) printf("Error data! \n");
    else{
        switch(score/10){
            case 10:
            case 9:printf("A\n");break;
            case 8:printf("B\n");break;
            case 7:printf("C\n");break;
            case 6:printf("D\n");break;
            default:printf("E\n");
        }
    }
}
```

【程序分析】

(1)当给 score 输入 100 时,switch 后一对括号中的表达式"score/10"的值为 10,因此选择 case 10 分支。因为没有遇到 break 语句,所以继续执行 case 9 分支,输出 A 之后,遇 break 语句,执行 break 语句,退出 switch 语句体。由此可见,成绩 90~100 分,执行的是同一分支。

(2)当输入成绩为 72 时，switch 后一对括号中表达式的值为 7，因此选择 case 7 分支，在输出 C 之后，执行 break 语句，退出 switch 语句体。

(3)当输入成绩为 36 时，switch 后一对括号中表达式的值为 3，将选择 default 分支，在输出"score=36:E"之后，退出 switch 语句体。

4.4　无条件转移语句

在本章之前部分详细介绍了条件分支转移语句，其实在 C 语言中除了条件分支转移语句外，还提供了一种无条件转移语句。无条件转移语句由语句标号和转移语句共同配合实现。

4.4.1　语句标号

在 C 语言中，语句标号不必特意加以定义，标号可以是任意合法的标识符，当在标识符后面加一个冒号，如："flag1:"和"stop0:"，该标识符就成了一个语句标号。

【注意】 在 C 语言中，语句标号必须是标识符，因此不能简单地使用"10:"和"15:"等形式。标号可以和变量同名。通常，标号用作 goto 语句的转向目标。例如：

```
goto stop0;
```

在 C 语言中，可以在任何语句前加上语句标号。例如：

```
stop0: printf("END\n");
```

4.4.2　goto 语句

goto 语句称为无条件转向语句，goto 语句的一般形式如下：

```
goto 语句标号;
```

goto 语句的作用是把程序的执行转向语句标号所在的位置，这个语句标号必须与此 goto 语句同在一个函数内。使用 goto 语句将使程序流程易出现混乱且可读性差，应尽量避免使用无条件转移语句。

4.5　程序举例

【例 4-6】 输入 3 个整数，分别放在变量 a,b,c 中，然后把输入的数据重新按由小到大的顺序放在变量 a,b,c 中，最后输出 a,b,c 中的值。

【问题分析】 先将 a 和 b 进行比较，若 a>b 则将 a 与 b 进行值交换，使得 a 值为 a 和 b 中的较小值；接着将 a 和 c 进行比较，若 a>c 则将 a 与 c 进行值交换，此时使得 a 值为 a,b,c 中的最小值；最后将 b 和 c 进行比较，若 b>c 则将 b 与 c 进行值交换，此时使得 b 值为 b 和 c 中的较小值，且 c 值为最大值。

参考流程图(见图 4-9)，实现的程序如下：

```c
#include<stdio. h>
void main( )
{
    int a, b, c, t;
    printf( "input a,b,c:" );
    scanf( "%d%d%d" ,&a,&b,&c);
    printf( "a=%d,b=%d,c=%d\n" ,a,b,c);
    if (a> b)           /* 如果 a 比 b 大,则进行交换,把小的数放入 a 中 */
    {t=a;a=b;b=t;}
    if (a> c)           /* 如果 a 比 c 大,则进行交换,把小的数放入 a 中 */
    {t=a;a=c;c=t;}      /* 此时 a,b,c 中最小的数已放入 a 中 */
    if (b> c)           /* 如果 b 比 c 大,则进行交换,把小的数放入 b 中 */
    {t=b;b=c;c=t;}      /* 此时 a,b,c 中的数按由小到大顺序放好 */
    printf( "%d,%d,%d\n" ,a,b,c);
}
```

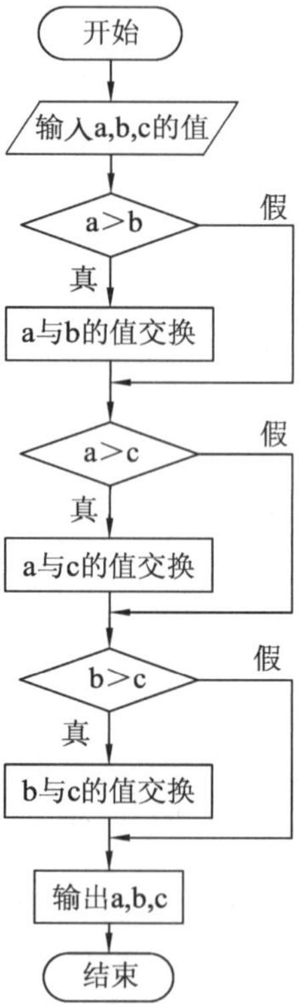

图 4-9　例 4-6 流程图

程序的运行结果如下：

```
input a,b,c:  21 45 12
a=21,b=45,c=12
12,21,45
```

【程序分析】 以上程序无论给 a,b,c 输入什么数，最后总是把最小数放在 a 中，把最大数放在 c 中。当然，此题稍做变化，如不改变输入 a,b,c 的值，而通过改变输出的 a,b,c 的顺序来实现对输入数据的有序输出；请读者自行考虑，并编程实现。

【例 4-7】 有一函数：

$$y=\begin{cases}x & (x<1)\\ 2x-1 & (1\leqslant x<10)\end{cases}$$

写一程序，输入 x，输出 y 值。

【问题分析】 根据题意，这是一个典型的分段函数，由输入 x 的值，确定 y 的求解公式，从而获得 y 值。其流程图如图 4-10 所示。

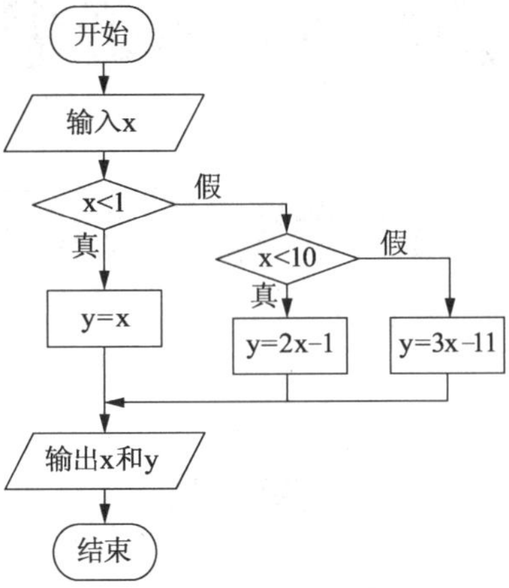

图 4-10　例 4-7 的流程图

参照流程图 4-10 所示，实现的程序如下：

```
#include<stdio.h>
void main(){
    int x,y;
    printf("input x:");
    scanf("%d",&x);
    if(x< 1){                //当 x< 1 时，求对应 y 值
        y=x;
        printf("x=%3d,y=x=%d\n",x,y);
    }
    else if(x< 10){          //当 1≤x< 10 时，求对应 y 值
        y=2*x-1;
```

```
            printf("x=%3d,y=2*x-1=%d\n",x,y);
        }
        else{                    //当x≥10时，求对应y值
            y=3*x-11;
            printf("x=%3d,y=3*x-11=%d\n",x,y);
        }
}
```

根据输入 x 的 3 种不同情况,依次得到:

程序的第一种运行情况:

```
input x: -3
x= -3,y=x=-3
```

程序的第二种运行情况:

```
input x: 8
x=  8,y=2*x-1=15
```

程序的第三种运行情况:

```
input x: 10
x= 10,y=3*x-11=19
```

【程序分析】 对于类似的求分段函数的问题,一般采用 if 语句可以分情况的表示相应的求值公式。

【本章小结】

本章主要介绍结构化程序设计中的另一种非常重要的基本结构——分支结构,并在此基础上介绍了 C 语言中的分支控制语句,包括 if 语句和 switch 语句的语法和用法,以及它们的嵌套使用等。难点与重点显然在各分支语句的各种嵌套上,稍微复杂些条件判断逻辑一定会使用到嵌套,因此一定要熟练掌握。

【考点提示】

在二级等级考试中,本章主要出题方向及考察点主要如下:

(1)if 语句,主要包括条件表达式通常是逻辑和关系表达式,条件表达式必须用括号括起来,如果是多条语句,加花括号;还需注意 if 语句的嵌套时要注意 else 是与最接近的还没有配对 if 语句进行自动配对,与书写格式无关。

(2)switch 语句,主要包括在 case 后不可以是变量,且各常量表达式的值不能重复;在 case 后可以有多个语句,可以不用加花括号;case 子句的前后顺序可调整,但是要注意若不加 break 则有不可随意调整,否则逻辑关系就发生变化了;多个 case 可以共用一组执行语句。

习题

1. 简答题

(1)请给出分支结构程序的简单描述及其流程图。

(2)在 C 语言中,switch 结构中的 break 语句作用是什么?

(3)在 C 语言中,switch 结构中必须有 default 语句吗?在什么情况下会执行 default 语句?

2. 程序完善题

(1)完成下面的程序,在空白处填入 a,b,c,取 a,b,c 中最大者赋值给 max。

A.
```
if(a> b && a> c)
        max=________
    else
    if(b> c)
        max=________
    else ________
        max=________
```

B.
```
if(a> b)
    if(a> c)
        max=________
    else
        max=________
else
    if(b> c)
        max=________
    else
        max=________
```

(2)若整数 x 分别等于 95,87,100,43,66,79,则以下程序段运行后屏幕上显示什么?

```
#include <stdio. h>
void main()
{
    int x;
    printf("please input the x value:");
    scanf("%d",&x);
    switch(x/10)
    {
        case 6:
        case 7:printf("Pass\n");break;
        case 8:printf("Good\n");break;
        case 9:
        case 10:printf("Very Good\n");break;
        default:printf("Fail\n");
    }
}
```

当读入的 x 等于 95 时,程序段运行后屏幕上显示____________;

当读入的 x 等于 87 时,程序段运行后屏幕上显示____________;
当读入的 x 等于 100 时,程序段运行后屏幕上显示____________;
当读入的 x 等于 43 时,程序段运行后屏幕上显示____________;
当读入的 x 等于 66 时,程序段运行后屏幕上显示____________;
当读入的 x 等于 79 时,程序段运行后屏幕上显示____________。

3. 编程题

(1)国庆期间,某超市购物优惠规定:所购物品不超过 100 元时,按 9 折付款,如超过 100 元,超过部分按 8 折收费,请编一程序完成超市自动计费的工作。

输入格式:	输出格式:
90	81
110	98

(2)要求用户输入一个字母字符,求出该字母字符的前驱和后继字符,例如,c 字符的前驱和后继分别是 b 和 d,a 字符的前驱和后继分别是 z 和 b,z 字符的前驱和后继分别是 y 和 a。

输入格式:	输出格式:
a	z 和 b
c	b 和 d

第 5 章　循环结构程序设计

在前面两章中陆续介绍了顺序结构及其程序设计、分支结构及其程序设计。相信读者一定有了编程的感觉和跃跃欲试的冲动，可这时又明显感觉到只有两种结构无法表达复杂的思想，缺乏周而复始过程的逻辑表达语句，这就是本章要重点学习的内容。下面开始介绍结构化程序设计中的最后一个重要结构——循环结构及其程序设计，相信通过本章的深入学习，会找到一种突破的感觉，发现不论多么复杂的逻辑，都可以逐层分解成 3 种基本逻辑结构。

为更好地学习本章内容，需预先掌握以下知识点：基本 C 语言程序输入、输出语句，顺序结构程序设计，分支结构程序设计等。通过本章的学习，学生将掌握如下内容：理解循环结构的含义，掌握 C 语言 3 种循环结构的特点，掌握 while、do-while、for、break、continue 语句的使用方法，掌握不同循环结构的选择及其转换方法，掌握混合控制结构程序设计的方法，能编写比较复杂一些的程序。

5.1　循环结构概述

在实际问题中往往存在有规律地重复某些操作，如一个面包师做 100 次面包是对做一次面包步骤的 100 次重复，相应的操作在计算机程序中就体现为某些语句的重复执行，这就是所谓的循环。循环结构是指当程序要反复执行同一操作时，就必须使用循环结构。其中，重复执行一组指令(或一个程序段)称为循环操作。在许多问题中需要用到循环操作，例如求若干个数之和、输入多个实验数据等。

循环结构的功能：通过设置执行循环体的条件和改变循环变量，从而重复执行一系列操作。利用循环结构处理各类重复操作既简单又方便。

在 C 语言中，有 3 种可以构成循环结构的循环语句：while、do-while 和 for。

5.2　while 语句

由 while 语句构成的循环，常称“当”型循环。while 循环的一般形式如下：

```
while(表达式)
    循环体语句;
```

while 循环的执行过程如图 5-1 所示，具体如下：

(1) 计算 while 后圆括号中表达式的值，当值为非 0(即为真)时，执行步骤(2)；当值为 0(即为假)时，执行步骤(4)。

(2)执行循环体一次。

(3)转去执行步骤(1)。

(4)退出 while 循环。

为了更好地理解 while 循环语句,借助例子来进行讲解。

【例 5-1】 阅读下面包含循环语句的程序,分析结果,程序执行过程如图 5-2 所示。

```
#include<stdio.h>
int main()
{
    int i=0;
    while (i<10)                //循环 10 次
    {
        printf("*"); i++;       //每次输出一个“*”,同时 i 增加 1
    }
  printf("\n"); return 1;       //回车
}
```

程序段将重复执行输出语句 printf,输出结果如下(输出 10 个星号):

```
**********
```

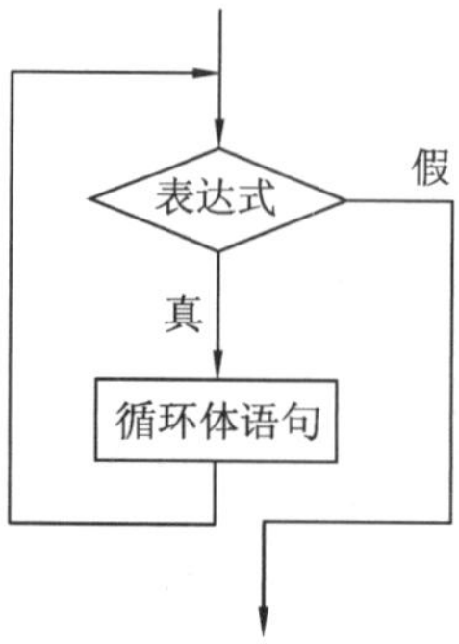

图 5-1 while 循环执行过程示意图

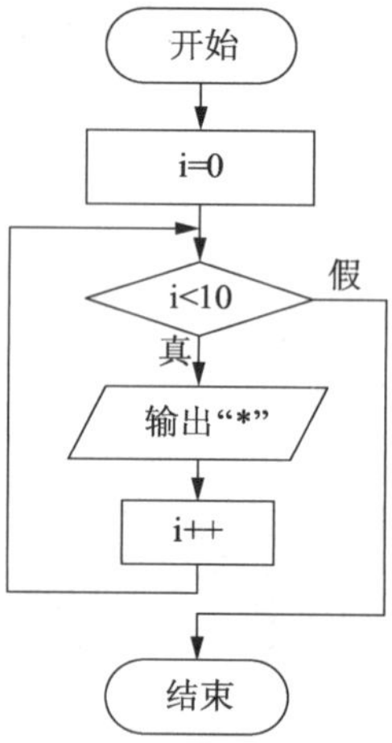

图 5-2 例 5-1 的流程图

由上例可见,while 后圆括号中表达式的值决定了循环体是否将被继续执行。因此,进入 while 循环后,一定要有能使此表达式的值变为 0(假)的操作,否则循环将会无限制地进行下去,成为无限循环(死循环)。若此表达式的值不能变为 0(为真),则循环体内应有在某种条件下强行终止循环的语句(如 break 等),避免死循环的发生。

【说明】 (1) while 是 C 语言的关键字。

(2) while 后面的一对圆括号不能省略，括号中的表达式可以是 C 语言中任意合法的表达式（不能为空），由它控制循环是否执行。

(3) 语句部分称为循环体。在语法上，循环体只能是一条可执行语句，若循环体内有多个语句，应使用复合语句（“语句打包”）。

【注意】

(1) while 语句的循环体可能一次都不执行，因为 while 后圆括号中的条件表达式可能一开始就为 0（假）。

(2) 不要把由 if 语句构成的分支结构与由 while 语句构成的循环结构混同起来。若 if 后条件表达式的值为非 0（真），其后的 if 子句只可能执行一次；而 while 后条件表达式的值为非 0（真）时，其后的循环体语句可能被重复执行。在设计循环时，通常应在循环体内改变条件表达式中有关变量的值，使条件表达式的值最终变成 0（假），以便能结束循环。

(3) 当循环体需要无条件循环，条件表达式可以设为 1（恒真），但在循环体内要有带条件的非正常出口，如 break 语句等。

【例 5-2】 编写程序，求 1+3+5+…+n，直到累加和第一次大于或等于 1000 为止，输出此时 n 的值及其数列之和。

【问题分析】 这是一个求 n 个数的累加问题。所加的数从 1 变化到 n，且加数是有规律变化的，第一个加数为 1，后一个加数比前一个加数增 2。因此，编写程序时可以在循环中使用一个整型变量 i，每循环一次使 i 增加 2，同时使用一个整型变量 sum 存放累加和（初始值为 0），每循环一次使 sum 增加 i，一直循环到 sum 的值超过 1000 为止，本例中事先并不知道这个循环要执行多少次。需特别注意的是，变量 i 与累加和变量 sum 需要有一个正确的初值，在这里它们的初值分别设定为 1 和 0。

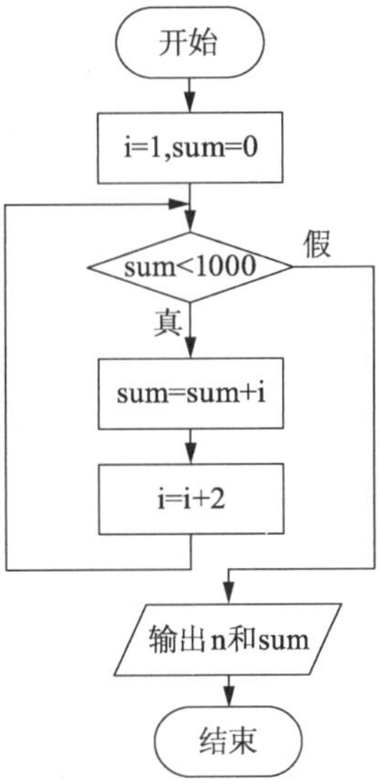

图 5-3 例 5-2 的流程图

参照图 5-3 中例子 5-2 的流程图，用 while 语句实现的源程序如下：

```
#include<stdio.h>
int main()
{
    int i,sum;
    i=1; sum=0;              /*i 和 sum 的初值分别为 1 和 0*/
    while(sum<1000)          /*当 sum 小于 1000 时执行循环体*/
    {
        sum+=i;              /*sum 累加 i */
        i=i+2;               /*在循环体中每累加一次后,i 增 2*/
    }
```

```
11          printf("n=%d sum=%d \n",i-2,sum);
12          return 1;
13      }
```

程序的运行结果如下(其中 n 代表最后一项的值):

```
n=63 sum=1024
```

【程序分析】 上述累加求和的思想可以推广到数据累乘求积等类似问题。例如,求 s=1×2×3×…×n 的值,其中 n 由键盘输入。注意,存放累积的变量 product 应赋初值为 1,循环体中第 6 行的代码就变为 product=product * i,其他代码作相应修改即可。

5.3 do-while 语句

由 do-while 语句构成的循环,常称“直到”型循环。do-while 循环的一般形式如下:

```
do
    循环体
while(表达式);
```

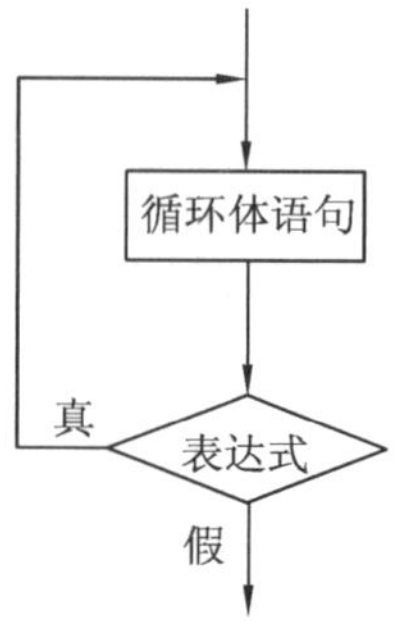

图 5-4 do-while 循环执行过程示意图

依据图 5-4 所示,do-while 循环的执行过程如下:

(1) 执行 do 后面循环体中的语句。

(2) 计算 while 后一对圆括号中表达式的值。当值为非 0(即为真)时,转去执行步骤(1);当值为 0(即为假)时,执行步骤(3)。

(3)退出 do-while 循环。

【说明】 (1) do 是 C 语言中的关键字,必须与 while 联合使用。

(2)do-while 循环由 do 开始,至 while 结束。必须注意的是,在 while(表达式)后的“;”不可丢,它表示 do-while 语句的结束。

(3)while 后一对圆括号中的表达式,可以是 C 语言中任意合法的表达式,由它控制循环是否执行。

(4)按语法,在 do 和 while 之间的循环体只能是一条可执行语句。若循环体内需要多个语句,应使用复合语句。

例如:将例 5-1 改用 do-while 循环结构表示如下:

```
#include<stdio.h>
int main()
{
    int k=0;
    do
```

```
        {
            printf(" * ");k++;
        }
        while(k< 10);
        printf("\n");return 1;
}
```

do-while 循环与 while 循环的异同点：

(1) while 循环的控制出现在循环体之前，只有当 while 后面条件表达式的值为非 0 时，才可能执行循环体，因此循环体可能一次都不执行。

(2) 在 do-while 构成的循环中，总是先执行一次循环体，然后再求条件表达式的值，因此，无论条件表达式的值是 0 还是非 0，循环体至少要被执行一次。

(3) 和 while 循环一样，在 do-while 循环体中，一定要有能使 while 后表达式的值变为 0 的操作，否则循环将会无限制地进行下去，除非循环体中有带条件的非正常出口，如 break 语句等。

【例 5-3】 古典问题：有一对兔子，从出生后第三个月起每个月都生一对兔子，小兔子长到第三个月后每个月又生一对兔子，假如兔子都不死，问到第几个月的兔子总数超过 500 对，以及其兔子的总数为多少对？

【问题分析】 经研究发现，兔子从第一个月开始，其对数的规律为数列 1，1，2，3，5，8，13，21，…，是一个 Fibonacci 数列，具体如下：

$$f1=1 \qquad (n=1)$$

$$f2=1 \qquad (n=2)$$

$$f_n=f_{n-1}+f_{n-2} \qquad (n\geqslant 3)$$

问题转换为：直到数列中某项大于 500 为止，并输出该项的值。因此，在程序中先定义 3 个变量 f1、f2、f3，并给 f1 赋初值 1，f2 赋初值 1，另外再定义一个存放当前月份的变量 m，然后进行以下步骤（其流程图见图 5-5）：

(1)"f3=f1+f2; m++; f1=f2; f2=f3;"。

(2) 判断 f3 是否大于 500，若不大于，重复步骤(1)继续循环；否则执行步骤(3)。

(3) 循环结束，输出 f3 的值。

参照图 5-5 中的例 5-3 的流程图，使用 do-while 语句实现的程序源代码如下：

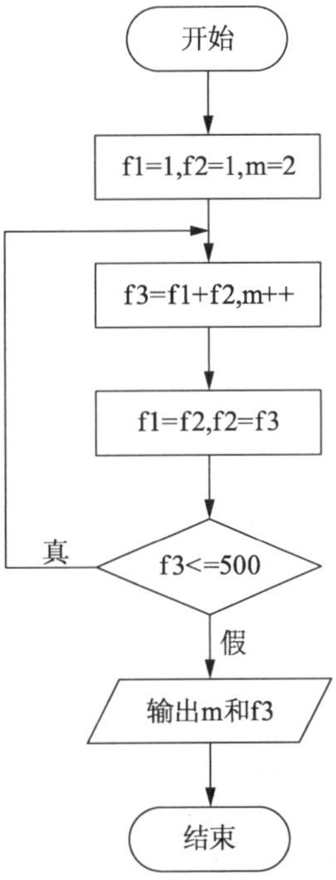

图 5-5　例 5-3 的流程图

```
#include<stdio. h>
int main()
{   int f1,f2,f3,m;
     f1=1;f2=1;m=2;
     do
```

```
    {
        f3=f1+f2;m++;
        f1=f2;f2=f3;
    }
    while(f3<=500);
    printf("在第%d 个月有%d 对兔子。\n",m, f3); return 1;
}
```

程序的运行结果如下：

```
在第15个月有610对兔子。
```

5.4 for 语句

由 for 语句构成的循环，常称“计数”型循环。for 循环的一般形式如下：

for(表达式 1; 表达式 2; 表达式 3) 循环体

例如：将例 5-1 改用 for 循环结构表示如下：

```
#include<stdio.h>
int main()
{
    int i;
    for(i=0;i<10;i++)
        printf(" * ");
    printf("\n"); return 1;
}
```

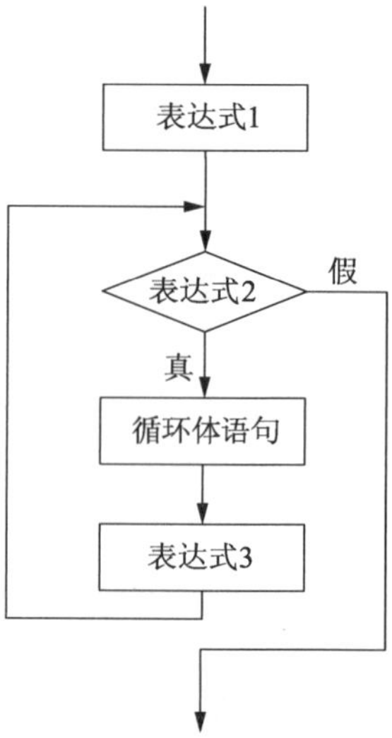

图 5-6 for 循环执行过程示意图

根据图 5-6，for 循环的执行过程如下：

(1)计算表达式 1；

(2)计算表达式 2，若其值为非 0(即为真)，转步骤(3)；若其值为 0(即为假)，转步骤(5)。

(3)执行一次 for 循环体。

(4)计算表达式 3，转向步骤(2)。

(5)结束循环。

【说明】 (1) for 是 C 语言中的关键字，其后的一对圆括号中通常含有 3 个表达式，各表达式之间用“;”隔开。这 3 个表达式可以是任意形式的表达式，通常主要用于 for 循环的控制。紧跟在 for(…)之后的循环体语句在语法上要求是一条语句，若在循环体内是由多条语句构成时，应使用复合语句。

（2）for 循环的一般形式等价于下面的程序段，其中“表达式 2”作为循环条件。

```
表达式 1;
while(表达式 2)
{
    循环体;
    表达式 3;
}
```

（3）for 语句中的表达式可以部分或全部省略，但两个“;”不可省略。例如：

```
for(;;)printf("*");
```

3 个表达式均省略，但因循环条件永远为真，循环将会无限制地执行，而形成无限循环，应该避免这种情况发生。

（4）for 后一对圆括号中的表达式可以是任意有效的 C 语言表达式。例如：

```
for(sum=0,i=1;i<=100;sum=sum+i, i++) ;    //表达式 1 和表达式 3
                                          //都是一个逗号表达式
```

5.5　break 及 continue 语句

5.5.1　break 语句

前一章介绍了用 break 语句可以直接跳出 switch 语句体，与此同时，使用 break 语句可以在循环结构中终止本层循环体，从而提前结束本层循环。图 5-7 为 break 语句在 3 种循环语句中的流程图。

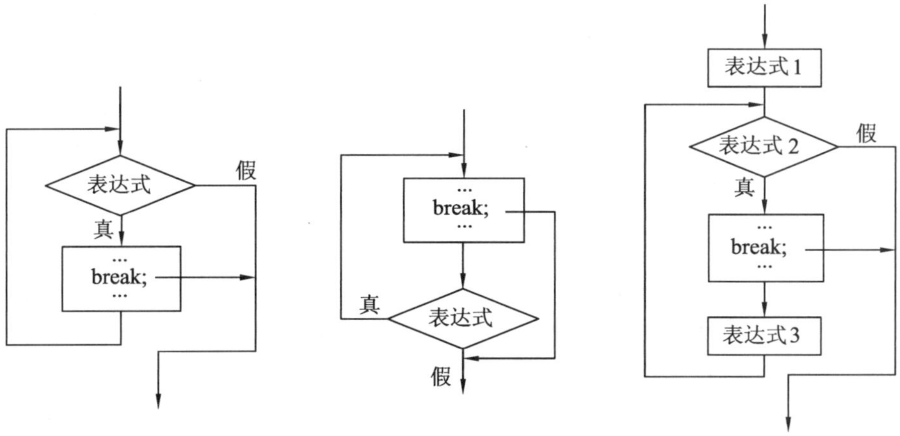

图 5-7　带 break 的循环结构

【例 5-4】 由键盘输入一个正整数 m，判断它是否为素数。

【问题分析】 素数定义：如果一个数只能被 1 和它本身整除，则这个数是素数。反过来，如果一个数 m 能被 2~(m−1) 之间的某个数整除，则这个数 m 就不是素数。假设 i 取值 2~(m−1)。如果 m 不能被该区间上的任何一个数整除，即对每个 i，m%i 都不为 0，则 m 是素数。那么只要找到一个 i，使m%i 为 0，则 m 肯定不是素数。i 的取值范围可以用2~m/2 或 2~$\sqrt{m}$来优化循环，减少循环的次数，提高算法执行效率。其求解流程见图 5-8。

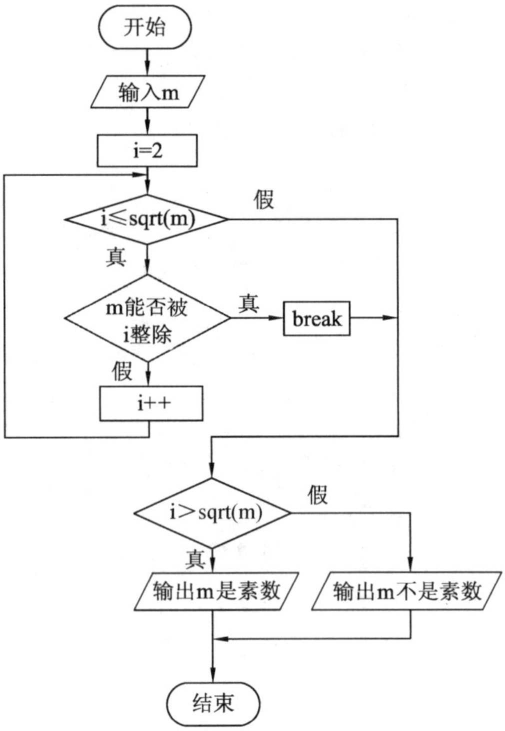

图 5-8　例 5-4 的流程图

【注意】 m 的平方根使用 C 语言中的 sqrt( )系统函数来实现，由于 sqrt 函数包含在 math. h 库文件中，因此在编写程序时，需使用 #include <math. h> 来预处理。

参照图 5-8 中的例 5-4 的流程图，使用 for 循环结构实现的程序源代码如下：

```
#include<stdio. h>
#include<math. h>
int main( )
{
    int i, m,k;
    printf( "Enter a number: " );
    scanf ( "%d" , &m);
    k=sqrt(m);
    for (i=2; i<=k; i++)
        if (m % i==0)   break;
    if (i>k)
        printf( "%d is a prime number!\n" , m);
    else
        printf( "%d is not a prime number!\n" ,m);
    return 1;
}
```

根据输入 m 的两种不同情况，依次得到如下运行情况。

程序的第一种运行情况：

```
Enter a number: 193
193 is a prime number!
```

程序的第二种运行情况：

```
Enter a number: 165
165 is not a prime number!
```

【程序分析】 在例 5-4 中，如果没有 break 语句，程序将多做一些不需要的重复工作。例如，输入 165，当出现能被 5 整除时就说明它不是一个素数，于是执行 break 语句，跳出 for 循环，从而终止循环，减少循环次数，提高程序执行效率。

【注意】

(1) 只能在循环体内和 switch 语句体内使用 break 语句。

(2) 当 break 出现在循环体中的 switch 语句体内时，其作用只是跳出该 switch 语句体，并不能中止循环体的执行。若想强行中止循环体的执行，可以在循环体中，但并不在 switch 语句中设置 break 语句，满足某种条件则跳出本层循环体。

5.5.2 continue 语句

continue 语句的作用是跳过本次循环体中余下尚未执行的语句，立刻进行下一次的循环条件判定，可以理解为仅结束本次循环。执行 continue 语句并没有使整个循环终止。图 5-9 为 continue 语句在 3 种循环语句中的流程图。

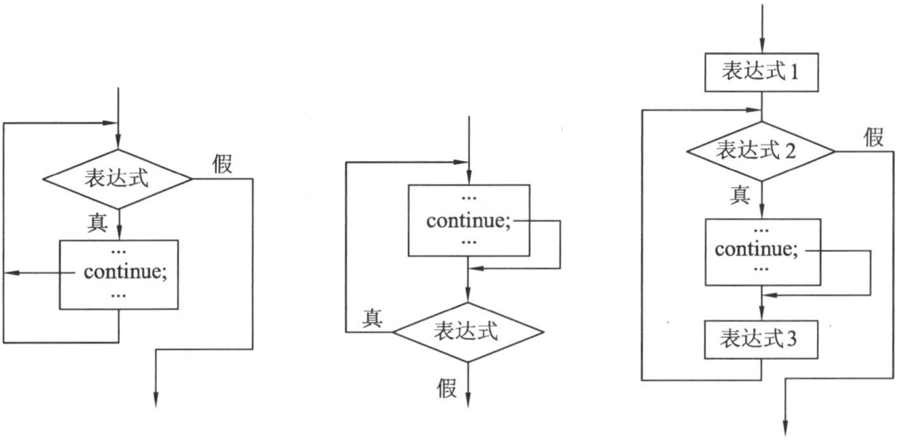

图 5-9 带 continue 的循环结构示意图

如图 5-9 所示，在 while 和 do-while 循环中，continue 语句使得流程直接跳到循环控制条件的测试部分，然后决定循环是否继续进行。在 for 循环中，遇到 continue 后，跳过循环体中余下的语句，而去对 for 语句中的“表达式 3”求值，然后进行“表达式 2”的条件测试，最后根据“表达式 2”的值来决定 for 循环是否执行。在循环体内，不论 continue 是作为何种语句中的语句成分，都将按上述功能执行，这点与 break 有所不同。

【例 5-5】 在循环体中 continue 语句执行示例。

```c
#include <stdio. h>
int main( )
{
    int i,sum=0;
    for(i=1;i<=10;i++)
    {
        if(i%2==0) continue;
        sum+=i;
    }
    printf("sum=%d\n",sum); return 1;
}
```

程序的运行结果如下：

```
sum=25
```

【程序分析】 程序运行时，当 i 为偶数时，执行 if 条件为真，所以执行 continue 语句，并跳过其后的“sum+=i;”语句；接着执行 for 后面括号中的 i++，继续执行下一次循环。由输出结果可见，sum 为 1~10 中的奇数之和。

5.6 循环的嵌套

在一个循环体内又完整地包含了另一个循环，称为循环嵌套。通过嵌套可以实现复杂的循环逻辑，这节是本章的重点和难点，在学习过程中要注意理解循环嵌套以及循环与分支间混合使用的真正内涵。

前面介绍的 3 种类型的循环都可以互相嵌套，循环的嵌套可以多层，但每一层循环在逻辑上必须是完整的。

【注意】 循环嵌套时，break 和 continue 只影响包含它们的最内层循环，与外层循环无关。在编写程序时，循环嵌套的书写要养成缩进形式的编程规范，只有这样才使得程序层次更加分明，更易于阅读。

【例 5-6】 打印如下由星号组成的三角形图案。

```
      *
    * * *
  * * * * *
* * * * * * *
```

【问题分析】 观察要输出的图形，它是一个二维图形，由行和列来控制其输出，所以利用双重 for 循环，外层循环控制行，内层循环控制列，并找出行与列的关系：每一行可以看作是由多个空格和多个星号组成，并找出在每行中它们各自的数量的规律。其流程图如图 5-10 所示。

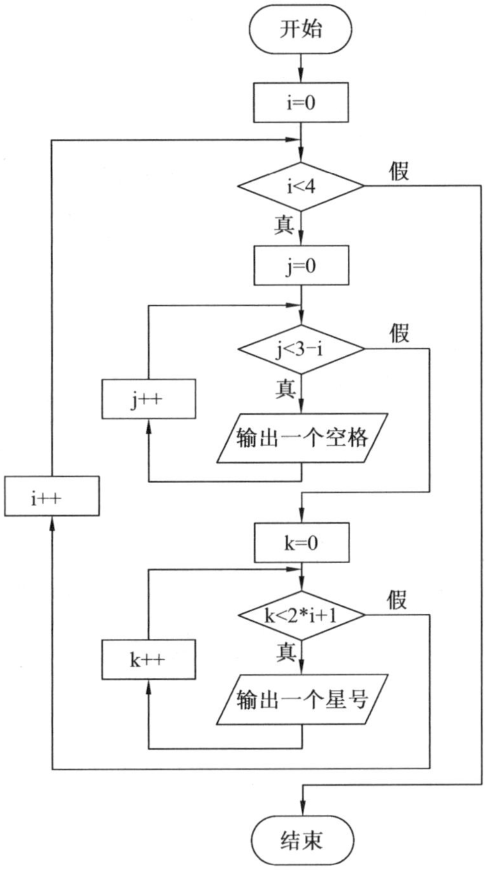

图 5-10　例 5-6 的流程图

参照图 5-10 中的例 5-6 的流程图，使用循环嵌套实现的程序源代码如下：

```
#include<stdio. h>
int main( )
{
    int i,j,k;
    for(i=0;i< 4;i++)                    //输出行数为 4
    {
        for(j=0;j< 3-i;j++)              //输出每行星号前面的空格
            printf(" ");
        for(k=0;k< 2 * i+1;k++)          //输出每行星号
            printf(" * ");
        printf("\n");                    //本行输出结束，换行
    }
    return 1;
}
```

【程序分析】 以上程序中,由 i 控制的 for 循环中内嵌了两个平行的 for 循环,外层循环次数控制输出的行数。由 j 控制的内嵌 for 循环体只有一个语句,用来输出一个空格,其循环次数控制该行输出相应数量的空格;同理,由 k 控制的内嵌 for 循环体用来输出一个星号,其循环次数控制该行相应数量的星号。

【注意】 以上内嵌的两个 for 循环的循环结束条件都和外循环的控制变量 i 有关。使用嵌套的难点之一在于内外层间的逻辑关系及相关配合等。

5.7 程序举例

【例 5-7】 有一个分数数列:$+\frac{2}{1},-\frac{3}{2},+\frac{5}{3},-\frac{8}{5},+\frac{13}{8},-\frac{21}{13},\cdots$,求出这个数列前 20 项之和。

【问题分析】 先从这个数列中找规律,该数列中前后数有以下关系:其中,分子为前一个数的分子与分母之和;分母为前一个数的分子;相邻数的符号正好相反,可以单独设定一个表示正负的变量 sign,初值设为 1,令 sign=-sign 可以使符号取反交替。

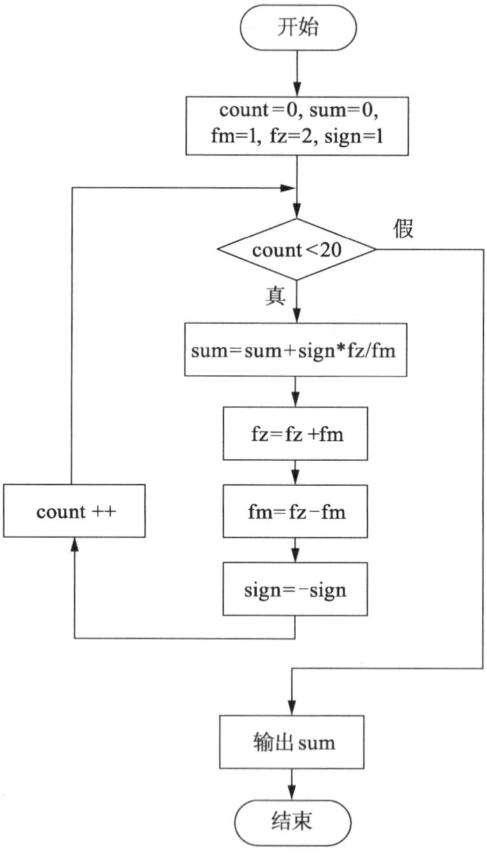

图 5-11　例 5-7 的流程图

参照图 5-11 中的流程图,实现的程序如下:

```
#include<stdio.h>
int main()
{
    int count,sign=1;                        //count 控制求前 20 项之和
    double fm=1,fz=2,sum=0;                  //赋初值
    for(count=0 ;count<20;count++)
    {
        sum=sum+sign * fz/fm;                //sign * fz/fm 为数列的每一项
        fz=fz+fm;                            //分子 fz 为前一项的分子与分母之和
        fm=fz-fm;                            //分母 fm 为前一项的分子
        sign=-sign;                          //下一项的符号,交替取反
    }
    printf("数列前 20 项之和为:%.2lf\n",sum);
return 1;
}
```

程序的运行结果如下:

```
数列前20项之和为: 0.58
```

【程序分析】 对于类似的求数列的问题,一般要先找出其每项的构成规律,如本例关键是抓住分子与分母的变化规律,然后用循环去求,从而得到所求值。因此解决有规律数据求和、求积问题的方法:先考虑数据个数(即循环次数),后分析数据与循环变量的关系。

【本章小结】

介绍了 C 语言中循环结构的 3 种实现方法:while 循环、do-while 循环和 for 循环,以及两个辅助语句 break 和 continue 的用法。至此,已经学完了整个 C 语言程序设计基础篇的全部内容,详细讲解了程序中的顺序、分支与循环三大基本结构。随着掌握知识点的逐渐增多,读者能实现越来越复杂的程序逻辑,程序也变得越来越长,功能越来越强大。因此,读者除了需要掌握本书讲述的主要知识点内容之外,更加需要重视上机调试和阅读经典程序;只有通过不断地上机实践和优秀程序的赏析,才能将所学的知识得到进一步巩固和灵活运用,真正转换为一种通过编程来解决问题的综合能力。

【考点提示】

在二级等级考试中,本章主要出题方向及考察点主要如下:

(1) 3 种循环结构:for、while、do-while。for 循环当中必须是两个分号,千万不要忘记;

写程序的时候一定要注意,循环一定要有结束的条件,否则成了死循环。do-while( )循环的最后一个分号一定不能够丢;do-while 循环是至少执行一次循环等。

(2) 语句 break 和 continue 的差别:语句 break 是退出它所在的那一整层循环;语句 continue 是提前结束本次循环,就是循环体内剩下的语句不再执行,跳到循环开始,然后判断循环条件,进行新一轮的循环。嵌套循环是指有循环里面还有循环,这种比较复杂,要一层一层、一步一步耐心的分析与设计;同时,要善于灵活使用多层循环,如循环与后面数组操作的综合使用。

习题

1. 简答题

(1) 请给出循环结构程序的简单描述及其流程图。

(2) 在 C 语言中,while 语句与 do-while 语句的主要区别是什么?

(3) 在循环中,continue 语句与 break 语句的区别是什么?

2. 程序填空题

(1) 以下程序的功能是:从键盘上输入若干个学生的成绩,统计并输出最高成绩和最低成绩,当输入负数时结束输入,请填空。

```
#include <stdio.h>
int main( )
{
  float x,amax,amin;
  scanf("%f",&x);
  amax=amin=x;
  while ________
  {
    if(x>amax) amax=x;
    else if ________ amin=x;
    scanf("%f",&x);
  }
  printf("\nmax: %f\nmin: %f\n",amax,amin);
  return 1;
}
```

(2) 下面程序可求出 1~1000 的自然数中所有的完全数,其中完全数是指它所有的真因子(即除了自身以外的约数之和)等于该数本身的数,请填空。

```
#include <stdio.h>
int main( )
{
  int m, n, s;
```

```
    for(m=2;m<1000;m++)
    {
        ________
        for(n=1;n<=m/2;n++)
            if ________ s+=n;
        if ________ printf("%d\n", m);
    }
    return 1;
}
```

（3）以下程序的功能是根据 $e=1+\frac{1}{1!}+\frac{1}{2!}+\frac{1}{3!}+\cdots$ 求 e 的近似值，精度要求为10^{-6}（即当上述求和数列中某数据项的值若小于10^{-6}则不需要再加），请填空。

```
#include <stdio.h>
int main()
{
    int   i=1;
    doublee=1.0,item=1.0;
    while ________
    {
        item *=(double) i;e+=________;________;
    }
    printf("e=%f\n",e); return 1;
}
```

3. 编程题

（1）求数列2/1，3/2，5/3，8/5，13/8，…前20项之和，并输出该数列之和（保留2位小数）。

算法提示：分析该数列的相邻项的关系，利用这种关系，从第2项开始，后面所有项的值由此关系推出，再计入累加和变量中。

（2）把输入的正整数按输入顺序的反方向输出。例如，输入数是12345，要求输出结果是54321。编程实现此功能。

（3）中国古代数学家张丘建提出的“百鸡问题”：一只大公鸡值五个钱，一只母鸡值三个钱，三个小鸡值一个钱。现在有100个钱，要买100只鸡，是否可以？若可以，给出一个解，要求三种鸡都有。请写出求解该问题的程序。

算法提示：使用枚举法（即穷举法）。

（4）有1，2，3，4个数字，能组成多少个互不相同且无重复数字的三位数？都是多少？

算法提示：使用枚举法（即穷举法）。

（5）素数问题：把100~500之间的素数输出。

算法提示：教材例 5-4 给出了判别素数的算法，那么只有将判别素数算法依次在 100~500之间运行就可以了，所以将判别素数算法作为循环体，依次循环即可。

(6) 编写一程序，求 1-3+9-27+…，输出该数列的前 6 项之和。

(7) 请编写一程序，打印出九九乘法口诀表(例：1 * 1=1)。

(8) 求 sn=a+aa+aaa+aaaa+…的值，其中 a 是一个 1~9 的数字。例如：2+22+222+2222+22222(此时 a 为 2，n 为 5)，共有 5 个数相加，sn=24690。n 和 a 的值由键盘输入，请编程实现以上求和的程序。

第 6 章

数组

在前面章节中介绍了变量定义及使用、程序结构及其设计以及如何实现数据的输入、输出功能。利用所学的内容,可以很容易输入少量数据,然后对这些数据进行处理并输出。但在实际应用中经常遇到大量数据处理的问题,如统计学生成绩信息、统计工厂生产情况、公司销售情况等。这些问题如果利用定义单个变量来处理就变得非常麻烦,甚至无法解决。这些数据虽然多,但却有着一定的联系,C 语言为了更好地处理这些问题,引进了数组这样的数据结构。数组是具有相同类型的、有序的数据的集合。数组中的变量都有相同的名字,但有不同的下标,这些变量被称为数组元素。将数组和循环结构结合起来,可以大大提高数据处理的效率,能够快速处理大量数据。

6.1　一维数组

一维数组是最简单的数组形式,只需要给出数组名和一个下标(表示位置的序号)即可。例如,使用一维数组 sc 表示学生成绩,sc 就是 n(n>1)个相同类型数据元素 sc_1,sc_2,…,sc_n 构成的有限序列,其中,sc_i($1 \leq i \leq n$)表示数组 sc 的第 i 个元素。C 语言规定用方括号中的数字来表示下标,并且下标从 0 开始,如 sc[3]就表示第 4 个学生的成绩。

6.1.1　一维数组的定义

在 C 语言中要使用数组存储数据,必须先进行定义,即要先告知计算机要定义的数组元素的类型和元素的数量,一维数组的定义方式如下:

类型说明符　数组名[常量表达式];

例如,定义类型为 int,数组名为 sc,有 5 个数组元素的数组:

```
int sc[5];
```

【说明】 (1) 其中类型说明符是任意一种 C 语言支持的基本数据类型或构造数据类型,它定义了全体数组成员的数据类型。

(2) 数组名的命名规则和变量相同。

(3) 方括号中的常量表达式表示数据元素的个数,也称为数组的长度,不能是变量。需要注意的是,数组中的元素下标是从 0 开始计算的。

(4) 数组元素代表内存中的一个有编号的存储单元,可以像普通变量一样使用。

以上定义为 sc 数组分配了 5 个连续的存储单元,共占用 20 个字节(4B×5=20B)内存空间,如图 6-1 所示。

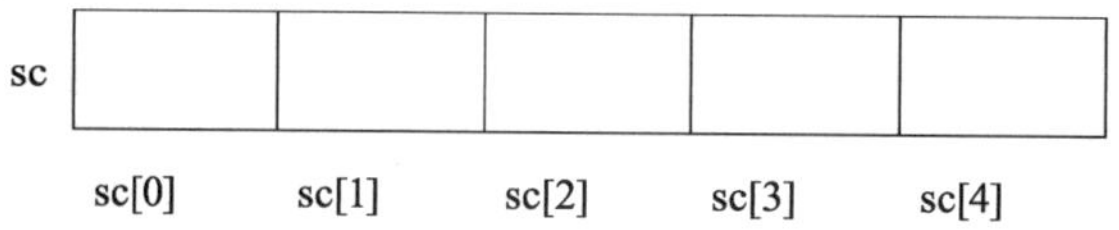

图 6-1　数组 sc 的 5 个连续存储单元

图中,sc[0],sc[1],sc[2],sc[3],sc[4]就是数组元素。

假设分配的内存单元起始地址编号为 1000,则数组 sc 的内存地址编号如图 6-2 所示。

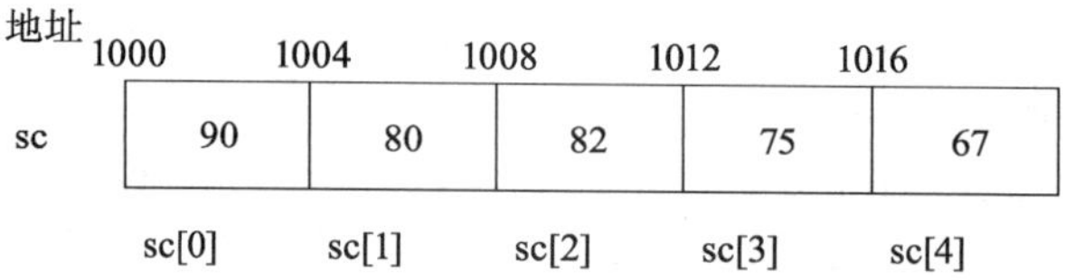

图 6-2　数组 sc 的内存地址编号

数组可以单独定义也可以将相同类型的变量、数组放在同一条语句中定义,例如:

```
int a[5];              //定义数组名为 a,长度为 5 的整形数组
double b[6],c[7];      //同时定义数组名为 b、长度为 6 的 double 型数组,
                       //以及数组名为 c、长度为 7 的 double 型数组
int d,e[3],f[4];       //同时定义了变量 d 以及数组 e 和 f
```

6.1.2　一维数组的引用

在定义数组并对其中的元素赋值后,即可引用数组元素。

数组元素可以通过数组名称加下标进行访问,表示形式为:

数组名[下标]

例如:

```
sc[3]=81;              //为数组中下标为 3 的元素赋值
```

【注意】

(1) 下标必须为整型表达式,既可以包含常量,也可以包含变量。例如,sc[2],sc[i],sc[a+b]都是合法的(其中,i,a+b 的值都小于数组 sc 的下标最大值)。

(2) 只能引用数组元素,不能一次性引用整个数组的全部元素的值。

(3) 数组名[常量表达式]和数组名[下标]的形式相同,但含义不一样。例如:

```
int sc[6];             //sc[6]表示数组名为 sc,长度为 6
sc[2]=65;              //sc[2]表示引用 sc 数组中下标为 2 的数组元素
```

【例 6-1】 从键盘上输入 5 位同学的成绩并输出。

【问题分析】 解决此问题的方法有两种。第一种方法即前面章节介绍过的直接使用多个变量来存储 5 位同学的成绩，但是该方法的缺点非常明显，需要定义多个变量并且为这些变量一一赋值，程序显得相当冗长，当遇到更大数量的数值（如 1000 位同学）需要赋值时则更为显著。第二种方法则是使用数组来完成该问题，只需要定义一个长度为 5 的数组则可以存储成绩数据，简单且利于使用循环结构来解决问题，其流程图如图 6-3 所示。

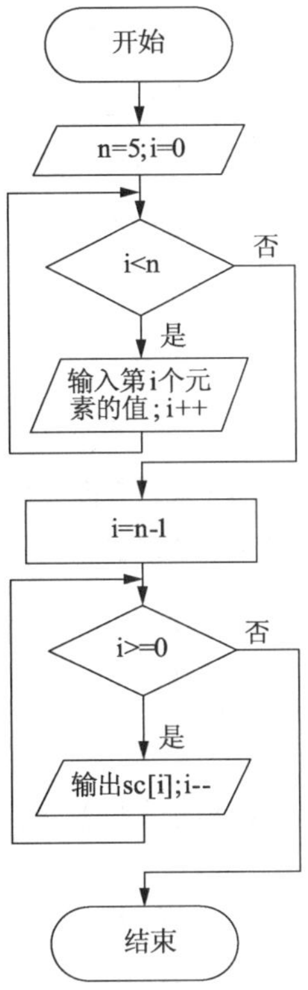

图 6-3　输入成绩并输出

程序的源代码如下：

```
#include <stdio. h>
int main( )
{
   int i,sc[5],n=5;
   for (i=0; i< n;i++)
      scanf("%d",&sc[i]);
   for(i=n-1;i>=0; i--)
      printf("%d ",sc[i]);
   printf("\n");
   return 0;
}
```

运行结果：

```
90 80 82 75 67
67 75 82 80 90
```

【程序分析】 第 1 个 for 循环利用 scanf 语句依次从键盘输入数据为数组元素 sc[0] ~ sc[4]赋值，第 2 个 for 循环逆序输出 sc[4] ~ sc[0]的值。因为数组中的元素下标是从 0 开始计算的，所以数组元素下标最大值就是数组长度-1。

6.1.3　一维数组的初始化

在定义数组的同时给数组元素赋值，称为数组的初始化。数组初始化有以下几种情况：

（1）在定义数组时对全部数组元素赋予初值。

```
int sc[5]={ 70,81,92,65,97};
```

（2）可以只给数组中的一部分元素赋值。

```
int sc[5]={ 70,81,92 };
```

定义 sc 数组有 5 个元素，大括号内只提供 3 个初值，这表示只给前面 3 个元素赋初值，给后 2 个元素赋初值为 0。

（3）给数组中全部元素赋初值为 0。

```
intsc[5]={0, 0, 0, 0, 0};
```

也可以表示为：

int a[10]={0};//未赋值的元素全部赋值为 0

(4) 在对全部数组元素赋初值时，由于数据的个数已经确定，因此可以不指定数组长度。

int sc[5]={70,81,92,65,97};

或

int sc[]={70,81,92,65,97};

【注意】 若数组长度与提供初值的个数不同，则方括号中的数组长度不能省略。

6.1.4 一维数组的应用举例

【例 6-2】 从键盘上输入 5 个数，求其中的最大值并输出。

【问题分析】 本题的目的是找出一系列数值中的最大值，可以使用数组存储这些数值，默认第一个输入的数值为最大值（用变量 max 表示），并将 max 依次和后续输入的数值进行比较，如有比 max 大的数则将该数赋值给 max，直到比较结束。其流程图如图 6-4 所示。程序的源代码如下：

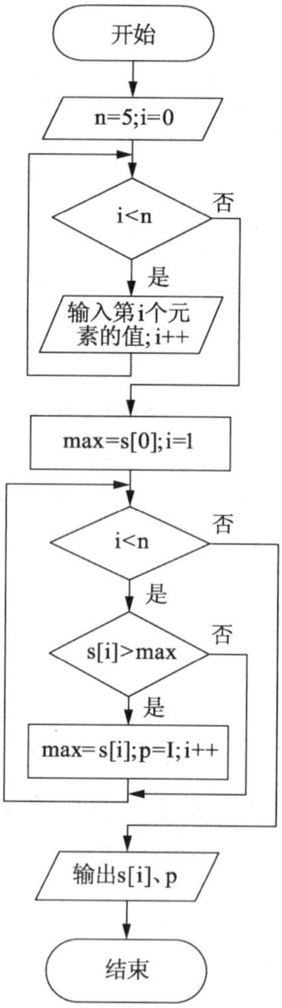

图 6-4 输入数据并输出最大值

```c
#include <stdio.h>
int main()
{
   int i,s[5],n=5,max,p;
   printf("请输入 5 个数字：");
   for(i=0; i<n;i++)
      scanf("%d",&s[i]);
   max=s[0];
   for(i=1;i<n; i++)
      {if(s[i]>max)
         {max=s[i];p=i;}
      }
   printf("数组中最大值为:%d,最大值的元素下标为:%d",max,p);
   return 0;
}
```

【程序分析】

(1) 定义数组 s 用于存放 5 个数，max 用于存放最大值，p 存放最大值对应的数组元素下标。

(2) 初始时,假设 s[0]为最大值并赋给 max。

(3) 利用 for 循环将 s[1]~s[4]依次与 max 比较,如果 s[i]更大,则将 s[i]的值赋给 max,并同时将下标赋给 p。

运行结果:

```
请输入 5 个数字: 10 13 18 15 16
数组中最大值为: 18,最大值的元素下标为: 2
```

【例 6-3】 有某公司上半年的销售情况数据,对其排序并按照由小到大的顺序排列并输出。

【问题分析】 本题的目的是对一系列数据进行排序,可以使用数组存储这些数据,然后对其排序。排序的算法很多,这里选用冒泡法排序,其核心思想是将无序序列中的所有数值,通过两两比较的方法决定大数是上升还是下降(本题是下降),得出升序序列或者降序序列。其流程图如图 6-5 所示。

程序的源代码如下:

```
#include <stdio. h>
int main( )
{
   int xs[6],n=6;
   int i,j,t;
   printf("请输入上半年的销售数据 :\n");
   for (i=0;i< n;i++)
      scanf("%d",&xs[i]);
   for(i=0;i< n-1;i++)
                        //进行 5 次循环,实现 5 轮比较
      for(j=0;j< n-1-i;j++)
                        //在每一趟中进行 5-i 次比较
         if (xs[j]> xs[j+1])  //相邻两个数比较
            {t=xs[j];xs[j]=xs[j+1];xs[j+1]=t;}
   printf("排序后的数据为:\n");
   for(i=0;i< n;i++)
      printf("%d ",xs[i]);
   return 0;
}
```

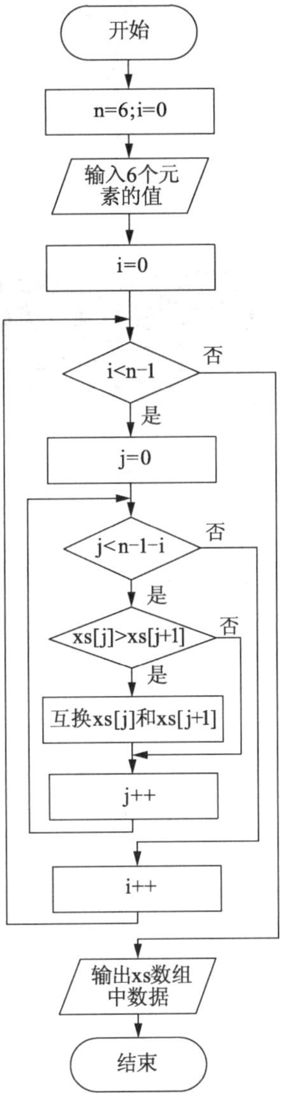

图 6-5　输入数据排序后输出

【程序分析】 解决该问题的方法是一种重要的算法,称为排序。排序的方法很多,这里使用的是“冒泡法排序”。冒泡法由小到大排序的基本思路：每次将相邻的两个数比较，将小的调到前面。

本题将进行 5 轮比较，第 1 轮比较如表 6-1 所示，第 2 轮比较如表 6-2 所示，…，5 轮比较结束后即可得到排序后的结果。

表 6-1　第 1 轮比较

第 1 次	第 2 次	第 3 次	第 4 次	第 5 次	结果
16	10	10	10	10	10
10	16	11	11	11	11
11	11	16	16	16	16
17	17	17	17	15	15
15	15	15	15	17	14
14	14	14	14	14	17

表 6-2　第 2 轮比较

第 1 次	第 2 次	第 3 次	第 4 次	结果
10	10	10	10	10
11	11	11	11	11
16	16	16	15	15
15	15	15	16	14
14	14	14	14	16

运行结果：

```
请输入上半年的销售数据:
16 10 11 17 15 14
排序后的数据为:
10 11 14 15 16 17
```

【例 6-4】 在排序后的一维数组中，利用折半法查找指定的数值。

【问题分析】 本例可以采用折半法：对于从小到大排序的数组，只要判断数据是否和数组中间的值相等，如果不相等，当该数据小于数组中间元素的值，就在数组的前一半数据中继续折半找；否则就在数组的后一半数据中继续折半找。如此这般，就可以比较快地判断该数据是否在数组中，其流程图如图 6-6 所示。

程序的源代码如下：

```
#include <stdio.h>
int main( ) {
   int i,j,start=0,end,middle;
   int number;                    //用于存放将要查找的数
   int a[ ]={12,45,67,89,123,-45,67};
   int n=7;                       //n 用于表示数组的元素个数
   //排序
     for(i=0; i<n; i++)
     {
       for(j=i+1; j<n;j++)
       {
         if(a[j]<a[i])
         {
```

```
                int t=a[j];
                    a[j]=a[i];
                    a[i]=t;
                }
            }
        }
    printf("输入需要查找的数值:");
    scanf("%d",&number );
    int flag=0;                         //用于标记是否找到
    end = n-1;
    middle=(start+end)/2;
while(start<=end){
            if(number==a[middle])
                {flag=1;break;}
            else if(number>a[middle])
                start=middle+1;
            else
                end=middle-1;
            middle=(start+end)/2;
    }
    if(flag)
        printf("%d 在数组中.\n",number);
    else
        printf("%d 不在数组中.\n",number);
    return 0;
}
```

【程序分析】 图6-6给出了具有7个数的有序数组的折半查找算法,初始时start=0、end=n-1、middle=(start+end)/2,然后比较number与a[middle]的大小,对以下3种情况进行处理:

(1)若number=a[middle],则已找到,查找过程结束,否则执行第2步;

(2)如果number<a[middle],如number存在于数组中,则必然位于下标从start到middle-1的这几个元素范围内,下一步查找只需在这个范围内进行。所以可以确定新的查找范围为:start(原来位置不动),end=middle-1,否则执行第3步;

(3)如果number>a[middle],则number必定在middle+1,end的范围之内,下一步的查找应该在此范围内进行,所以新的查找范围为:start=middle+1,end(原来位置不动)。

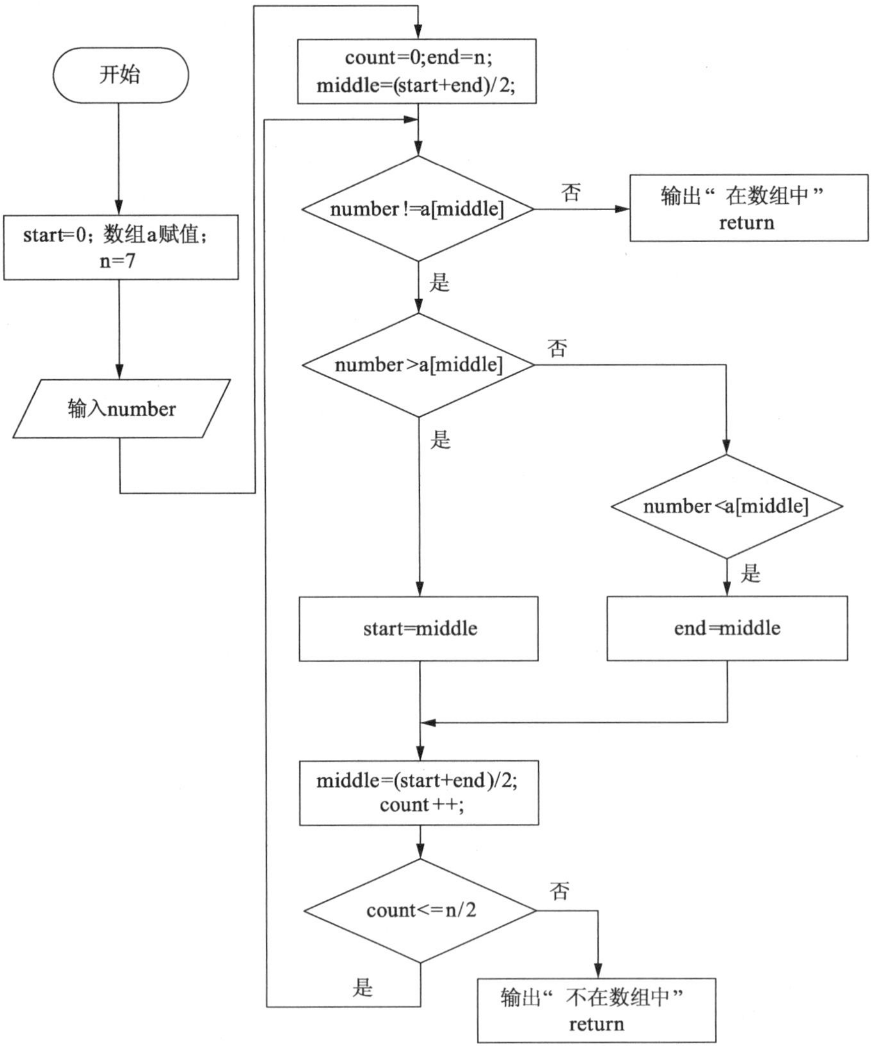

图 6-6　折半查找

执行结果：

```
输入整数,程序判断该整数是否在数组中:67
67 在数组中.
```

6.2　二维数组

本章第一节讨论的是一维数组。在实际使用中,很多问题的解决需要使用二维或多维数组。多维数组最简单的形式是二维数组,二维数组又称为矩阵,一般把二维数组写成由行和列组成的形式。

6.2.1　二维数组的定义和引用

二维数组的定义与一维数组类似，其定义的一般形式：

类型说明符 数组名[常量表达式 1][常量表达式 2]；

例如，要声明一个用来存放班级同学成绩信息的 3 行 4 列的二维整型数组 sc，形式如下：

```
int sc[3][4];
```

一个二维数组，在本质上是一个一维数组的列表。它的每个元素(一行)又是一个一维数组(由列构成)。如上面的数组 sc 当作一维数组看的话，其有 3 个元素，分别为 sc[0]，sc[1]，sc[2]，每个元素又是一个包含 4 个元素的一维数组，如表 6-3 所示。

表 6-3　数组 sc 的元素

sc[0]	…	sc[0][0]	sc[0][1]	sc[0][2]	sc[0][3]
sc[1]	…	sc[1][0]	sc[1][1]	sc[1][2]	sc[1][3]
sc[2]	…	sc[2][0]	sc[2][1]	sc[2][2]	sc[2][3]

如果把 sc[0]，sc[1]，sc[2]分别看作一维数组的名字，则上面定义的二维数组相当于定义了 3 个以 sc[i](0<=i<=3)为名字的一维数组，即 int sc[0][4]，sc[1][4]，sc[2][4]。

C 语言中的二维数组元素在内存中存放是按行依次存放的，即依次存放第 1 行，第 2 行，…，直到所有元素存放结束。

假设二维数组 sc 的内存单元起始地址编号为 3000，则数组 sc 的内存地址编号如表 6-4 所示。

表 6-4　数组 sc 的内存地址编号

起始地址	数组元素	所在行	起始地址	数组元素	所在行	起始地址	数组元素	所在行
3000	sc[0][0]	第 1 行元素	3016	sc[1][0]	第 2 行元素	3032	sc[2][0]	第 3 行元素
3004	sc[0][1]		3020	sc[1][1]		3036	sc[2][1]	
3008	sc[0][2]		3024	sc[1][2]		3040	sc[2][2]	
3012	sc[0][3]		3028	sc[1][3]		3044	sc[2][3]	

从表中可以看出，二维数组的各个元素在内存中是顺序存放的。

除了一维、二维数组外，有时还会使用到多维数组，其定义方式与二维数组相似：

类型说明符 数组名[常量表达式 1][常量表达式 2]…[常量表达式 n]；

例如，声明三维数组 a：

```
float a[3][4][5];
```

二维数组元素也是通过数组名称加下标进行访问,表示形式为:

数组名[下标 1][下标 2]

【说明】"下标"可以是整型常量或整型表达式。数组元素可以出现在表达式中,也可以被赋值。

例如:

```
a[1][2]=b[2][3]/3;        //b[2][3]就是作为表达式的一部分
sc[1][3]=90;              //为数组中行下标为1、列下标为3的元
                          //素赋值为90
```

【注意】无论是一维数组还是二维数组,在引用数组元素时下标都不能越界。例如,以上定义的数组 sc,定义时语句 int sc[3][4]; 在引用数组元素时,下标最大的数组元素是 sc[2][3],而不是 sc[3][4]。

6.2.2 二维数组的初始化

与一维数组类似,二维数组也可以有多种初始化方式。

(1) 分行给二维数组各元素赋初值:

```
int a[3][4]={{1,2,3,4},{5,6,7,8},{9,10,11,12}};
```

(2) 将所有数据写在一个花括号内,按数组元素在内存中的排列顺序对各元素赋初值:

```
int a[3][4]={1,2,3,4,5,6,7,8,9,10,11,12};
```

(3) 对部分元素赋初值:

```
int a[3][4]={{1},{2,5},{0,9,7}};
```

赋值后的数组元素值情况见表 6-5。

表 6-5 赋值后数组元素值

1	0	0	0
2	5	0	0
0	9	7	0

(4) 如果对全部元素都赋初值(即提供全部初始数据),则定义数组时对第 1 维的长度可以不指定,但第 2 维的长度不能省。

```
int a[][4]={1,2,3,4,5,6,7,8,9,10,11,12};
```

等价于

```
int a[3][4]={1,2,3,4,5,6,7,8,9,10,11,12};
```

在定义时也可以只对部分元素赋初值而省略第 1 维的长度,但应分行赋初值。

```
int a[ ][4]={{0,2,3},{},{1,10}};
```

6.2.3　二维数组的应用举例

【例 6-5】　求 3×3 矩阵对角线元素的平均值。

【问题分析】　可以用 3 行 3 列的二维数组表示矩阵，利用 2 层循环结构进行处理，最后输出结果，其流程图如图 6-7 所示。

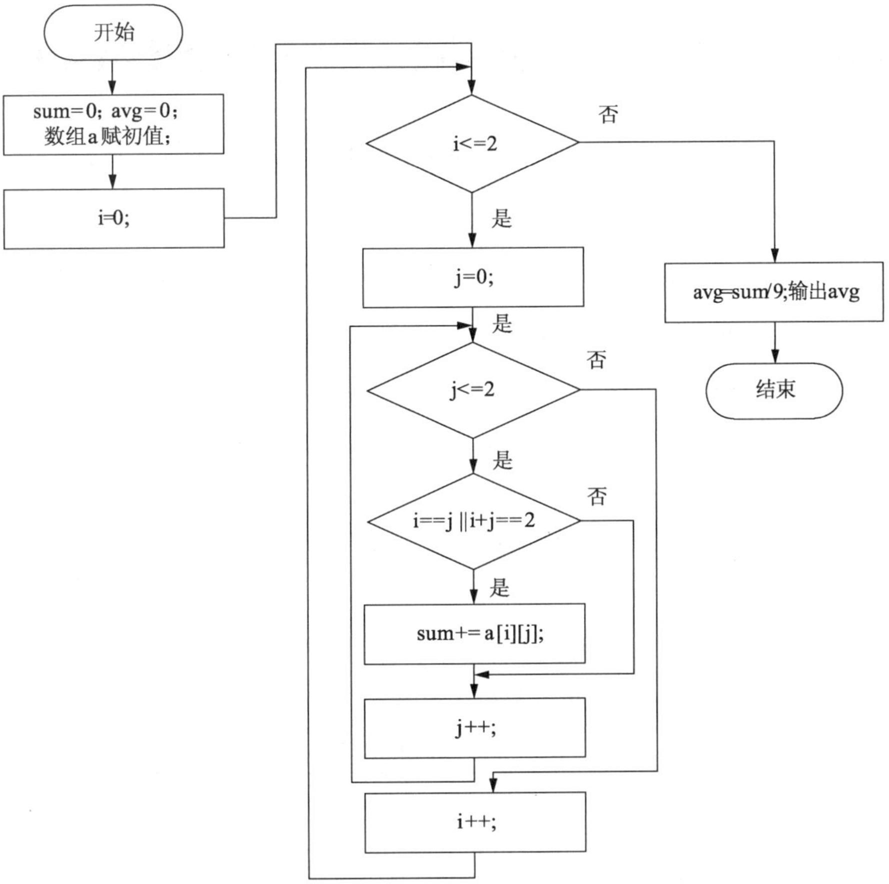

图 6-7　求矩阵对角线元素的平均值

程序源代码如下：

```
#include <stdio. h>
int main( )
    {int i,j;
       float sum=0,avg=0,count=0
       int a[3][3]={{1,2,3},{8,7,6},{10,-5,2}};      //定义数组并赋初值
          for (i=0;i<=2;i++)
             for (j=0;j<=2;j++)
```

```
            if(i==j || i+j==2)                  //判断是否是对角线元素
                {sum+=a[i][j];count++;}         //将元素值与 sum 相加
    avg=sum/count;
    printf("矩阵对角线平均值为:%f\n",avg);
    return 0;
}
```

执行结果:

```
矩阵对角线平均值为: 4.60000
```

6.3 字符数组

在前面章节中已经介绍了字符型数据,本节将较为详细地学习字符数组和字符串的使用。C 语言中没有字符串的类型,将使用字符型数组的形式保存字符串。

6.3.1 字符数组的定义

用于存放字符数据的数组称为字符数组。在字符数组中的一个数组元素内存放一个字符。定义字符数组与定义其他类型数组类似,定义方式如下:

```
char  数组名[常量表达式];
```

例如:定义一个长度为 7 的字符型数组,并为其赋值。

```
char c[7];
c[0]='w'; c[1]='e'; c[2]='l';' c[3]='c;' c[4]='o;' c[5]='m;' c[6]='e';
```

定义并赋值后的数组 c 的数据如表 6-6 所示。

表 6-6 定义并赋值后的数组 c 的数据

c	w	e	l	c	o	m	e
	c[0]	c[1]	c[2]	c[3]	c[4]	c[5]	c[6]

6.3.2 字符数组的初始化

对字符数组初始化,一般用“初始化列表”,将各个字符依次赋给数组中的各元素,例如:

```
char c[5]={'H','e','l','l','o'};        //将初始化列表中的字符依
                                         //次赋给 c[0]~c[4]
```

【说明】 (1) 和其他类型数组类似,若在定义字符数组时未进行初始化,则数组中各元素的值是不确定的。

(2) 若初始化列表中提供的字符个数大于数组长度,则在编译时会出现警告信息"excess elements in array initializer"。

(3) 若提供的字符个数小于数组长度,则只将这些字符赋给数组中前面那些元素,其余的元素自动定为使用 null 字符(即'\0')填充。

为了方便,也可以不指定数组长度,例如:

```
char str[ ] = {'s','o','f','t','w','a','r','e'};        //数组c的长度自动定为8
```

和其他类型二维数组类似,也可以在定义二维字符数组的同时进行初始化,例如:

```
char str2[3][8]={{'H','e','l','l','o'},{' ','C',' '},{'l','a',
                 'n','g','u','a','g','e'}};
```

数组 str2 中的内容为:

```
Hello
C
language
```

字符数组中的元素引用与其他类型数组类似,这里不再赘述。

6.3.3 字符串与字符串结束标志

在C语言中,字符串实际上是使用 null 字符('\0')终止的一维字符数组。

字符串的定义通过定义和初始化字符数组来实现。例如:

```
char c[6]={'H','e','l','l','o','\0'};
                        //注意和前面 char c[5]={'H','e','l','l','o'};的区别
```

上面的语句也可以写为:

```
char c[6]={"Hello"};          //自动为c[5]使用null字符(即'\0')填充
```

可以把外侧大括号省略,即:

```
char c[6]= "Hello";
```

可以省略数组长度说明,即:

```
char c[ ]= "Hello";
```

【说明】 (1) 空字符('\0')代表 ASCII 码值为 0 的字符(见 ASCII 码表),以此作为字符串的结束标志。

(2) 由于在数组的末尾存储了空字符('\0'),所以字符数组的大小比单词"Hello"的字符数多一个。

(3) '\0'字符是字符串的一部分，不能省略。一旦省略字符数组就无法表示字符串，只是字符数组。

(4) 字符串的两端是用双引号而不是单引号括起来的。

6.3.4 字符数组的输入与输出

字符数组的输入输出有两种方法。

(1) 逐个字符输入输出。用格式符“%c”输入或输出一个字符。

例如，使用格式符“%c”输出字符串 c：

```
char c[6]={'H','e','l','l','o', '\0'};
int i;
    for(i=0;i<5;i++)
        printf("%c ",c[i]);
```

若使用格式符“%c”输入字符串 c ，可以使用如下代码：

```
    for(i=0;i<5;i++)
        scanf("%c ",&c[i]);
        c[5]='\ 0';            //字符串结束标记
```

(2) 将整个字符串一次输入或输出。

① 使用 printf 和 scanf 函数

printf 函数，使用“%s”格式符，可以使用如下代码：

```
char c[6]={'H','e','l','l','o', '\ 0'};
printf("%s ",c);
```

scanf 函数，使用格式符“%s”输入字符串 c，可以使用如下代码：

```
scanf("%s ",c);            //系统会自动在输入的字符后面加一个 '\0' 结束符
```

【说明】 a. 使用%s 输出时不会输出结束符'\0'。

b. 用“%s”格式符输出字符串时，printf 函数中的输出项参数必须是数组名，而不能是数组元素名。

c. 使用 %s 输出字符串，只有遇到'\0'时或者全部字符都输出结束时才会结束输出。

d. 当数组长度大于字符串的实际长度，只输出到'\0'结束。如果一个字符数组中包含一个以上'\0'，则到第一个'\0'时输出就结束。

② 使用 puts 和 gets 函数

puts 函数，用于输出字符串，其一般形式为：

puts(字符数组名)

例如：

```
char c[ ] = "Nanjing,Jiangsu";
puts(c);
```

gets 函数,用于输入字符串,其一般形式为：

gets(字符数组名)

例如：

```
char c[20];
gets(c);
puts(c);
```

【例 6-6】 从键盘输入一个字符串并输出。

【问题分析】 可以使用 gets 函数输入后使用 puts 函数输出。

程序代码：

```
#include <stdio.h>
int main( )
  {char c[20];
  printf("请输入字符串\n");
  gets(c);
  printf("输出字符串:\n");
  puts(c);
    return 0;
}
```

执行结果：

```
请输入字符串
我在江苏南京
输出字符串:
我在江苏南京
```

【例 6-7】 输出一个由"＊"组成的实心菱形图,中间有 5 个"＊"字符,其流程图与一维数组操作类似,这里不再赘述。

【问题分析】 可以使用一个二维数组分别存储每行的字符串,使用一层循环依次输出每行的字符。

程序代码：

```
#include <stdio.h>
int main( )
```

```
    {char c[5][6]={"  * ","  *** "," ***** ","  *** ","   * "};
                                    //字符列数取6而不是5
      int i;
      for(i=0;i<5;i++)
        printf("%s\n",c[i]);  //使用 %s 输出字符串,遇到'\0'时才结束输出
    printf("\n");
    return 0;
  }
```

【程序分析】 以上代码中,因为字符串的结束符是"\0"字符,因此数组 c 的每行字符后都有一个结束符,因此数组的列数取 6 而不是 5。字符数组的每一行都相当于一个一维数组,且以"\0"结束,因此可以使用 printf("%s\n",c[i])的方式输出每行数据,注意要在"%s"的后面输出一个换行符"\n",否则输出的字符会出现在同一行。

执行结果:

```
  *
 ***
*****
 ***
  *
```

也可以使用两层循环依次输出每行的各个字符,程序(其流程图和二维数组遍历类似)如下:

```
  #include <stdio.h>
  int main()
    {char c[5][6]={"  * ","  *** "," ***4** ","  *** ","   * "};
      int i, j;
      for(i=0;i< 5;i++)
        {for(j=0;j< 5;j++)              //注意此处是 5,不是 6
           printf("%c",c[i][j]);
        printf("\n");
        }
    return 0;
  }
```

执行结果同上。

6.3.5 常用字符串处理函数

C 语言提供了丰富的字符串处理函数,可以对字符串进行输入、输出、合并、修改、比较、转换、复制、搜索等操作,使用这些系统提供的函数可以大大提高字符串类程序的编写效率。下面介绍常见的字符处理函数。

（1）字符串连接函数 strcat( )

strcat 是 string catenate 的缩写，把两个字符串拼接在一起，语法格式为：

```
strcat(字符数组 1,字符数组 2);
```

strcat( )函数将把字符数组 2 连接到数组字符 1 后面，并删除原来字符数组 1 最后的结束标志"\0"。这要求字符数组 1 必须足够长，要可以容纳字符数组 1 和字符数组 2 的所有字符，否则会越界。

【例 6-8】　连接两个字符串。

```
#include <stdio.h>
int main( )
   { char str1[30] = "南京信息工程大学";
     char str2[20] = "滨江学院";
     printf("字符串 1 为:%s\n",str1);
     printf("字符串 2 为:%s\n",str2);
     strcat(str1, str2);
     printf("合并后的字符串:%s\n",str1);
  return 0;
}
```

执行结果：

```
字符串 1 为：南京信息工程大学
字符串 2 为：滨江学院
合并后的字符串：南京信息工程大学滨江学院
```

（2）字符串复制函数 strcpy( )

strcpy 是 string copy 的缩写，将字符串从一个地方复制到另外一个地方，语法格式为：

```
strcpy(字符数组 1,字符数组 2));
```

strcpy( )函数会把字符数组 2 中的字符串拷贝到字符数组 1 中，字符串结束标志"\0"也一同拷贝。将字符数组 2 复制到 字符数组 1 后，字符数组 1 中原来的内容就被覆盖了。

【例 6-9】　将字符串 2 复制到字符串 1 中，并输出。

```
#include <stdio.h>
int main( )
   { char str1[20] = "我是字符串 1";
     char str2[20] = "我是字符串 2";
     printf("字符串 1 为:%s\n",str1);
     printf("字符串 2 为:%s\n",str2);
     strcpy(str1, str2);
     printf("复制后,字符串 1:%s\n",str1);
```

```
        printf("复制后,字符串 2:%s\n",str2);
    return 0;
}
```

执行结果:

```
字符串 1 为: 我是字符串 1
字符串 2 为: 我是字符串 2
复制后,字符串 1: 我是字符串 2
复制后,字符串 2: 我是字符串 2
```

(3) 字符串比较函数 strcmp()

strcmp 是 string compare 的缩写,是进行字符串比较,语法格式为:

```
strcmp(字符数组 1, 字符数组 2);
```

字符数组 1 和字符数组 2 是需要比较的两个字符串。

strcmp()将各个字符对应的 ASCII 码值进行比较。strcmp()从两个字符串的第 0 个字符开始比较,如果它们相等,就继续比较下一个字符,直到遇见不同的字符,或者到字符串的末尾。

返回值:若字符数组 1 和字符数组 2 相同,则返回 0;若字符数组 1 大于字符数组 2,则返回 1;若字符数组 1 小于字符数组 2,则返回-1。

【例 6-10】 对 6 个字符串进行比较,并输出比较结果。

```
#include <stdio.h>
#include <string.h>
int main()
  {
    char stra[] ="abcdef";
    char strb[] =" AbCdEf";
    char strc[] ="abcde";
    char a[]="江苏";
    char b[]="浙江";
    char c[]={"浙江"};
    printf("stra 与 strb 比较: %d\n", strcmp(stra, strb));
    printf("stra 与 strc 比较: %d\n", strcmp(stra, strc));
    printf("strb 与 strc 比较: %d\n", strcmp(strb, strc));
    printf("a 与 b 比较: %d\n", strcmp(a, b));
    printf("b 与 c 比较: %d\n", strcmp(b, c));
  return 0;
}
```

执行结果：

```
stra 与 strb 比较：1
stra 与 strc 比较：1
strb 与 strc 比较：-1
a 与 b 比较：-1
b 与 c 比较：0
```

（4）字符串长度函数 strlen( )

strlen( )函数功能是返回字符串的实际长度（不包括“\0”），语法格式为：

```
strlen(字符数组)
```

例如：

```
char stra[ ] = "abcdef";
printf("%d\n",strlen(stra));
```

输出结果是 6。

6.4　程序举例

【例 6-11】 如表 6-7 所示的数字排列称为杨辉三角形，其特点是每行第一列元素和最后一列元素为 1，其他列元素为其左上方和正上方元素之和，请使用数组输出杨辉三角形的前十行。

表 6-7　杨辉三角形数字排列

1			
1	1		
1	2	1	
1	3	3	1
…	…	…	…

【问题分析】

杨辉三角形各行的元素的值有以下规律：

（1）各行第一个数都是 1。

（2）各行最后一个数都是 1。

（3）从第 3 行起，除上面指出的第一个数和最后一个数外，其余各数是上一行同列和前一列 2 个数之和。以 i 表示行号，j 表示列号，则元素 a[i][j]的值可以表示为 a[i][j] = a[i-1][j]+a[i-1][j-1]。其流程图如图 6-8 所示。

程序代码：

```
#include <stdio.h>
```

```
int main( )
{
   int i,j,a[10][10],n=10;
   for (i=0;i< n;i++)
      {a[i][i]=1;
      a[i][0]=1;
      }
   for (i=2;i< n;i++)
      for (j=1;j<=i-1;j++)
         a[i][j]=a[i-1][j-1]+a[i-1][j];
   for (i=0;i< n;i++)
   { for (j=0;j<=i;j++)
         printf("%5d",a[i][j]);
         printf("\n");
   }
return 0;
}
```

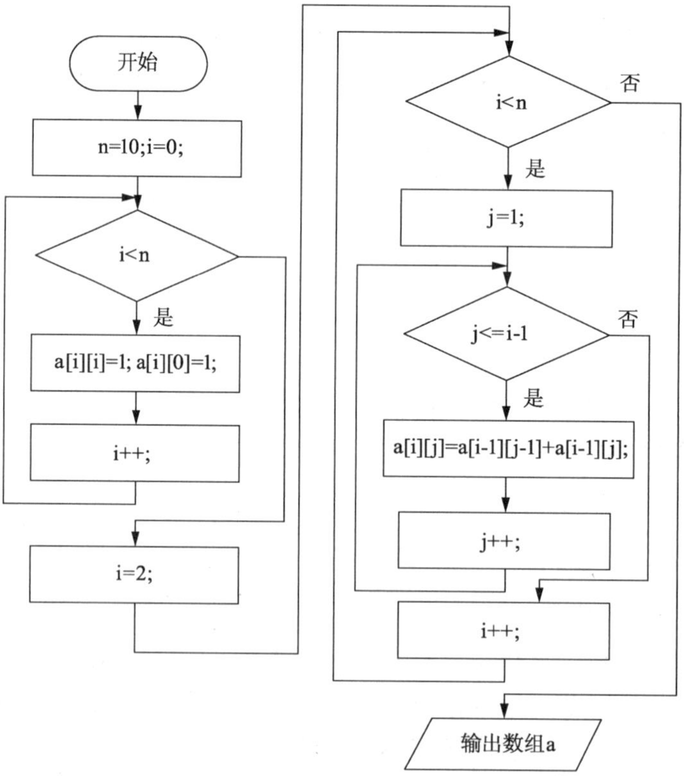

图 6-8　输出杨辉三角形

执行结果：

```
1
1    1
1    2    1
1    3    3    1
1    4    6    4    1
1    5    10   10   5    1
1    6    15   20   15   6    1
1    7    21   35   35   21   7    1
1    8    28   56   70   56   28   8    1
1    9    36   84   126  126  84   36   9    1
```

【例 6-12】　按照姓名对班上同学进行升序排序并输出，假设目前需要排序的人数为 6 人，名字分别如下：张三丰，李思平，王武法，马事顺，白启明，周凯旋。

【问题分析】　同学姓名一般由多个字符组成，可以用字符串表示，班级一般有多位同学，因此可以定义一个二维数组来存放多个字符串。前面已经学过冒泡法对一维数组排序，这里可以利用字符串函数 strcmp( ) 比较两个字符串大小，使用字符串函数 strcpy( ) 进行字符串复制，进而实现字符串排序。其流程图与图 5-3 类似，这里不再赘述。

程序代码：

```
#include <stdio.h>
int main( )
  {
    char xsname[6][10]={"张三丰","李思平","王武法","马事顺",
                        "白启明","周凯旋"};
    int n=6;
    int i,j;
    char t[10];
      printf("排序前的同学姓名为:\n");
    for(i=0;i< n;i++)
      printf("%s ",xsname[i]);
    for(i=0;i<n-1;i++)                  //排序：进行 5 次循环，实现 5 轮比较
      for(j=0;j<n-1-i;j++)              //在每一趟中进行 5-i 次比较
        if (strcmp(xsname[j],xsname[j+1])>0)   //相邻两个姓名进行比较
          {strcpy(t,xsname[j]);strcpy(xsname[j],xsname [j+1]);
           strcpy(xsname[j+1],t);}      //互换两个姓名字符串
    printf("\n 排序后的同学姓名为:\n");
    for(i=0;i<n;i++)
      printf("%s ",xsname[i]);
    return 0;
```

```
}
```

执行结果：

```
排序前的同学姓名为：
张三丰    李思平    王武法    马事顺    白启明    周凯旋
排序后的同学姓名为：
白启明    李思平    马事顺    王武法    张三丰    周凯旋
```

【本章小结】

本章介绍了利用数组来组织数据解决问题的方法。

数组是C语言程序设计中最常用的数据结构，组成数组的变量称为数组的元素，同一数组的各元素拥有相同的数据类型，其类型可以是C语言支持的基本数据类型或者构造类型。

最常用的数组是一维数组和二维数组，数组也可以是多维的。

数组必须先进行定义才能使用，即要先告知计算机要定义的数组名、数组元素的类型和元素的数量。

对数组元素的赋值可以使用多种方式：可以在定义数组的同时给数组元素赋值，也可以在程序中通过引用数组元素进行赋值。数组元素可以通过数组名称加下标进行访问，且只能引用数组元素，不能一次性引用整个数组的全部元素的值。

【考点提示】

（1）一维数组的定义和初始化方法。
（2）一维数组的访问：通过下标来访问，下标从0开始。
（3）一维数组在内容中的存储。
（4）二维数组的定义方式和初始化方法。
（5）二维数组的访问：通过下标来访问。
（6）二维数组在内存中的存储。
（7）常用的数组程序设计算法：元素遍历、最大值/最小值、排序、逆序存放等。
（8）字符数组的定义与初始化方法。
（9）C语言中的字符串的输入、存储、处理和输出方法。
（10）常用字符串处理函数（需要导入"string.h"）。

习题

1. 选择题

（1）在定义int a[6]；之后，对a的引用正确的是________。

A. a[6]　　B. a[6.3]　　C. a(3)　　D. a[6-5]

(2) 以下能正确定义数组并正确赋初值的语句是________。

A. int n=5,a[n][n];
B. int a[1][2]={{2},{3}};
C. inta[2][]={{1,2},{3,4}}
D. int a[3][2]={{1,2},{3,4}}

(3) 以下不能正确赋值的是________。

A. chars[10];s1="test";
B. char s[]={'t,''e','s','t'}
C. chars[10]= "test";
D. char s[4]={'t','e','s','t'}

(4) 下面程序段运行时输出结果是________。

```
char s[18]= "an apple! ";        //a 和 b 之间有一个空格
printf("%.5s",s);
```

A. an apple!
B. an apple!
C. an ap
D. 格式描述错误,无法输出

(5) 下面程序段运行时输出结果是________。

```
char s[12]= " let's go";        //s 和 g 之间有一个空格
printf("%d\n",strlen(s));
```

A. 16　　B. 8　　C. 9　　D. 7

(6) 在执行 int a[][4]={1,2,3,4,5,6,7,8};语句后,a[1][0]的值是________。

A. 5　　B. 1　　C. 8　　D. 4

2. 程序阅读题

(1) 以下程序的输出结果是________。

```
#include "stdio.h"
int main(){
   int a[5]={1,0,1,1,0},i;
   for(i=2;i<5;i++)
        a[i]+= a[i-1] + a[i-2];
   for(i=0;i<5;i++)
        printf("%d ",a[i]);
}
```

(2) 以下程序的输出结果是________。

```
#include "stdio.h"
int main(){
   int p[7]={11,13,14,15,16,17,18},i=0,k=0;
   while(i<7 && p[i]%2)
      { k=k+p[i]; i++;}
   printf("k=%d\n",k);
}
```

（3）以下程序的输出结果是________。

```
#include "stdio.h"
int main(){
   int a[3][3]={1,3,5,7,9,2,4,6,8};
   int sum=0,i,j;
   for (i=0;i<3;i++)
      for (j=0;j<3;j++)
         {a[i][j]=i+j;
            if (i==j)
               sum=sum+a[i][j];
         }
   printf("sum=%d",sum);
}
```

（4）以下程序的输出结果是________。

```
#include "stdio.h"
int main(){
   char ch[3][5]={ "AA","BB","CC"};
   printf("\"%s\"\n",ch[5-3]);
}
```

3. 程序设计题

（1）从键盘输入 10 个整形数据保存到数组中并输出，将数组中的数据逆序存放后再次输出。

（2）从键盘输入 8 位同学的数学和英语成绩并保存在数组中，输出每门功课的平均分和最高分，并输出平均成绩最高和最低的学生序号。

（3）从键盘输入 5 个城市的名称，并按照降序输出。

第 7 章 函数

前面章节介绍的例子中所有代码都写在一个 main 函数中,随着待解决的问题越来越复杂,处理过程的步骤越来越多,main 函数中的代码越来越长,快速读懂程序变得越来越难;就像一本书若所有的文字全部罗列在一起,不分章节和缺乏目录,这样肯定不便于读者去理解书中的知识。程序编码时有没有像书一样分章节并有一个目录呢?若有,在 C 语言中又该如何实现?带着这些问题,进行本章函数的学习。之前也做过介绍,C 语言是一种结构化程序设计语言,代码是按函数进行组织的,函数也是 C 语言最为关键的章节之一。等本章全面掌握后,就能找到哪些函数类似书的章节,哪些函数类似书的目录等。

为更好地学习本章内容,需预先掌握以下知识点:顺序结构程序设计、分支结构程序设计、循环结构程序设计、数组以及指针应用等内容。通过本章的学习,学生将掌握如下内容:掌握使用函数进行模块化程序设计的意义和方法,理解熟悉函数的定义、调用、声明,掌握函数的参数调用这一难点,理解变量的作用域、存储类型和生存期,了解使用内联函数和外部函数的意义与方法,了解 main 函数的参数应用等内容。

7.1 函数的引入

C 语言的程序由函数组成,函数是 C 语言程序的基本单位。事实上,C 语言程序可以只包含一个 main 函数;但如果要实现的功能比较复杂,从程序的模块化实现、代码重用性等因素考虑,应当定义并实现一些自定义函数。也就是说,一个 C 语言程序也可以包含一个 main 函数和若干个其他函数。

7.1.1 函数的优势

(1) 为什么要使用函数来组织代码呢?主要存在以下几方面的优势:

① 模块化程序设计方法。人们在求解一个复杂问题时,通常采用的是逐步分解、分而治之的方法,也就是把一个大问题分解成若干个比较容易求解的小问题,然后分别求解。程序员在设计一个复杂的应用程序时,往往把整个程序划分为若干功能较为单一的程序模块,然后分别予以实现,最后再把所有的程序模块像搭积木一样装配起来,这种在程序设计中分而治之的策略被称为模块化程序设计方法。在 C 语言中,函数是程序的基本组成单位,因此可以很方便地用函数作为程序模块来实现 C 语言程序。

② 程序的开发可以由多人分工协作完成。程序可划分为若干模块(函数),各个相对独立的模块(函数)可以由多人完成,每个人按照模块(函数)的功能要求、接口要求编制

代码、调试,确保每个模块(函数)的正确性。最后将所有模块(函数)合并,统一调试、运行。

③ 代码的重用性。使用函数可以重新利用已有的、调试好的、成熟的程序模块,缩小代码量。

④ 提高程序的易读性和可维护性。利用函数不仅可以实现程序的模块化,使程序设计得简单和直观,提高程序的易读性和可维护性,还可以把程序中普遍用到的一些计算或操作编成通用的函数,以供随时调用,这样可以大大地减轻程序员的代码工作量。

⑤ 控制变量的作用范围。变量在整个模块范围内全局有效,如果将一个程序全部写在 main( )函数内,可以想象,变量能在 main 函数内任何位置不加控制地被修改。如果发现变量的值(状态)有问题,程序员可能要在整个程序中查找对此变量进行修改之处,哪些操作会对此变量有影响。程序员有时改动了一个逻辑错误,一不留神又造成了新的问题,最后程序就会越改越乱。

总之,由于采用了函数模块式的结构,通过 C 语言中的函数方式实现结构化程序设计,程序的层次结构清晰,便于程序的编写、阅读、调试。

【例 7-1】 输入 2 个整数,求 2 个整数中的最大值并打印。

不使用自定义函数

```
#include <stdio.h>
int main()
{
   int i1,i2,imax;
   scanf("%d,%d",&i1,&i2);
   if(i1> i2)
      imax=i1;
   else
      imax=i2;
   printf("max=%d\n",imax);
   return 0;
}
```

使用函数

```
#include <stdio.h>
int max(int,int);
int main()
{
   int i1,i2, imax;
   scanf("%d,%d",&i1,&i2);
   imax=max(i1,i2);   //函数调用
   printf("max=%d\n",imax);
   return 0;
}
int max(int x,int y)   //定义子函数
{
   int m;
   if(x> y) m=x; else m=y;
   return m;
}
```

比较两种情况,可以看出它们实现同样功能,左边程序比较简单,也适合目前读者的思维方式,但是所有程序都混在一起,如果中间的运算更复杂些,那么这个程序就比较长,不方便理清头绪。再看右边程序,使用函数好像使程序更长了,但请思考以下问题:如果程序中要调用多次求 2 个数的最大值又会是什么情况呢?或求多个数的最大值呢?

如果程序的输入输出部分比较复杂,也可以进行进一步的模块化处理:主模块、输入模块、计算模块和输出模块。这样程序的结构化分明,方便分析、阅读和修改,也方便多人

分工合作完成。

【例 7-2】 一个使用多个函数的简单程序。

主函数部分

```
#include <stdio. h>
int max(int,int);
datainput();
dataoutput();
int main()
{
  inti1,i2,i3,imax;
  datainput();
  imax=max(i1,i2);
  dataoutput();
  return 0;
}
```

子函数部分

```
#include <stdio. h>
int max(int x,int y) //选择最大数子程序
{
  int m;
  if(x> y) m=x; else m=y;
    return m;
}
datainput() //输入子程序
{
  scanf("%d%d%d",& i1,& i2,& i3);
}
dataoutput() //输出子程序
{
  printf("max=%d\n ",imax);
}
```

7.1.2 函数的分类

在 C 语言中,可从不同的角度对函数进行分类。

① 从函数定义的角度看,函数可分为库函数和用户定义函数两种。

库函数:由 C 语言系统提供的,用户无须定义,也不必在程序中作类型说明,只需在程序前包含有该函数原型的头文件即可在程序中直接调用。在前面各章的例题中反复用到 printf、scanf、getchar、putchar 等函数均属此类。

用户定义函数:由用户按需要写的函数。对于用户自定义函数,不仅要在程序中定义函数本身,而且在主调函数模块中还必须对该被调函数进行类型说明,然后才能使用。

② C 语言的函数兼有其他语言中的函数和过程两种功能,从这个角度看,又可把函数分为有返回值函数和无返回值函数两种。

有返回值函数:此类函数被调用执行完后将向调用者返回一个执行结果,称为函数返回值,如数学函数即属于此类函数。由用户定义的这种要返回函数值的函数,必须在函数定义和函数说明中明确返回值的类型。

无返回值函数:此类函数用于完成某项特定的处理任务,执行完成后不向调用者返回函数值,这类函数类似于其他语言的过程。由于函数无须返回值,用户在定义此类函数时,可指定它的返回为“空类型”,空类型的说明符为 void。

③ 从主调函数和被调函数之间数据传送的角度看又可分为无参函数和有参函数两种。

无参函数:函数定义、函数说明及函数调用中均不带参数。主调函数和被调函数之间不进行参数传送。此类函数通常用来完成一组指定的功能,可以返回或不返回函数值。

有参函数：也称为带参函数。在函数定义及函数说明时都有参数，称为形式参数（简称为形参）。在函数调用时也必须给出参数，称为实际参数（简称为实参）。进行函数调用时，主调函数将把实参的值传送给形参，供被调函数使用。

7.2 函数定义的形式

7.2.1 函数定义的语法

在C语言中，函数需遵循“先定义，后调用”的原则。下面介绍函数定义的一般形式：

```
[函数类型] 函数名([函数参数类型 1  函数参数名 1][,…,函数参数类型 n，函数参数名 n])   —— 函数头
{
    [声明部分]  ┐
                ├—— 函数体
    [执行部分]  ┘
}
```

【说明】 ① 函数头：又称首部，完成对函数类型、函数名称及形式参数的说明。

函数类型：函数返回值的数据类型，可以是基本数据类型也可以是构造类型。如果省略，则默认为 int；如果不返回值，定义为 void 类型；如果有返回值，则函数的返回值需通过 return 语句返回。

函数名：给函数取的名字，以后即可用这个名字调用函数。函数名由用户命名，命名规则同标识符。

形式参数：函数名后面是参数表，无参函数是没有参数传递的，但“()”号不能省略，这是格式的规定。参数表说明参数的类型和形式参数的名称，各个形式参数用“，”分隔。

② 函数体：它是函数首部下用一对花括号括起来的部分。如果函数体内有多个花括号，最外层是函数体的范围。函数体一般包括声明部分、执行部分两部分。

声明部分：在这部分定义本函数所使用的变量和进行有关声明（如函数声明）。

执行部分：这是程序段，由若干条语句组成命令序列，语句中可以调用其他函数。

例如：一个求最大值的子函数。

```
int max(int x,int y)    //定义函数名,输入参数,输出参数,返回值
{
  int m;
  if (x> y) m=x; else m=y;
  return m;             //返回结果
}
```

【注意】 除主函数外,其他函数不能单独运行,函数可以被主函数或其他函数调用,也可以调用其他函数,但是不能调用主函数 main。

7.2.2 函数定义的位置

在 C 语言中,函数的定义与实现位置比较灵活,但函数不能嵌套定义,即一个函数的定义不能位于另一个函数的函数体中。常见的函数定义位置有以下几种:

① 被调用函数的定义与调用函数在同一文件中;

② 在同一文件中,被调用函数的定义在调用函数之前;

③ 在同一文件中,被调用函数的定义在调用函数之后;

④ 被调用函数的定义与调用函数不在同一文件中。

7.3 函数的参数和返回值

7.3.1 形式参数和实际参数

函数的参数分为两类:形式参数和实际参数。

形式参数:简称“形参”,它是在定义函数名和函数体时使用的参数,目的是接收调用该函数时传入的参数。形参出现在函数定义中,在整个函数体内都可以使用,离开该函数则不能使用。形参变量只有在被调用时才分配内存单元,在调用结束时即刻释放所分配的内存单元。因此,形参只有在函数内部有效。函数调用结束返回主调函数后则不能再使用该形参变量。

实际参数:简称“实参”,它是在调用时传递给被调函数的参数。实参出现在主调函数中,进入被调函数后,实参变量不能使用。

形参和实参的功能是进行数据传送。发生函数调用时,主调函数把实参的值传送给被调函数的形参,从而实现主调函数向被调函数的数据传送。实参可以是常量、变量、表达式、函数等,无论实参是何种类型的数据,在进行函数调用时它们都必须具有确定的值,以便把这些值传送给形参。因此,应预先用赋值、输入等方法使实参获得确定值。

【例 7-3】 一个使用子函数的例子。

```
#include <stdio.h>
int add(int a,int b)              //a 和 b 都是形式参数
{
  return a+b;                     //这里的 a,b 是采用就近原则
}
//主程序
int main()
{
  int n,a=1,b=2,c,d;              //这里的 a,b 在 add 函数中不起作用
  c=1;d=2;
```

```
11        n=add(c,d);                       //c,d 是实际参数
12        n=add(a,b);                       //a,b 是实际参数
13        printf("a=%d,b=%d,c=%d,d=%d,n=%d\n",a,b,c,d);
14        return 0;
15    }
```

程序的运行结果如下：

```
a=1,b=2,c=1,d=2,n=3
```

其中：第 2 行 int add(int a,int b)中的 a 和 b 都是形参；第 11 和 12 行中 a,b,c,d 是实参。函数定义时的参数可以和函数调用时的参数同名，即形参和实参重名不会冲突，因为形参的作用域在被调函数内有效，而实参的作用域在主调函数内有效，所以两者位于不同的作用域内，互不相关，如此例中的参数 a,b。

无参函数调用没有参数，但是“()”不能省略。有参函数若包含多个参数，各参数用“,”分隔，实参个数与形参个数应相同，类型一致或赋值兼容，并且顺序上要求一一对应，否则会发生类型不匹配的错误。函数调用中发生的数据传送是单向的，即只能把实参的值传送给形参，而不能把形参的值反向地传送给实参。因此，在函数调用过程中，形参的值发生改变，而实参中的值不会变化。

7.3.2 函数的返回值

函数的实际参数是调用者传递给函数的数据，供函数中的语句使用；函数被调用、执行后，需将执行结果反馈给调用者，函数返回值的功能就在于此，实现了一种不同函数间的数据传递机制，意义重大。与此同时，return 语句除了为主调函数传递返回值外，也结束被调函数的执行，返回主调程序继续执行。但需注意的是，return 语句至多返回一个值。

return 语句的格式：

```
return [表达式];
```

或

```
return (表达式);
```

【说明】 函数的类型就是返回值的类型，return 语句中表达式的类型应该与函数类型一致；若省略函数类型，则默认为 int；如果函数没有返回值，函数类型应当说明为 void 类型；return 语句在函数中不一定位于该函数的结尾，只要程序执行到 return 语句，函数就结束执行，即返回主调函数，其后面的代码不再执行。因此，在同一个函数中，可根据需要使用多个 return 语句。

7.4 函数的调用

7.4.1 函数调用的一般形式

函数调用的一般格式：

函数名(实参列表);

例如：

```
printf("max=%d",100);
```

7.4.2 函数调用的方式

按函数在程序中出现的位置来分，可以有以下3种函数调用方式：

(1) 函数表达式

函数作为表达式中的一项出现在表达式中：

```
z=max(x,y);
m=n+max(x,y);
```

(2) 函数语句

函数作为一个单独的语句：

```
printf("%d",a);
scanf("%d",&b);
```

(3) 函数参数

函数作为调用另一个函数时的实参：

```
printf("%d",max(x,y));
total(max(x,y), min(m,n));
```

7.4.3 对被调用函数的说明

函数定义和函数声明是完全不同的。函数定义包括函数头和函数体，它完整地定义了函数的输入输出和具体实现，函数定义一定包括一对大括号；而函数声明是为了编译的需要，它只有函数头。

声明和定义分开的方式可增强程序的可读性，并使结构更清晰。

7.4.3.1　函数声明的形式

在主调函数中调用某函数之前应对该被调函数进行声明，这与使用变量之前要先进行变量说明是一样的。在主调函数中对被调函数作说明的目的是使编译系统知道被调函数返回值的类型，以便在主调函数中按此种类型对返回值作相应的处理。

其一般形式为：

类型说明符　被调函数名(类型 形参，类型 形参，…)；

或

类型说明符　被调函数名(类型，类型，…)；

括号内给出了形参的类型和形参名，或只给出形参类型，这便于编译系统进行检错，以防止可能出现的语法错误。

例如，main 函数中对 add 函数的说明为：

```
int add(int a,int b);
```

或写为：

```
int add(int,int);
```

C 语言中又规定，在以下几种情况时可以省去主调函数中对被调函数的函数说明。

(1) 当被调函数的函数定义出现在主调函数之前时，在主调函数中也可以不对被调函数再作说明而直接调用。例如例题中，函数 add 的定义放在 main 函数之前，因此可在 main 函数中省去对 add 函数的函数说明 int add(int a,int b)。

(2) 如在所有函数定义之前，在函数外预先说明了各个函数的类型，则在以后的各主调函数中，可不再对被调函数作说明。

例如：

```
char str(int a);
float f(float b);
int main()
{
    …
}
char str(int a)
{
    …
}
float f(float b)
{
    …
}
```

程序第1,2行对函数 str 和函数 f 预先做了说明,因此在以后各函数中无需对函数 str 和 f 再作说明即可直接调用。

(3) 如果被调函数的返回值是整型或字符型时,可以不对被调函数作说明,而直接调用。这时系统将自动对被调函数返回值按整型处理。

(4) 对库函数的调用不需要再作说明,但必须把该函数的头文件用 include 命令包含在源文件前部。

7.4.3.2　函数声明的位置

在主调函数中调用某函数之前,应对该被调函数进行定义或声明。下面总结声明的几种情况:

(1) 若函数调用和函数定义在同一文件中,且函数定义在函数调用前,则函数定义的同时也就起到了函数声明的作用,无须再次声明。

(2) 如果函数定义在函数调用后,那么在函数调用前必须先声明,才能使用。

【例 7-4】　一个函数声明的简单例子。

```
#include <stdio.h>
#include "math.h"                          //sqrt 函数在此头文件中声明的
float Square(float f);                     //声明函数
float GetBevel(float a, float b)        //函数定义在其被调用之前,无须再做声明
{
   return sqrt(Square(a)+ Square(b));//求两个直角边长度对应的斜边长度
}
int main()
{
   printf("%f\n",Square(1.5));          //调用函数,并输出结果
   printf("%f\n",GetBevel(3,4));        //调用函数,并输出结果
   return 0;
}
float Square(float f)
{
   return f * f;
}
```

程序的运行结果如下:

```
2.250000
5.000000
```

【程序分析】　本例中 Square 函数的声明位于文件的起始位置,这样从该声明的位置到文件结束中的任何函数中都可以调用 Square 函数,GetBevel 函数和 main 函数中都调用了 Square 的语句。此外,也可以将此声明包含于主调函数内部。在调用一个函数时,如果前面的代码没有函数定义或声明,将会导致编译出错。

【注意】 函数定义和函数声明是完全不同的两个概念。函数定义包括函数头和函数体,完整地定义了函数的输入输出和具体实现;而函数声明是为了编译的需要,仅包含函数头和分号。

7.4.4 函数的嵌套调用

在 C 语言中,函数被调用时包含对其他函数的调用,此时称为嵌套调用;如函数 1 调用函数 2,函数 2 又调用函数 3,等等。函数之间是没有从属关系的,一个函数可以被其他函数调用,同时该函数也可以调用其他函数。

【例 7-5】 一个函数间嵌套调用的例子。

```
#include <stdio.h>
void fun1( );                    //fun1 函数声明
void fun2( );                    //fun2 函数声明
void fun3( );                    //fun3 函数声明
int main( )                      //主函数
{
  printf ("我是在主函数中\n");
  fun1( );                       //调用函数 fun1
  printf ("我最后返回到主函数\n");
  return 0;
}
void fun1( )                     //fun1 函数定义
{
  printf("我是在第一层 fun1 函数中\n");
  fun2( );                       //在 fun1 函数中调用 fun2 函数
  printf("我返回到了 fun1 函数中\n");
}
void fun2( )                     //fun2 函数定义
{
  printf("我现在 fun2 函数中\n");
  fun3( );                       //在 fun2 函数中调用 fun3 函数
  printf("我现在返回到 fun2 函数中\n");
}
void fun3( )                     //fun3 函数定义
{
  printf("我现在在 fun3 函数中\n");
}
```

程序的运行结果如下：

```
我是在主函数中
我是在第一层fun1函数中
我现在fun2函数中
我现在在fun3函数中
我现在返回到fun2函数中
我返回到了fun1函数中
我最后返回到主函数
```

在此例中，main 函数首先调用了 fun1，函数 fun1 中又调用了函数 fun2，函数 fun2 中又调用了函数 fun3。整个程序中函数的嵌套调用过程如图 7-1 所示。

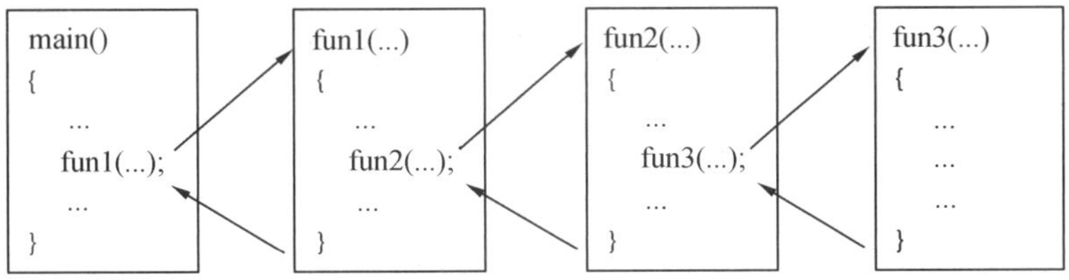

图 7-1　函数嵌套调用过程

7.5　函数的递归调用

此时出现了一个问题：C 语言中允许函数自己调用自己吗？回答是肯定的。在 C 语言中是允许函数自己调用自己的，并且习惯上将此类特殊的函数嵌套调用称为函数的递归调用。函数的递归调用是指在调用一个函数的过程中，函数的某些语句又直接或间接的调用函数本身，这就形成了函数的递归调用。直接递归调用的例子如下：

```
func(…)
{
    …
    func(…)
    …                    //具有一个判断终止调用
}
```

在 func 内部的某条语句又调用了 func 函数本身，构成了直接递归调用。

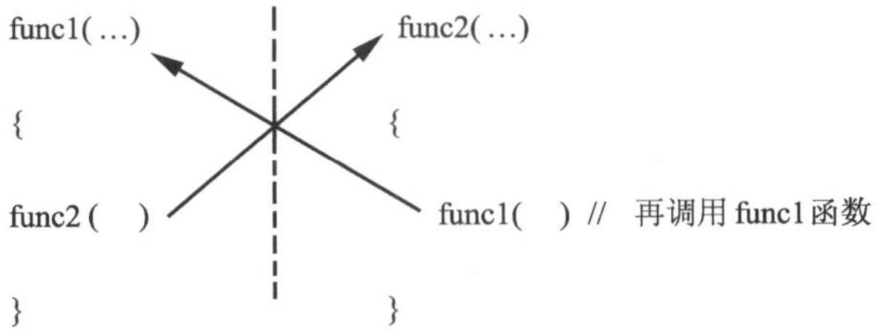

func1 函数内部的某条语句调用了 func2，而 func2 函数的某条语句又调用了 func1，构

成了间接递归调用。

在递归调用中，调用函数又是被调用函数，执行递归函数将反复调用其自身。每调用一次就进入新的一层。不论是直接递归还是间接递归，递归都形成了调用的回路。为了防止递归调用无终止地进行，必须在函数内有终止递归调用的手段。常用的办法是加条件判断，满足某种条件后就不再进行递归调用，然后逐层返回。

递归调用过程分为两个阶段：

① 递推阶段：将原问题不断地分解为新的子问题，逐渐从未知的方向向已知的方向推测，最终达到已知的条件，即递归结束条件，这时递推阶段结束。

② 回归阶段：从已知条件出发，按照“递推”的逆过程，逐一求值回归，最终到达“递推”的开始处，结束回归阶段，完成递归调用。

递推阶段和回归阶段的过渡就是递归结束条件的满足。

下面通过一个简单的例子来解释递推调用的过程。

【例 7-6】 有 5 个小树在一起，

问第 5 个小树多少岁？它说比第 4 个小树大 2 岁。

问第 4 个小树多少岁？它说比第 3 个小树大 2 岁。

问第 3 个小树多少岁？说比第 2 个小树大 2 岁。

问第 2 个小树多少岁？说比第 1 个小树大 2 岁。

最后问第 1 个小树多少岁？它说是 10 岁。

请问第 5 个小树多大？

【问题分析】 这是一个解释递推过程的好例子，计算过程如图 7-2 所示，流程图如图 7-3 所示。

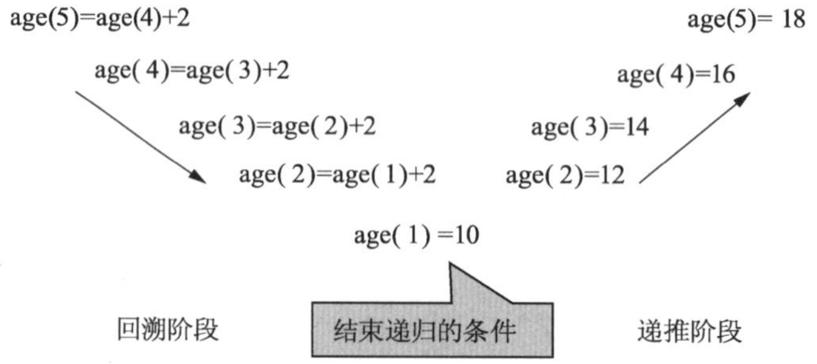

图 7-2　递归过程

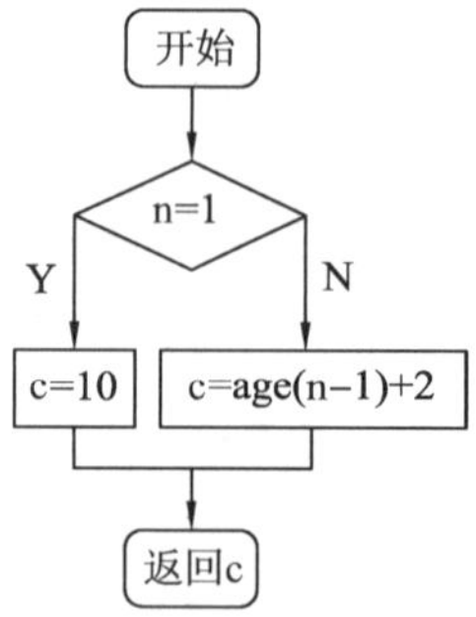

图 7-3　递推函数流程图

可以归纳出如下的递推计算公式：

$$\begin{cases} age(n) = age(n-1)+2 & (n>1) \\ age(1) = 10 & (n=1) \end{cases}$$

程序的源代码如下：

```
#include <stdio. h>
int main( )
{
   int age(int n);          //声明年龄推算函数
   int iAge;
   iAge=age(5);             //调用年龄推算函数
   printf("NO. 5,age:%d\n", iAge);
                            //输出最后的年龄结果
   return 0;
}
int age(int n)              //定义年龄推算函数
{
   int c;
   if (n==1) c=10;          //若推算到第一个小树,那么给出其年龄 10 岁
   else c=age(n-1)+2;       //若推算到不是第一个小树,那么给出计算公式
   return c;                //返回本次推算结果
}
```

程序的运行结果如下：

```
NO.5,age:18
```

【例 7-7】 用递归方法求 n!。

【问题分析】 求 n! 可以用递推方法,即从 1 开始,乘 2,再乘 3,…,一直乘到 n。这种方法容易理解,也容易实现。递推法的特点是从一个已知的事实出发,按一定规律推出一个事实,再从这个新的已知的事实出发,再向下推出一个新的事实……这是和递归不同的。

求 n! 也可以用递归方法,即 5! 等于 4! ×5,而 4! =3! ×4……1! =1。可用下面的递归公式表示：

$$n! \begin{cases} 1 & n=0,1 \\ n\cdot(n-1)! & n>1 \end{cases}$$

程序的源代码如下：

```
#include <stdio.h>
   float fac(int n);
int main( )
```

```
{
    int n;
    float y;
    printf("input an integer number:");
    scanf("%d", &n);
    y=fac(n);
    printf("%d!=%10.0f\n",n,y);
    return 0;
}
float fac(int n)
    {
    float f;
    if(n<0)
        {
    printf("n<0,dataerror!");
        }else
            if(n==0||n==1)
                f=1;
            else
                f=fac(n-1)*n;
return(f);
}
```

程序的运行结果如下：

```
input an integer number:5
5!=        120
Press any key to continue
```

7.6 数组作为函数的参数

之前已学过一种重要的构造数据类型数组，在编程过程中，会经常遇到数组和函数配合使用的问题，下面就围绕数组与函数中参数传递问题进行讲解。

数组用作函数参数有两种形式：一种是把数组元素作为实参使用；另一种是把数组名作为函数的形参和实参使用。

（1）数组元素作为函数实参

数组元素作为参数时，它只能作为实参，与普通变量无差别。当发生函数调用时，把作为实参的数组元素的值传送给形参，以值传递方式传送数据，此时函数的相对应形参需与此数组元素的类型一致。

【例 7-8】　判别一个整数数组中各元素的值;若大于 0,则输出该值;若小于或等于 0,则输出 0 值。程序代码如下:

```
#include <stdio. h>
void nzp(int v)
{
   if(v>0)
      printf("%d ",v);
   else
      printf("%d ",0);
}
int main()
{
   inta[5],i;
   printf("input 5 numbers\n");
   for(i=0;i<5;i++)
   {
      scanf("%d",&a[i]);
      nzp(a[i]);
   }
   printf("\n");
   return 0;
}
```

程序的运行结果如下:

```
input 5 numbers
-1 3 4 -3 5
0 3 4 0 5
```

【程序分析】　本程序中首先定义了一个无返回值函数 nzp,并说明其形参 v 为整型变量。在函数体中根据 v 值输出相应的结果。在 main 函数中用一个 for 语句输入数组各元素,每输入一个就以该元素作实参调用一次 nzp 函数,即把 a[i]的值传送给形参 v,供 nzp 函数使用。

(2) 数组名作为函数参数

由于数组名就是数组的首地址,因此用数组名作函数参数实际上就是地址传递。(将在第 8 章进行详细分析)

【例 7-9】　数组 a 中存放了一个学生 5 门课程的成绩,求该学生的平均成绩。

```
#include <stdio. h>
float aver(float a[5])
{
```

```
    int i;
    float fAver,s=a[0];
    for (i=1;i< 5;i++)
      s=s+a[i];
    fAver=s/5;
    return fAver;
}
int main( )
{
    float b[5],av;
    int i;
    printf("\ninput 5 scores:\n");
    for (i=0;i< 5;i++)
      scanf("%f",&b[i]);
    av=aver(b);
    printf("average score is %5.2f\n",av);
    return 0;
}
```

程序的运行结果如下：

```
input 5 scores:
4 5 6 3 1
average score is  3.80
```

【程序分析】 本程序首先定义了一个实型函数 aver，它有一个形参为实型数组 a，长度为 5。函数 aver 把各元素值相加求出平均值，并返回给主函数。主函数 main 中首先完成数组 b 的输入，然后以 b 作为实参调用 aver 函数，函数返回值送给 fAver，最后输出 fAver 值。从运行情况可以看出，程序实现了所要求的功能。

7.7 数据存储类别

在学习第 1 章的变量时已详细介绍了变量的三大基本属性，即变量名、变量地址和变量的值。其实变量还有其他重要的属性，如变量的作用域、存储类型和生存期等。变量是用来存放数据的，其作用不言而喻，因此灵活掌握变量的各种属性，有助于编写高效的程序代码。

一个 C 语言源程序经编译和链接后生成可执行程序文件，要执行该程序，系统须为程序分配存储空间，并将程序装入所分配的存储空间内。一个程序在内存中占用的存储空间可分为 3 个部分：程序区、静态存储区和动态存储区。程序区用来存放可执行程序的程序代码；静态存储区用来存放静态变量；动态存储区用于存放动态变量。

在程序执行过程中为其分配存储空间的变量，称为动态存储类型变量，简称动态变量。动态变量是在定义变量时才为其分配存储空间的，执行到该变量的作用域的结束处时，系统就收回为该变量分配的存储空间。

在程序开始执行时系统自动就为变量分配存储空间，直到程序执行结束时，才收回为变量分配的存储空间，这种变量称为静态存储类型变量，简称静态变量。

在程序执行的整个过程中，静态变量一直占用为其分配的存储空间，而不考虑其是否处在变量的作用域内。

变量的定义格式如下：

<存储类型> <类型> <变量名表>;

在该变量定义中用到存储类型，事实上变量的存储类型是对变量作用域、存储空间、生存期的规定。在 C 语言中，变量的存储类型分为 4 种：自动类型（auto）、寄存器类型（register）、外部类型（extern）、静态类型（static）。这 4 种类型说明的变量分别称为自动变量、寄存器变量、外部变量与静态变量。

7.7.1　自动变量

自动变量的说明格式如下：

auto <类型>　<变量名表>;

例如：

```
auto int a,b=3;          //自动变量 a 与 b,其类型为整型
```

在函数内定义的局部变量默认是自动的，被分配在内存的动态存储区中。

【例 7-10】　一个自动变量的例子。

```
#include <stdio.h>
int main()
{
   int x=5, y=10;
   for( int k=1; k<=2; k++)
   {
      auto int m=0, n=0;
      m=m+1;
      n=n+x+y;
      printf("m=%d,n=%d",m,n);
   }
   return 0;
}
```

程序的运行结果如下：

```
m=1,n=15
m=1,n=15
```

【程序分析】 在程序第 7 行与第 10 行之间定义了一个块(即 for 语句的循环体),在循环体内定义了自动变量 m 和 n,它们的作用域为从第 7 行到第 10 行。程序执行到第 7 行时,系统为 m 和 n 动态分配内存空间,到第 10 行收回为 m 和 n 动态分配的内存空间。for 语句循环两次,则系统两次为 m 和 n 分配存储空间,并两次回收存储空间。因此,m 和 n 的值并没有进行累加,均从初值 0 开始。

7.7.2 寄存器变量

用寄存器类型关键词 register 说明的变量称为寄存器变量,属于动态局部变量。这类变量由于受 CPU 硬件条件的限制,数量很少,但存取速度很快。寄存器变量的说明格式如下：

```
register <类型>    <变量名表>;
```

例如：

```
register int a,b=3;        //寄存器变量 a 与 b,其数据类型为整型
```

7.7.3 外部变量

用外部类型关键词 extern 说明的全局变量称为外部变量,说明格式如下：

```
extern <类型>  <变量名表>;
```

例如：

```
extern int a, b;        //外部变量 a 和 b,其数据类型为整型
```

【例 7-11】 一个使用外部变量的例子。

```
#include <stdio.h>
int max(int x,int y);
extern int a=6, b=5;              //说明外部变量 a 和 b
int main()
{
   int c;
   c =max(a, b);                  //在主函数中使用外部变量 a 和 b
   printf("max=%d",c);
   return 0;
}
int max(int x, int y)
```

```
{
    printf("a=%d,b=%d",a,b)      //在函数 max()中使用外部变量 a 和 b
    return x > y ? x : y;
}
```

程序的运行结果如下：

```
a=6,b=5
max=6
```

7.4.4 静态变量

用静态类型关键词 static 说明的变量称为静态变量，说明格式如下：

```
static   <类型><变量名表>;
```

例如：

```
static int a,b=8;      //a 和 b 为静态整型变量
```

static 变量在内存的静态存储区占用固定的内存单元，即使它所在的函数调用结束，也不释放存储单元，它所在单元的值会继续保留，即 static 变量不会重新分配内存及初始化。

【例 7-12】 一个使用静态变量的例子。

```
#include <stdio.h>
void f(int x, int y);
int main()
{
    inti=5, j=10, k;
    for (k=1; k<=3; k++ )
        f(i,j);
    return 0;
}
void f(int x,int y)
{
    int m=0;                          //定义自动变量 m
    static int n=0;                   //定义静态变量 n
    m=m+x+y;                          //使用自动变量 m 求和
    n=n+x+y;                          //使用静态变量 n 求和
    printf("m=%d,n=%d",m,n);
}
```

程序的运行结果如下：

```
m=15,n=15
m=15,n=30
m=15,n=45
```

【程序分析】 在函数 f( )中定义了静态变量 n，在程序开始执行时即为静态变量 n 分配存储空间，当调用函数 f( )结束后，系统并不收回变量 n 所占用的存储空间，当再次调用函数 f( )时，变量 n 仍使用相同的存储空间。因此，每次循环调用 f( )时，表达式“n=n+x+y”均对 n 进行累加，使每次调用 f( )后，n 都增加 15。

7.8 编译预处理

C 语言提供编译预处理功能，这正是与其他高级语言的一个重要区别。这些预处理命令(perprocessor directives)是由 ANSI C 规范统一规定的，它们不是 C 语言本身的组成部分，编译器不能识别它们，因此不能直接对它们进行编译处理。在对源程序进行通常的编译(包括词法分析、语法分析、代码生成、优化处理等)之前，需要对这些特殊的命令进行“预处理”。如前面用过的“#include<stdio. h>”命令，预处理时，将 stdio. h 文件中的实际内容插入该语句所在位置，替换#include <stdio. h>语句。

源程序经过预处理以后，就不再包含预处理命令了，然后再用编译程序对预处理后的源程序进行编译处理，就可以得到可运行的目标代码。现在使用的大多数 C 语言编译系统都集成了预处理、编译、连接等功能，在进行编译时一次完成所有的处理工作。

认识了预处理和编译的区别，能够更好地使用预处理命令。C 语言提供的预处理功能包括 3 种：宏定义、文件包含、条件编译。

为了区别于一般的 C 语句，这些命令需要以符号“#”开头。

7.8.1 宏定义

(1) 无参数宏定义

无参数宏定义的作用是用一个指定的标识符代表一个字符串，格式如下：

    #define 标识符　字符串

例如：

```
# define PI 3. 1415926
```

其作用是在本源程序文件中用标识符 PI 代表字符串“3. 1415926”。在对源程序进行编译预处理时，从本条宏定义命令的位置开始，查找标识符 PI，找到后用“3. 1415926”这个字符串(不带双引号)替换掉 PI。这个标识符 PI 称为“宏名”，用一个简单的便于记忆的名字，代表一个复杂的或长的字符串，可以简化编程工作。

在编译时将宏名替换成字符串的过程称为“宏展开”。

(2) 带参数宏定义

带参数的宏定义不是简单的字符串替换，而是要进行参数替换。其定义的形式如下：

```
# define W(a , b) a*b
    …
s=W(2, 4);
```

宏替换时会把 W(2, 4)替换为 2*4,即从左向右参数 2 替换字符 a,参数 4 替换字符 b,其他字符不变,替换后的语句如下:

```
s=2*4 ;
```

【例 7-13】 使用带参数的宏。

```
#include <stdio.h>
# define   PI    3.1415926
# define   S(a)    PI*a*a
void main( )
{   float s , r;
    printf( "Please input a radius:" );
    scanf( "%f" ,   &r);
    s=S(r) ;
    printf( "s=%f;   r=%f\n" , s , r );
}
```

如果程序执行时输入 3.0,赋值语句“s = S(r);”会被替换为:“s = 3.1415926 * 3.0 * 3.0;”。

【说明】

① 对带参数的宏展开时,只是将语句中的宏名后面括号内的实参字符串,替换#define命令中相应的形参。注意替换后的形式可能不是你所要的结果,例如:

```
# define S(a) PI*a*a
s=S(r+r);
```

替换后为:

```
s=3.1415926*r+r*r+r ;
```

这不是我们想要的结果。我们所要的结果为:

```
s=3.1415926*( r+r )*( r+r );
```

所以宏定义需要改为:

```
#define   S(a)   PI*(a)*(a)
```

② 宏定义时,宏名与参数之间不要加空格,否则宏名后的空格以后的字符串会作为一个整体替换。

③ 带参数的宏与函数不同,主要有以下区别:

函数调用时,先求实参的值,然后代入形参。带参数的宏只是进行简单的字符替换。例如上面的S(r+r),宏展开时不会求r+r的值,只是用字符串r+r替换形参a。

函数调用是在程序运行时进行处理,为形参分配内存空间;而宏展开是在编译前的预处理阶段执行,在宏展开时并不分配内存空间。

函数中的实参和形参都要先定义类型,形参和实参的类型要一致或兼容。宏没有类型,其参数也没有类型,宏没有值的传递,也不返回值。

④ 使用宏的次数越多,宏展开后的源程序越长,函数调用不会使源程序变长。

⑤ 宏替换不占运行时间,只占编译时间。函数调用占用运行时间。

7.8.2 文件包含

文件包含是指一个源文件可以包含另一个源文件的全部内容,这样就可以使用另一个源文件中定义的全部变量、函数、类型等,从而减少编程和调试的工作量。C语言使用#include命令来实现文件包含,其一般形式如下:

```
#include<被包含的文件名>
```

或

```
#include"被包含的文件名"
```

如图7-4所示,图7-4a是f1. c,它有一个包含文件#include<f2. c>,还有其他内容用A表示。图7-4b图是f2. c,内容用B表示。编译预处理时,#include<f2. c>会被处理,即将f2. c的内容插入f1. c中替换#include <f2. c>这一行。编译f1. c文件时,f1. c的内容如图7-4c所示。

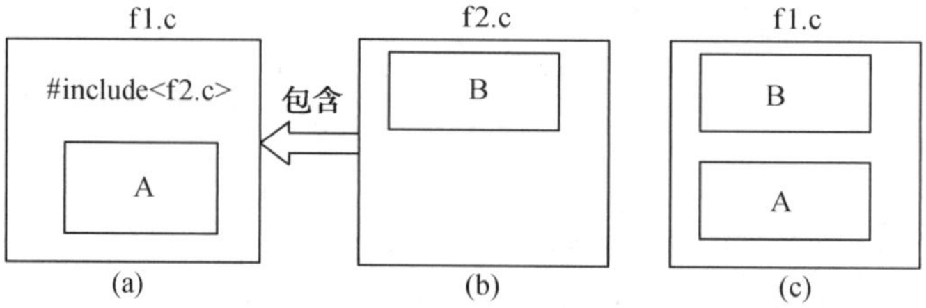

图7-4 #include<f2. c>的作用

编程时使用“文件包含”命令,可以使用别人已经编写调试好的代码(文件),这样可以减少重复劳动,提供工作效率,这是代码复用的一种手段。前面章节的程序使用的#include <stdio. h>等都是文件包含的例子。

【说明】

① 一个#include 命令只能包含一个文件，如果要包含 n 个文件，需要 n 个#include 命令。

② 采用尖括号方式(#include<file1. h>)，系统到存放 C 库函数头文件的目录中寻找要包含的文件，称为标准方式。如果要包含的文件是系统库文件，一般采用这种方式。

采用双撇号的方式(#include" file1. h")，系统先在用户当前目录中查找要包含的文件，如果找不到，再按标准方式查找。如果要包含的文件是用户自定义的文件，采用这种方式。对于要包含的文件不在用户当前目录下，双撇号内可以包含路径，例如：

```
#include"d:\jack\ file3. c"
```

③ 如果一个被包含的文件里还包含其他文件，如例 f1. c 中包含 f2. c，f2. c 中包含 f3. c，可以采用以下两种包含方式：第一种方式如图 7-5 所示，f1. c 中包含 f2. c，f2. c 中包含 f3. c；第二种方式如图 7-6 所示，f1. c 中包含 f3. c 和 f2. c(注意包含的顺序)，f2. c 中不再包含 f3. c。

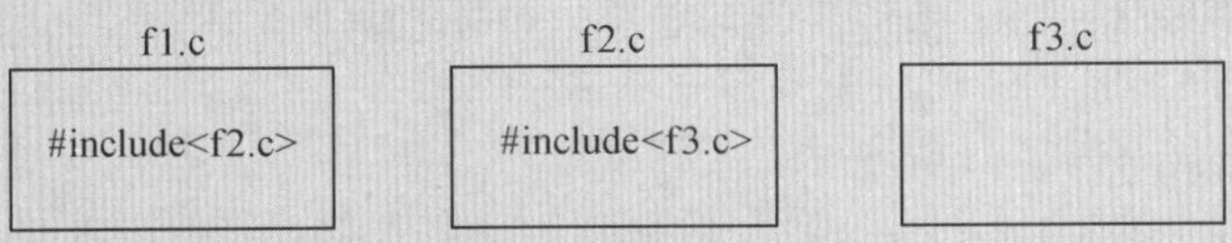

图 7-5　尖括号方式

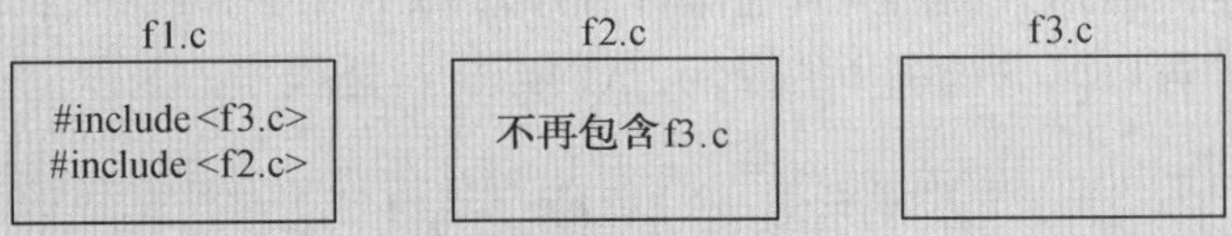

图 7-6　双撇号的方式

④ 被包含的文件 f2. c 与其所在的文件(f1. c)的其他内容，在预编译后会成为同一个文件，文件名是 f1. c。

7. 8. 3　条件编译

把源程序编译成可执行文件时，一般是把所有的行都进行编译，但有时候为了调试等目的需要，只编译源程序的某一部分。当满足某一条件时编译某一部分，不满足时条件时编译另一部分，这就是条件编译。

条件编译的形式有以下几种：

(1) 第一种形式

```
# ifdef   标识符
    程序段 1
```

```
# else
    程序段 2
# endif
```

作用是如果指定的标识符已经用#define 定义,则编译程序段 1,否则编译程序段 2。其中#else 部分可以没有。

（2）第二种形式

```
# ifndef  标识符
    程序段 1
# else
    程序段 2
# endif
```

作用是如果没有定义指定的标识符,则编译程序段 1,否则编译程序段 2。这种形式与第一种形式的作用相反。其中 else 部分可以没有。

（3）第三种形式

```
# if 表达式
    程序段 1
# else
    程序段 2
# endif
```

作用是当指定的表达式的值为真时编译程序段 1,否则编译程序段 2。

采用条件编译可以减少被编译的语句,从而减少目标程序的长度。

7.9 程序举例

【例 7-14】 计算 $S=1^k+2^k+3^k+\cdots+n^k$。

【问题分析】 通过分析题意,可分解成三个主要部分:

（1）编写一个计算 n 的 k 次方函数 f1;

（2）编写一个计算 1 到 n 的 k 次方之累加和的函数 f2;

（3）编写主函数 main。

程序的源代码如下:

```
#include <stdio.h>
long  f1(int n,int k)
{
  long power=n;
  int i;                          /*计算 n 的 k 次方函数*/
  for(i=1;i<k;i++)  power *=n;
```

```
    return power;
}

long  f2(int n,int k)
{
    long sum=0;
    int i;                      /*计算 1 到 n 的 k 次方之累加和函数*/
    for(i=1;i<=n;i++)
        sum += f1(i, k);
    return sum;
}
int main()                      /*调用计算 n 的 k 次方函数*/
{
    int k,n;
    printf("Please input integers k,n=");
    scanf("%d%d",&k,&n);
    printf("Sum of %d powers of integers from 1 to %d = ",k,n);
    printf("%d\n",f2(n,k));/*调用函数(计算 1 到 n 的 k 次方之累加和)*/
    getchar();
    return 0;
}
```

程序的运行结果如下：

```
Please input integers k,n=4 5
Sum of 4 powers of integers from 1 to 5 = 979
```

【程序分析】 本例中一共有三个函数：main 函数、f1 函数和 f2 函数。其中 f1 函数实现 n 的 k 次方计算，f2 函数通过调用 f1 函数实现 1 到 n 的 k 次方和的计算；main 函数完成计算参数的输入，并调用 f2 函数实现计算。

【本章小结】

主要介绍了 C 语言中的函数定义、调用和声明，调用函数和被调用函数之间的数据传递，数组作为函数参数及返回值，变量的作用域、存储类型和生存期，main 函数中的参数等内容。本章需要重点领会的是真正理解模块化程序设计的思想，切实掌握模块化程序设计的方法，从实践中锻炼模块化分析解决问题的思维能力，函数的嵌套调用和递归调用函数之间的数据传递，数组作为函数参数，变量的作用域等。

【考点提示】

在计算机二级等级考试中，本章主要出题方向及考察点主要如下：① 程序的构成，main 函数和其他函数，库函数的正确调用；② 函数的定义方法，函数的类型和返回值，形式参数与实在参数，参数值传递；③ 函数的正确调用、嵌套调用、递归调用；④ 局部变量和全局变量；⑤ 变量的存储类别（自动、静态、寄存器、外部），变量的作用域和生存期等；⑥ 编译预处理的基本形式与方法。

习题

1. 填空题

（1）以下函数调用语句中，含有的实参个数是________。

```
func((exp1,exp2),(exp3,exp4,exp5));
```

（2）以下程序的输出结果是________。

```
#include <stdio.h>
int func(int  a,int  b)
{
   int  c;
   c=a+b;
   return  c;
}
int main()
{
   int  x=6,y=7,z=8,r=0;
   r=func((x--,y++,x+y),z--);
   printf("%d\n",r);
   return 0;
}
```

（3）以下程序的输出结果是________。

```
#include <stdio.h>
void func(int  a, int  b, int  c)
{  c=a*b; }
int main()
{
   int  c=0;
   func(2,3,c);
```

```
    printf("%d\n",c);
    return 0;
}
```

(4) 以下程序的输出结果是________。

```
#include <stdio.h>
double f(int n)
{
    int  i;
    double  s;
    s=1.0;
    for(i=1;i<=n;i++)  s+=1.0/i;
    return s;
}
int main()
{
    int  i,m=3;float  a=0.0;
    for(i=0;i<m;i++) a+=f(i);printf("%f\n",a);
    return 0;
}
```

(5) 以下程序段的输出结果是________。

```
#include <stdio.h>
int fun2(int a,int b)
{
    int  c;
    c=a*b%3;
    return  c;
}
int fun1(int a,int b)
{
    int  c;
    a+=a;b+=b;
    c=fun2(a,b);
    return  c*c;
}
void main()
{
    int x=11,y=19;
```

```
    printf("%d\n",fun1(x,y));
}
```

(6) 以下程序的输出结果是________。

```
#include <stdio.h>
unsigned fun6(unsigned num)
{
    unsigned k=1;
    do
    { k *=num%10;num/=10;}
    while(num);
    return k;
}
void main()
{
    unsigned n=26;
    printf("%d\n",fun6(n));
}
```

7.以下程序的输出结果是________。

```
#include <stdio.h>
double sub(double x,double y,double z)
{
    y-=1.0;
    z=z+x;
    return z;
}
void main()
{
    double a=2.5,b=9.0;
    printf("%f\n",sub(b-a,a,a));
}
```

2. 编程题

(1) 输入 10 个整数,将其中最小的数与第一个数对换,把最大的数与最后一个数对换。要求写三个函数来完成。具体要求:第一个函数完成输入 10 个整数的函数;第二个函数是完成进行对换处理的函数;第三个函数是完成输出 10 个整数的函数。

(2) 编写一个判断奇偶数的函数,要求在主函数中输入一个整数,通过被调用函数输出该数是奇数还是偶数的信息。

（3）已有变量定义和函数调用语句:int a=1,b=-5,c; c=fun(a,b);fun 函数的作用是计算两个数之差的绝对值,并将差值返回调用函数,请编写程序。

（4）采用递归方法,编程求 n!。

（5）采用选择方法,编程实现对数组中 10 个整数按由小到大排序。

第8章 指针

指针是C语言知识体系中较为灵活，同时也是较难理解和掌握的一部分内容。学习C语言，如果不能熟练掌握指针的使用，就意味着没有掌握C语言的精髓。规范地使用指针，可以使程序简单明了，使程序更加高效。相反，如果对指针理解不够透彻，不能够正确、规范地使用，则会给程序带来问题和隐患。指针变量、地址、数组及这三者的关联是C语言中最有特色的部分，本章将会对这三者之间的关系及它们的联合使用进行深入讲解。

8.1 指针及指针变量

(1)指针及指针变量的定义

在计算机中，所有需要使用和处理的数据都存放在内存中。一般把内存中的一个字节称为一个内存单元，不同数据类型所占用的内存单元数不等，如在VC中整型数据占4个字节、字符型数据占1个字节等。为了正确地访问和使用这些内存单元，必须为每个内存单元编号，根据一个内存单元的编号即可准确地找到该内存单元，进而对该内存单元进行访问，内存单元的编号也叫作地址，通常也把这个地址称为指针。C语言中主要通过变量和数组等对数据进行处理，其中变量是数据最常见的表现形式。变量在计算机内占有一块存贮区域(几个内存单元)，变量的值就存放在这块区域之中。在计算机内部，通过访问或修改这块区域中的内容来访问或修改相应的变量，也即使用或修改变量对应存储区域中的保存的值。C语言中，对于变量的访问形式之一是先求出变量的地址，然后再通过地址对它进行访问，也就是这里所要讨论的指针及指针所指向的变量。

严格地说，一个指针就是指一个地址，是一个正整数常量。而一个指针变量却可以被赋予不同的指针值或地址常量，因此，指针变量是一类存放特殊数据的变量。但常把指针变量简称为指针。为避免产生混淆，本书作如下约定：

①“指针”是指变量的地址，是常量；

②“指针变量”是指取值为地址的变量。

使用指针变量的目的是通过指针去访问相关的内存单元内容。

变量的指针实际上是变量的地址。变量的地址虽然在取值上是整数，但在概念上不同于以前介绍过的整型数据，而是一种新的数据类型，即指针类型。可以这样理解：

① 变量都具有变量名，通过变量名使用变量，可以对变量中保存的值进行操作；

② 指针是变量的地址，不能直接通过指针访问变量的值。

指针是通过指针变量来使用的，而所谓的指针变量就是指可以保存另外一个变量的地址的一种特殊类型的变量。通常把指针变量中保存的地址所对应的变量称为指针变量

指向的变量。某一变量的地址可以通过取地址运算符得到,见图 8-1 和以下代码:

```
int  x=2;
int  *px;
px=&x;
```

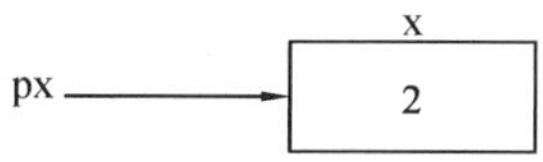

图 8-1　指针与变量

通过变量名直接访问变量值的方式,称为直接访问方式,如 x=2;而通过指针变量间接的访问某一变量值的方式,称为间接访问方式,如 *px=2。

(2) 指针变量的基类型

定义指针变量的格式如下:

类型标识符　*标识符;

其中,标识符是指针变量的名称,标识符前加了"*"号,表示该变量是指针变量,而最前面的类型标识符表示该指针变量所指向变量的类型,又称为指针变量的基类型。一个指针变量只能指向同一种基类型的变量,也就是说,不能定义一个指针变量,既可以指向一个整型变量又能指向另一个双精度实型变量。

例如:

```
int  *p;
```

首先,上述定义说明了 p 是一个指针类型的变量,此处需注意在定义中不能漏写指针变量的标识符号"*",否则 p 就是普通的整型变量了。此外,定义中的 int 表示该指针变量为指向整型变量的指针变量,有时也可称 p 为指向整型变量的指针。也就是说,p 是一个变量,它用来存放整型变量的地址。

8.2　指针变量赋值

指针变量与普通变量一样,使用之前需要定义,而且必须要赋予具体的值,而第二点对指针变量尤其重要,因为未经赋值或未正确赋值的指针变量在使用时可能会造成系统混乱,甚至死机。指针变量只能赋予地址,而不能赋予任何其他数据,否则会出现错误。需要注意的是,在 C 语言中变量的地址由编译系统分配,对用户完全透明,用户不知道也不需要知道变量的具体地址。

在 C 语言中,提供了取地址运算符 & 来获取某一变量的内存地址。其一般形式为:

& 变量名;

例如:&a 表示变量 a 的内存地址,&b 表示变量 b 的内存地址,此处的变量必须预先定义。

对指针变量进行赋值有以下几种方式:

（1）指针变量初始化的方法。例如：

```
int a;
int *p=&a;
```

在定义指针变量的同时，指定指针变量指向变量 a。

（2）把一个变量的地址赋予一个指针变量的方法。例如：

```
int i=100,x;
int *p;
p=&i;
```

定义了两个整型变量 i 和 x，还定义了一个指向整型变量的指针变量 p。i 和 x 用来存放整型数据，而 p 只能存放整型变量的地址，通过赋值操作把 i 的地址赋给 p。此时指针变量 p 指向整型变量 i，假设变量 i 的地址为 2000，则赋值后 i 和 p 两个变量的关系可表示为图 8-2。

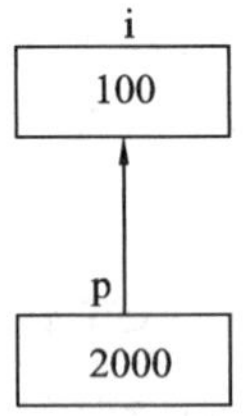

图 8-2　给指针变量赋值

不允许把一个整数直接赋予指针变量，故下面的赋值是错误的：

```
int *p;
p=1000;
```

但如果对整数进行特殊处理，如通过强制类型转换，把整数变为整型指针类型后，再进行赋值。例如：

```
int *p;
p=(int *)1000;
```

上述代码是正确的，但一般情况下，这样做是不提倡的。

被赋值的指针变量前不能再加“*”说明符，如写为 *p=&a 也是错误的。

C 语言规定，若暂时不确定指针变量的值，也可为指针变量赋以 NULL 进行初始化。例如：

```
int *p=NULL;
```

其中，NULL 指针不指向任何有效数据，有时也称 NULL 指针为空指针，实际上，NULL 的值是 0。因此，当调用一个要返回指针的函数时，常使用返回值为 NULL 来指示函数调用中某些错误情况的发生。

（3）把一个指针变量的值赋予另一个指针变量。例如：

```
int i, *pi=&i, *pj;
pj=pi;
```

由于 pi 和 pj 的基类型相同，所以相互赋值是正确的，表示 pi 和 pj 都指向于同一个变量 i。

（4）把数组的首地址赋予指针变量。例如：

```
int array[5], *p;
p=array;
```

此处的赋值是正确的,因为数组名可以表示数组的首地址,即数组名是地址,也是指针,无须再使用取地址符 & 操作,故可将其直接赋予指针变量。

(5) 把字符串的首地址赋予指向字符类型的指针变量。例如:

```
char *pc;
pc="This is a test";
```

或者采用初始化赋值的方法写为:

```
char *pc=" This is a test ";
```

这里需注意的是,此处的赋值并不是把整个字符串存入指针变量,而只是把存放该字符串的一系列内存单元的首地址存入指针变量。

8.3 指针变量操作

除了可以对指针变量进行初始化之外,还可以对指针变量进行某些运算操作,但能够进行的操作种类是有限的。例如,可对指针进行部分算术运算(即移动指针)及关系运算(即比较指针)。

8.3.1 通过指针引用一个存储单元

在指针变量指向一个变量后,就可以通过该指针变量来访问其指向的变量。这时需要应用间接访问运算符“*”,“*”是单目运算符,其结合性为自右至左,用来表示指针所指向的变量。其格式为:

*指针变量;

例如:

```
int a=1;
int *p=&a;
printf("%d", *p);
```

上述 printf 语句中的 *p 就是间接访问运算符的应用。跟在“*”运算符之后的必须是指针变量。间接访问运算符“*”和指针变量定义中的指针说明符“*”不同,在指针变量定义中,“*”是类型说明符,表示其后的变量是指针类型,而在表达式中出现的“*”则是一个运算符,用以表示指针所指向的变量。

【例 8-1】 输入 3 个整数 n1,n2,n3,按大小顺序输出。

【问题分析】 利用指针方法,分 3 次比较 3 个数,如果不符合升序要求则通过指针完成变量内容的交换,3 次比较后可完成排序。

```
#include <stdio.h>
```

```
int main( )
{
    int n1,n2,n3,t;
    int *pointer1,*pointer2,*pointer3;
    printf("请输入 3 个数:n1,n2,n3:\n");
    scanf("%d,%d,%d",&n1,&n2,&n3);
    pointer1=&n1;
    pointer2=&n2;
    pointer3=&n3;
    if(n1>n2)                       //将 n1 和 n2 按顺序排列
    {
        t=*pointer1;                //采用指针变量间接访问
        *pointer1=*pointer2;        //方式进行两变量数据交换
        *pointer2=t;
    }
    if(n1>n3)                       //将 n1 和 n3 按顺序排列
    {
        t=*pointer1;
        *pointer1=*pointer3;
        *pointer3=t;
    }
    if(n2>n3)                       //将 n2 和 n3 按顺序排列
    {
        t=*pointer2;
        *pointer2=*pointer3;
        *pointer3=t;
    }
    printf("排序后的结果为:\n%d,%d,%d\n",n1,n2,n3);
  return 0;
}
```

程序的运行结果如下:

```
请输入3个数:n1,n2,n3:
20,11,15
排序后的结果为:
11,15,20
```

【程序分析】 本例中两变量值的交换并非采用先前直接访问方式进行数据交换,而是采用指针变量的间接访问方式进行数据交换。希望读者通过数据访问方式的改变来深刻理解指针变量的真正内涵。

8.3.2　移动指针

指针就是地址，也就是变量在内存中的地址，指针变量里保存的是某个变量的地址，那么对指针变量加或减一个整数，就可以使指针所指位置发生变化。设 pa 是指向某个变量 a 的指针变量，则 pa+n，pa-n，pa++，++pa，pa--，--pa 运算在某些特定情况下都是允许的，指针变量加或减一个整数 n 的意义是把指针指向的当前位置向前或向后移动 n 个位置，应该注意：指针变量向前或向后移动一个位置和地址加 1 或减 1 在概念上是不同的，因为变量可以有不同的类型，各种类型的变量所占的字节个数是不同的。如指针变量加 1，即向后移动 1 个位置，表示指针变量指向的当前位置加上变量类型所占字节数之后的新地址，不是简单在原地址基础上加 1，而是指向同类型的下一个数据。

【例 8-2】　移动指针，观察其变化。

```
#include <stdio. h>
int main( )
{
    int a=1, * pa;
    float b=2. 3, * pb;
    char c='a', * pc;
    pa=&a;
    pb=&b;
    pc=&c;
    printf("\n 变量 a,b,c 的值为%d,%f,%c",a,b,c);
    printf("\n 指针 pa,pb,pc 的值为%x,%x,%x",pa,pb,pc);
    printf("\n 指针 pa,pb,pc 修改后的值为%x,%x,%x",pa+1,pb+1,pc+1);
    return 0;
}
```

【程序分析】

（1）pa 加 1 后，由于其类型为整型指针，因此地址的变化为原地址加 4（VC 环境）。

（2）pb 加 1 后，由于其类型为浮点型指针，因此地址的变化为原地址加 4。

（3）pb 加 1 后，由于其类型为字符型指针，因此地址的变化为原地址加 1。

8.3.3　指针比较

指向相同数据类型变量的两个指针变量进行关系运算可表示它们所指内存位置（或内存地址）之间的关系。例如，对两个相同类型的指针变量 p1 和 p2，有以下关系：

（1）p1==p2，表示 p1 和 p2 指向同一内存位置；

（2）p1>p2，表示 p1 处于高地址位置；

（3）p1<p2，表示 p1 处于低地址位置。

指针变量还可以与 0 比较。设 p 为指针变量，则 p==0 成立表明 p 是空指针，它不指向任何变量。在C语言中,空指针用NULL表示,即NULL=0,p!=NULL成立表示p不是空指针。空指针是由对指针变量赋予0值(NULL)而得到的。

例如:

```
int *p=NULL;
```

对指针变量赋NULL值和不赋值是不同的。指针变量未赋值时,可以是任意值,是不能使用的,否则可能会出现意外错误。而指针变量赋NULL值后就可以使用,只是它不指向具体的变量。

8.4 一维数组和指针

8.4.1 一维数组和数组元素的地址

将数组与指针有机地联系起来,将有助于为数组的各种访问操作提供方便。在讨论一维数组和指针变量的联合使用之前,先回顾以下几点:

(1) 一个数组是由连续的一系列内存单元组成的,数组名就是这块连续内存单元的首地址;

(2) 一个数组是由多个数组元素组成的,每个数组元素按其类型不同占有几个连续的内存单元;

(3) 一个数组元素的首地址也是指它所占有的几个内存单元的首地址,如不特别声明,在后续内容中所说的数组元素地址均指数组元素的首地址。

8.4.2 指针与数组元素操作

一个指针变量,既可以指向一个数组元素,也可以指向一个数组(即指向数组的第一个元素)。为了使指针变量指向数组的第一个元素,可把数组名或第一个元素的地址赋予指针变量。如要使指针变量指向第i个数组元素,可把第i个元素的首地址或把数组名加i赋予指针变量。

首先,定义一个整型数组和一个指向整型数据的指针变量:

```
int a[10], *p;
```

可以使整型指针p指向数组中任何一个元素,假定进行赋值运算:

```
p=&a[0];
```

此时,p指向数组中的第1个元素,即a[0],指针变量p中存储了数组元素a[0]的地址,由于数组元素在内存中是连续存放的,因此可以通过指针变量p及其有关运算间接访问数组中的任何一个元素。在C语言中,一维数组名本身就是代表数组的第1个元素的地址,因此下面两条语句是等价的:

```
p=&a[0];
p=a;
```

根据地址运算规则，a+1 为 a[1]的地址，a+i 为 a[i]的地址。

下面给出用指针表示数组元素的地址和内容的几种形式：

① p+i 和 a+i 均表示 a[i]的地址，或者说，它们都指向 a[i]；

② *(p+i)和*(a+i)都表示 p+i 和 a+i 所指对象的内容，即 a[i]存储的值；

③ 指向数组元素的指针，也可以表示成数组的形式，也就是说，它允许指针变量带下标，如 p[i]与*(p+i)等价。

顺便问一下，若 p=a+1，请问 p[2]指向 a 数组中的哪个元素？因为 p[2]相当于*(p+2)，又由于 p 指向 a[1]，所以 p[2]就相当于 a[3]，而 p[-1]就相当于*(p-1)，它表示 a[0]。

在指针变量指向数组元素时，允许进行以下运算：

① 加一个整数(用+或+=)，如 p+1。

② 减一个整数(用-或-=)，如 p-1。

③ 自增运算，如 p++和++p。

④ 自减运算，如 p--和--p。

⑤ 两个指针相减，如 p1-p2。注：只有 p1 和 p2 都指向同一数组中的元素时才有意义。

两指针变量相减所得之差是两个指针所指数组元素之间相差的元素个数。实际上是两个指针值(地址)的差除以该数组每个元素所占字节数后所得的结果。例如：p1 和 p2 是指向同一浮点型数组的两个指针变量，设 p1 的值为 2016，p2 的值为 2000，而浮点数组每个元素占 4 个字节，所以 p2-p1 的结果为(2016-2000)/4=4，表示 p1 和 p2 之间相差 4 个元素。两个指针变量不能进行加法运算。例如，p1+p2 是错误的，没有实际意义。

【例 8-3】 从键盘输入数组元素的值，最小的元素与第一个元素交换，最大的元素与最后一个元素交换，然后输出整个数组。

【问题分析】 首先，需在数组中找到最大元素和最小元素的位置，仍采用之前介绍的“打擂法”实现，不同的是采用指针移动方式获取数据，即：以查找最大元素为例。首先假定指向的第一个元素为最大元素，然后依次将指向的当前元素与指向的假定最大元素比较，如指向的当前元素比指向的假定最大元素大，则将指向的当前元素作为指向的假定最大元素。此过程一直到所有元素都比较完，指向的假定最大元素即为实际最大元素。最小元素的查找方法与此相似。最后再将指向的最小元素与第一个元素交换，指向的最大元素与最后一个元素交换(见图 8-3)。

程序的源代码如下：

```
#include <stdio.h>
int main()
{
    int number[10];
    int i,t;
    int *p, *arr_end;
    int *max, *min,k,l;
```

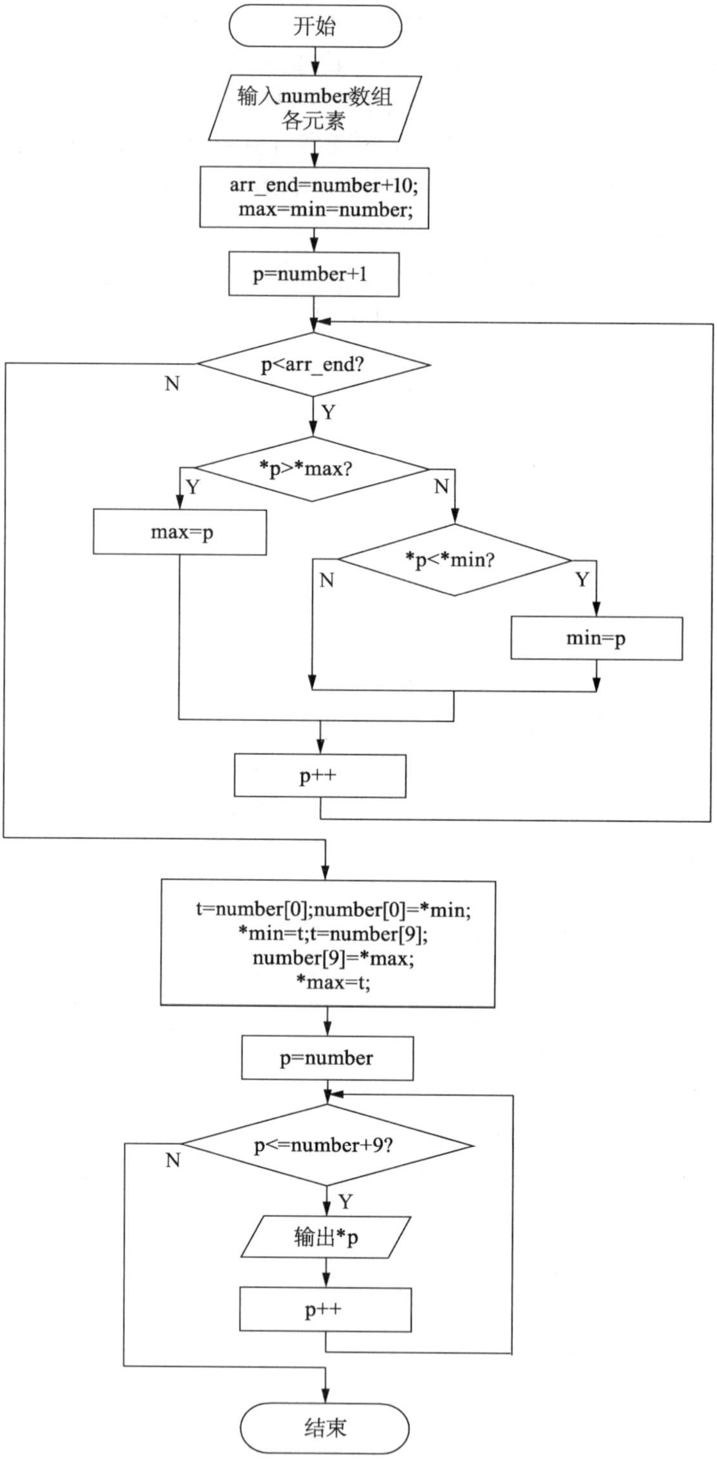

图 8-3　数组中最大、最小值与第一个和最后一个元素交换

```
    
    for(i=0;i< 10;i++)
       scanf("%d",&number[i]);
    arr_end=number+10;
    max=min=number;
    for(p=number+1;p< arr_end;p++)              //在一个循环结构中同时完
                                                //成最大值和最小值的查找
    if( *p> *max) max=p;
    else
       if( *p< *min)
          min=p;
    t=number[0];                                //交换第一个元素与最小值
    number[0]= *min;
     *min=t;
    t=number[9];                                //交换最后一个元素与最大值
    number[9]= *max;
     *max=t;
    for(p=number;p<=number+9;p++)
       printf("%d ", *p);
    printf("\n");
  }
```

程序的运行结果如下：

```
7 13 25 17 19 20 22 35 42 6
6 13 25 17 19 20 22 35 7 42
```

【程序分析】 采用指针方式，细心的读者一定会发现，不需再记录已找到最大值、最小值的下标了。因此，采用指针方式可以简化程序，并提高程序设计的灵活性。

8.5　二维数组和指针

8.5.1　二维数组和数组元素的地址

首先，二维数组同一维数组一样，也是数组的所有元素连续存放，占用一块连续的内存空间，而且 C 语言中的二维数组是按行存放的，也就是说只有存放完一行的元素后，才去存放下一行的元素。下面以二维数组 arr[3][4]为例，分析一下其数组元素的地址：

```
int arr[3][4];
```

arr 为二维数组名，假定第一个数组元素的首地址为 1000，此数组有 3 行 4 列，共 12

个元素。也可这样理解:数组 arr 由 arr[0],arr[1],arr[2]3 个元素组成,每个元素又都是一个一维数组,且都含有 4 个元素。例如,arr[0]所代表的一维数组所包含的 4 个元素为 arr[0][0],arr[0][1],arr[0][2],arr[0][3],整个数组的存储如图 8-4 所示。

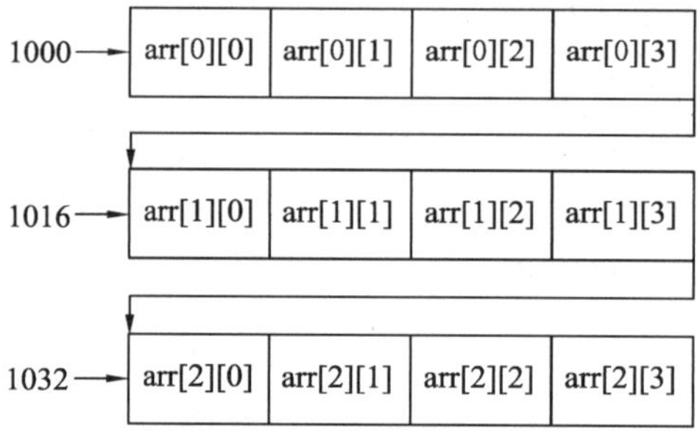

图 8-4　二维数组存储方式

每个数组元素各占 4 个字节的存储空间,以十进制地址表示为例,则第一行的 4 个元素的地址分别为 1000,1004,1008,1012,第二行的 4 个元素的地址分别为 1016,1020,1024,1028,第三行的 4 个元素的地址分别为 1032,1036,1040,1044。

数组名代表的是数组的首地址,对二维数组 arr 来讲,arr 代表二维数组的首地址,而 arr 也可看成是二维数组第 1 行的首地址,arr+1 就代表第 2 行的首地址,arr+2 就代表第 3 行的首地址。如果此二维数组的首地址为 1000,由于第 1 行有 4 个整型元素,所以 arr+1 为 1016,arr+2 也就为 1032。

既然可以把 arr[0],arr[1],arr[2]看作是一维数组名,就可以认为它们分别代表所对应的数组的首地址,也就是说,arr[0]代表第 1 行中第 1 列元素的地址,即&arr[0][0],arr[1]是第 2 行中第 1 列元素的地址,即 &arr[1][0],根据地址运算规则,arr[0]+1 即代表第 1 行第 2 列元素的地址,即 &arr[0][1]。一般地,arr[i]+j 即代表第i+1 行第 j+1 列元素的地址,即 &arr[i][j]。

8.5.2　指针与数组元素操作

(1) 二维数组元素与指针

在二维数组中,还可以用指针形式来表示各元素的地址。以上例中的 arr[3][4]为例,与一维数组类似,arr[0]与 *(arr+0)等价,arr[1]与 *(arr+1)等价,arr[2]与 *(arr+2)等价,因此 arr[i]+j 与 *(arr+i)+j 等价,表示数组元素 arr[i][j]的地址。

arr 表示数组第 1 行的首地址,而 * arr 与 arr[0]等价,arr[0]是数组名,当然还是地址,它就是数组第 1 行第 1 列元素的地址。

arr[0]是第一个一维数组的数组名和首地址,因此为 1000。

*(arr+0)或 * arr 是与 arr[0]等效的,它表示一维数组 arr[0]的 1 号元素的首地址,也为 1000;&arr[0][0]是二维数组 arr 的 1 行 1 列元素的首地址,同样是 1000。因此,arr,arr[0],*(arr+0),* arr,&arr[0][0]的值都是相等的。

同理,arr+1 是二维数组第 2 行的首地址,等于 1016。arr[1]是第二个一维数组的数组名和首地址,因此也为 1016。&arr[1][0]是二维数组 arr 的第 2 行 1 列元素地址,即地址 1016。因此 arr+1,arr[1],*(arr+1),&arr[1][0]的值也都是相等的。

由此可得到结论:arr+i,arr[i],*(arr+i),&arr[i][0]的值都是相等的;而且 &arr[i]和 arr[i]的值也是相等的。需提醒的是,在二维数组中不能把 &arr[i]简单地理解为元素 arr[i]的地址,因为并不存在元素 arr[i]。另外,arr[i]+j 与 *(arr+i)+j 是等价的,它们都表示的是数组元素 arr[i][j]的地址;而 *(arr[i]+j)与 *(*(arr+i)+j)是等价的,它们表示的是数组元素 arr[i][j]的值。

(2) 行指针

在对二维数组进行处理时,某些情况下需要使用一类特殊的指针:行指针。指向一个由 n 个元素所组成的一维数组的指针就称为行指针。行指针的定义格式如下:

```
类型标识符　(*指针变量名)[数组包含的元素个数]
```

例如:

```
int (*p)[4];
```

指针 p 为指向一个由 4 个元素所组成的整型数组的行指针。在定义中,圆括号是不能缺少的,否则上述定义将变成一个指针数组(int *p[4],下一节中将详细介绍)的定义。行指针不同于前面学习过的整型指针,当整型指针指向一个整型数组的元素时,进行指针加 1 运算时,指针将指向数组的下一个元素,地址值增加了 4,而如上所定义的指向一个由 4 个元素组成的行指针,进行地址加 1 运算后,其地址值增加了 16,即加 1 表示指针指向了下一行。行指针在处理二维数组时有其方便之处,见例 8-4。

【例 8-4】　采用行指针等方式遍历二维数组。

```
#include<stdio.h>
int main()
{
    int c[2][3]={1,2,3,4,5,6};
    int (*p)[3];                                  //定义了一个行指针
    int i;
    int j;
    printf("逐个元素输出:\n");
    printf("%d  ",*(*(c+0)+0));
    printf("%d  ",*(*(c+0)+1));
    printf("%d  ",*(*(c+0)+2));
    printf("\n");
    printf("%d  ",*(*(c+1)+0));
    printf("%d  ",*(*(c+1)+1));
    printf("%d  ",*(*(c+1)+2));
    printf("\n");
    printf("\n循环形式输出:\n");
```

```
    for(i=0;i<2;++i)
        for(j=0;j<3;++j)
            printf("%d  ",*(*(c+i)+j));
    printf("\n");
    printf("\n使用行指针方式输出:\n");
    p=c;                                        //行指针赋初值
    for(i=0;i<2;++i)
    {
        for(j=0;j<3;++j)
            printf("%d  ",*(*p+j));             //通过行指针访问
        p++;                                    //改变行指针
    }
    printf("\n");
    return 0;
}
```

程序的运行结果如下：

```
逐个元素输出:
1  2  3
3  4  5

循环形式输出:
1  2  3  4  5  6

使用行指针方式输出:
1  2  3  4  5  6
```

8.6 指针与函数

指针与函数是C语言中非常有特色同时也非常重要的内容之一，灵活掌握指针与函数间的关系有助于编写高质量的程序。

8.6.1 指针作为函数参数

指针可以作为函数的参数。如果函数的形参是指针类型，那么实参可以将一个变量的地址传送给形参。

【例8-5】 编写一个函数，实现交换两个变量内容的功能，然后使用此函数对输入的两个整数，按从大到小顺序排序并输出。

```
#include <stdio.h>
swap(int *p1,int *p2)
{
```

```
    int temp;
    temp = *p1;
    *p1 = *p2;
    *p2 = temp;
}
int main()
{
    int a,b;
    int *gP1, *gP2;
    scanf("%d,%d",&a,&b);
    gP1=&a;gP2=&b;
    if(a<b) swap(gP1,gP2);
    printf("\n%d,%d\n",a,b);
    return 0;
}
```

swap 为用户定义的函数,它的作用是交换两个变量(a 和 b)的值。swap 函数的形参 p1 和 p2 是指针变量。程序运行时,先执行 main 函数,输入 a 和 b 的值,分别为 6 和 8。然后将 a 和 b 的地址分别赋给指针变量 gP1 和 gP2,使 gP1 指向 a,gP2 指向 b。

接着执行 if 语句,由于 a<b,因此执行 swap 函数。注意实参 gP1 和 gP2 是指针变量,在函数调用时,将实参变量的值传递给形参变量。此时形参 p1 的值为 &a,p2 的值为 &b。这时 p1 和 gP1 指向变量 a,p2 和 gP2 指向变量 b。

接着执行 swap 函数的函数体使 *p1 和 *p2 的值互换,也就是使 a 和 b 的值互换。

函数调用结束后,p1 和 p2 不复存在。

最后在 main 函数中输出的 a 和 b 的值是经过交换的值。

请注意交换 *p1 和 *p2 的值是如何实现的,并考虑以下程序是否可以实现交换两个变量值的功能:

```
swap(int *p1,int *p2)
{
    int *temp;
    *temp = *p1;
    *p1 = *p2;
    *p2 = temp;
}
```

实际上,这个程序是错误的,因为指针变量 temp 没有进行初始化(即让 temp 指向一个变量)。

以下的程序又如何呢?

```
swap(int x,int y)
```

```
{
    int temp;
    temp=x;
    x=y;
    y=temp;
}
```

实际上,对上面的程序,如果在 main 函数中调用 swap 函数,会有图 8-5 所示的结果,即此函数并未完成两个变量值的交换功能。

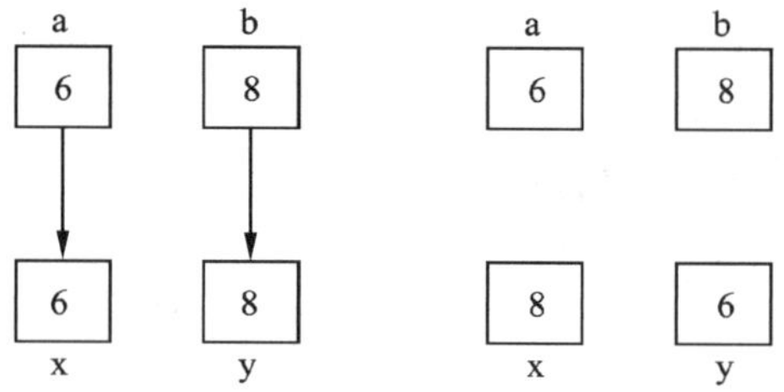

图 8-5　变量交换的示意图

下面再考虑另外一种情况:

```
#include <stdio.h>
swap(int *p1,int *p2)
{
    int *p;
    p=p1;
    p1=p2;
    p2=p;
}
int main()
{
    int a,b;
    int *gP1, *gP2;
    scanf("%d,%d",&a,&b);
    gP1=&a;gP2=&b;
    if(a< b) swap(gP1,gP2);
    printf("\n%d,%d\n", *gP1, *gP2);
    return 0;
}
```

此程序仍然不能完成交换两个变量内容的功能,其中的问题在于不能实现图 8-6 所示的第四步(见图 8-6d),即函数 swap 交换了 p1 和 p2 指向的变量,却没有改变 gP1 和

gP2 所指向的变量。

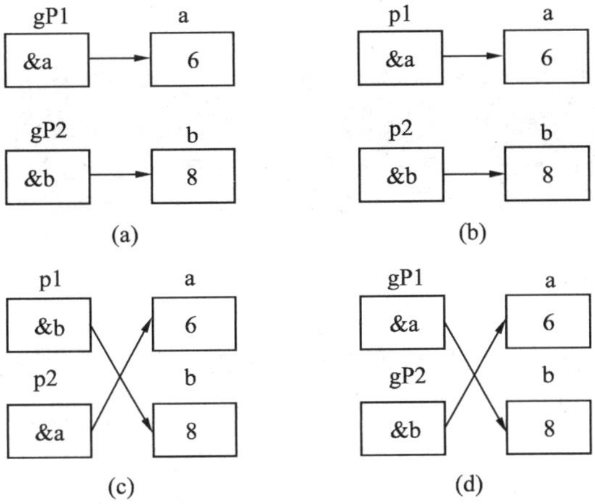

图 8-6 变量交换的示意图

【例 8-6】 输入 a,b,c 三个整数,要求按大小顺序输出。

```
#include <stdio. h>
swap(int *pt1,int *pt2)
{
   int temp;
   temp= *pt1;
   *pt1= *pt2;
   *pt2=temp;
}
exchange(int *q1,int *q2,int *q3)
{
   if( *q1< *q2)swap(q1,q2);
   if( *q1< *q3)swap(q1,q3);
   if( *q2< *q3)swap(q2,q3);
}
int main()
{
   int a,b,c, *p1, *p2, *p3;
   printf("Please input three numbers:\n");
   scanf("%d,%d,%d",&a,&b,&c);
   p1=&a;p2=&b; p3=&c;
   exchange(p1,p2,p3);
   printf("\n%d,%d,%d \n",a,b,c);
   return 0;
```

```
}
```

程序的运行结果如下：

```
Please input three numbers:
1,2,3

3,2,1
```

8.6.2 参数传递

参数传递是函数之间进行信息传递的重要渠道，在C语言中，参数传递的方式主要有值传递和地址传递两种方式。当调用函数时，实参代替形参的过程是一个单向的传值过程，称为值传递方式。其实C语言中只有值传递一种方式，习惯上把值传递的内容为指针类型时，更形象地称为地址传递方式，是一种特殊又非常重要的值传递方式。

基于以上的分析和突出传递地址的重要性，将参数传递方式分为值传递和地址传递两种方式。

（1）值传递方式

将实参以值的方式传递给形参的方式，称为值传递方式（传值）。值传递过程中被调函数的形参作为被调函数的局部变量处理，即在内存的堆栈中开辟空间以存放由主调函数放进来的实参的值，从而成为实参的一个拷贝。此种方式具有如下特点：

① 形参与实参各占一个独立的存储空间。

② 形参的存储空间是函数被调用时才分配的。调用开始时，系统为形参开辟一个临时存储区，然后将各实参的值传递给形参，这时形参就得到了实参的值。

③ 函数返回时，临时存储区也被撤销。

【例8-7】 值传递方式调用示例。

```
#include <stdio.h>
void change_by_value(int x)
{
   printf("x=%d\n",x);
   x=x+10;
   printf("x=%d\n",x);
}
int main()
{
   int a=3;
   printf("a=%d\n",a);          //调用函数前输出a
   change_by_value(a);          //按值传递参数方式调用函数
   printf("a=%d\n",a);          //a的值并没有改变
   return 0;
```

```
}
```

程序的运行结果如下：

```
a=3
x=3
x=13
a=3
```

（2）地址传递方式

将实参地址传递给形参的方式，称为地址传递方式（传地址）。在地址传递过程中，被调函数的形参虽然也作为局部变量在堆栈中开辟了内存空间，但这时存放的是由主调函数传递过来的实参变量的地址。因此，被调函数对形参进行的任何操作都会影响主调函数中的实参变量。地址传递方式实际上就是把指针作为函数的参数，此时实参和形参指向了同一个被访问的存储单元，对形参的操作相应地就改变了实参，此时参数传递是双向的，可以传回运算结果。程序员可根据设计需要，灵活选择参数传递方式。由于前面的 return 语句仅能返回一个数据，若需同时返回多个数据，可采用地址传递的方式加以解决。

地址传递方式是通过指针作为函数参数传递来实现的，而指针作为函数参数在例 8-5 中已经进行了详细的讨论。下面我们看地址传递方式里的一种特殊情况：数组名作为函数参数传递。

首先，数组名作为参数传递时，传递给被调函数的并不是整个实参数组，而是实参数组的数组名，也就是实参数组的首地址（对一维数组而言，就是指向数组第一个元素的指针），此时实参数组的首地址会传递给形参数组，作为形参数组的首地址，这里实际上完成了实参指针到形参指针的传递（实参指针复制给形参指针）。因此，数组作为函数参数其本质上是指针作为函数参数进行传递，所以使用数组作为函数参数时，可以实现批量返回数据给主调函数的功能。以下的实例展示了数组作为函数参数时的作用。

【例 8-8】 编写函数实现字符串反序的功能，然后在主函数中传递字符串给该函数以实现给定字符串的反序处理。

【问题分析】 为完成字符串的逆序排列，可以通过对存储在字符数组中的字符串进行以字符串中间位置对称的数组元素的交换来实现，即第一个和最后一个元素交换，第二个和倒数第二个元素交换，…，如此，直到所有元素交换完毕，即完成了字符串的反序，其中交换的次数为字符串中字符个数除以 2。

以下为程序的源代码：

```
#include <stdio.h>
#include <string.h>
int main()
{
    void invert(char s[10]);
    char s1[10]="abcdef";
    printf("逆序前字符串为:%s\n",s1);
```

```c
    invert(s1);
    printf("逆序后字符串为:%s\n",s1);
}
void invert(char s[10])
{
    int len;
    int i,t;
    len=strlen(s);
    for(i=0;i<len/2;i++)
    {
        t=s[i];
        s[i]=s[len-i-1];
        s[len-i-1]=t;
    }
}
```

8.6.3 指针型函数与函数指针

(1) 指针型函数

指针型函数是指返回值为指针的函数。定义指针型函数的一般形式:

```
类型说明符 * 函数名(形参表)
{
  … /* 函数体 */
}
```

其中,"函数名"之前加 * 号表明这是一个指针型函数,即返回值是一个指针。"类型说明符"表明返回的指针值所指向数据的类型。

下列程序表示 ap 是一个返回指针值的指针型函数,它返回的指针指向一个整型变量。

```c
int  *ap(int x,int y)
{
…   /* 函数体 */
}
```

此处需注意返回的指针不能指向一个函数内部定义的局部变量,因为函数返回后,局部变量将不能访问。

(2) 函数指针

函数指针是指向函数的指针变量,即它本质是一个指针变量。

指向函数的指针包含了函数的地址,可以通过它来调用函数。声明格式如下:

类型说明符（＊函数指针变量名）(参数)

指针的声明必须和它指向函数的声明保持一致。

指针名和指针说明符外面的括号改变了默认的运算符优先级。如果没有圆括号,就变成了一个返回整型指针的函数的原型声明。

【例 8-9】 用指针形式实现对函数的调用。

```
#include <stdio.h>
int max(int a,int b)
{
  if(a>b) return a;
  else return b;
}
int main()
{
  int max(int a,int b);
  int(*pmax)(int a,int b);        //定义 pmax 为函数指针变量
  int x,y,z;
  pmax=max;                       //把被调函数的入口地址赋予该函数
                                  //指针变量
  printf("input two numbers:\n");
  scanf("%d%d",&x,&y);
  z=(*pmax)(x,y);                 //用函数指针变量形式调用函数
                                  //(*指针变量名)(实参表)
  printf("maxmum=%d\n",z);
  return 0;
}
```

程序的运行结果如下：

```
input two numbers:
1 2
maxmum=2
```

【注意】

① 函数指针变量不能进行算术运算,这是与数组指针变量不同的。数组指针变量加减一个整数可使指针移动指向后面或前面的数组元素,而函数指针的移动是毫无意义的。

② 函数调用中“(＊指针变量名)”两边的括号不可少,括号内的＊不应该理解为求值运算,在此处它只是一种表示符号。

8.7 指针数组

若将指向同一种数据类型的多个指针组织在一起,构成一个数组,这就是指针数组,指针数组中的每个元素都是指针,根据数组的定义,指针数组中每个元素都是指向同一数据类型的指针。指针数组的定义格式为:

类型标识符 *数组名[整型常量表达式];

例如:

```
int *a[10];
```

上例定义了一个指针数组,数组中的每个元素都是指向整型数据的指针,该数组由10个元素组成,即a[0],a[1],a[2],…,a[9],它们均为指针变量,a为该指针数组名,和普通数组一样,a是常量,不能对它进行自增和自减运算。a为指针数组元素a[0]的地址,a+i为a[i]的地址,*a就是a[0],*(a+i)就是a[i]。

通常可用一个指针数组来指向一个二维数组。指针数组中的每个元素被赋予二维数组每一行的首地址,也可理解为此指针数组中每一个元素指向一个一维数组。

【例8-10】 通过指针数组访问二维数组的数组元素。

```
#include <stdio.h>
int main()
{
    int iArray[2][3] = {{1,2,3},{4,5,6}};
    int *ipArray[2] = {iArray[0], iArray[1]};          //指针数组的定义
    int i,j;
    for(i=0;i<2;i++)
    {
        for(j=0;j<3;j++)
            printf("%d", *(ipArray[i]+j));
        printf("\n");
    }
    return 0;
}
```

程序的运行结果如下:

```
1 2 3
4 5 6
```

在程序设计过程中,应该注意指针数组和行指针变量的区别。这两者虽然都可用来处理二维数组,但其处理方法是不同的。行指针变量是一个指针,其一般形式中“(*指

针变量名)"两边的括号不可少;而指针数组表示的是多个指针(一组指针),其一般形式中" * 指针数组名"两边不能有括号。例如:int (* p)[3]表示一个指向二维数组的一行的行指针变量,仅定义了一个指针变量,由该行指针变量指向的二维数组的列数为3。int * p[3]表示p是一个指针数组,有三个下标变量p[0],p[1],p[2]均为指针变量。

8.8 字符指针

字符串常量是由双引号括起来的字符序列,例如"this is a string" 就是一个字符串常量。在程序中使用字符串常量时,C语言编译程序为字符串常量安排一个存储区域,这个区域在整个程序运行的过程中始终占用。字符串常量的长度是指该字符串的有效字符个数,但在实际存储时,C语言编译程序还会自动在该字符串序列的末尾加上一个特殊字符"\0",用来标志字符串的结束,因此一个字符串常量所占的字节数总比它的有效字符个数多1。

在C语言中,使用一个字符串常量的方法有以下几种。

(1) 把字符串常量存放在一个字符数组之中。例如:

```
char s[ ] ="a string";
```

数组s共有9个元素,其中s[8]中的内容是"\0"。实际上,在字符数组定义的过程中,编译程序直接把字符串复制到数组中,即对数组s进行初始化。

(2) 用字符指针指向字符串,然后通过字符指针来访问字符串存储区域。当字符串常量在表达式中出现时,根据数据的类型转换规则,它被转换成字符指针。因此,可以如下定义:

```
char  * cp;
cp="a string ";
```

这个赋值语句使cp指向字符串常量中的第1个字符a,这样就可通过cp来访问这一存储区域,如 * cp或cp[0]就是字符a,而cp[i]或 * (cp+i)就相当于字符串的第i个字符,但试图通过指针来修改字符串常量的操作是不允许的,这是因为指针指向的是字符串常量,既然是常量,当然就不能进行修改操作。

指向字符串的指针变量的定义与指向字符变量的指针变量的定义是相同的,通过指针变量的不同赋值来区别。对指向字符变量的指针变量应赋予该字符变量的地址。例如:

```
char c, * p=&c;
```

表示p是一个指向字符变量c的指针变量。

而

```
char  * s="Language";
```

则表示s是一个指向字符串的指针变量,把字符串的首地址赋予s。

【例 8-11】 指向字符串的指针变量使用。

```
#include <stdio.h>
int main( )
{
   char  * ps;
   ps = "Language";
   printf("%s",ps);
   return 0;
}
```

程序的运行结果如下：

```
Language
```

【程序分析】 首先定义一个字符指针变量 ps，然后把字符串的首地址赋予 ps。程序中的“char * ps;ps = "Language";”等效于“char * ps = "Language";”。

【例 8-12】 另一个指向字符串的指针变量使用。

```
#include <stdio.h>
int main( )
{
   char  * ps = "this is a book";
   int n = 10;
   ps = ps+n;
   printf("%s\n",ps);
   return 0;
}
```

程序的运行结果如下：

```
book
```

【程序分析】 在对 ps 初始化时，已把字符串首地址赋予 ps，当 ps = ps+10 之后，ps 指向字符“b”，因此输出为“book”。

【例 8-13】 在输入的字符串中查找有无 k 字符。

```
#include <stdio.h>
int main( )
{
   char st[20], * ps;
   int i;
```

```
    printf("input a string:\n");
    ps=st;
    scanf("%s",ps);
    for(i=0;ps[i]!='\0';i++)
      if(ps[i]=='k')
    {
      printf("there is a \'k\' in the string\n");
      break;
    }
    if(ps[i]=='\0')
    printf("There is no \'k\' in the string\n");
    return 0;
}
```

程序的第一次运行结果：

```
input a string:
king
there is a 'k' in the string
```

程序的第二次运行结果：

```
input a string:
hello
There is no 'k' in the string
```

接下来，讨论一下指向字符串的指针变量与字符数组的区别。

用字符数组和字符指针变量都可实现字符串的存储和处理。但二者是有区别的，在使用过程中需注意以下几个问题：

① 字符串指针变量是一个变量，用于存放字符串的首地址。而字符串本身存放在以该首地址为首的一块连续的内存空间中，并以“\0”作为串的结束。字符数组是由若干个数组元素组成的，它可用来存放整个字符串。

② 对字符串指针方式，“char *ps=" Language";”可写为“char *ps;ps=" Language";”；而对数组方式，“char st[20]={" Language"};”不能写为“char st[20];st={" Language"};”。

从以上两点可以看出字符串指针变量与字符数组在使用时的区别。如前所述，一个指针变量在未获得确定地址前使用是危险的，容易引起错误。但是对指针变量直接赋以字符串是可以的，因此：

```
char *ps="C Langage";
```

或者

```
char *ps;
```

```
ps="C Language";
```

都是合法的。

8.9　多级指针

前面已经介绍过,通过指针访问变量称为间接访问,由于指针变量直接指向变量,所以称为单级间接访问。如果通过指向指针的指针变量来访问变量则构成了二级或多级间接访问。在C语言中,对间接访问的级数并未明确限制,但是间接访问级数太多时不容易理解,也容易出错,因此,一般很少超过二级间接访问。指向指针的指针变量说明的一般形式为:

类型说明符　**指针变量名;

例如:"int **pp;"表示pp是一个指针变量,它指向另一个指针变量,而这个指针变量指向一个整型数据。

【例8-14】　二级指针的使用。

```
#include <stdio.h>
int main()
{
    int x, *p, **pp;
    x=10;
    p=&x;
    pp=&p;
    printf("x=%d\n", **pp);
    return 0;
}
```

程序的运行结果如下:

```
x=10
```

【程序分析】　p是一个一级指针变量,指向整型变量x;pp是一个二级指针变量,指向指针变量p。通过pp变量访问x的写法是**pp。程序最后输出x的值为10。

8.10　动态内存分配

在C语言程序中,分配内存空间有两种方式:静态分配内存和动态分配内存。

(1) 静态分配内存

例如:

```
int a;
```

```
int b[10];
```

这种分配内存空间的特点：所分配的内存是在栈区中分配的，且有固定大小，如 a 是 4 字节，数组 b 是 40 字节，并且数组在定义时必须指定其长度，因为数组占用的内存空间的大小是在编译时确定的。如果需要在程序运行时才确定一个数组的大小，那么静态分配内存空间的方法是无法解决的。

可能有些同学会想到使用下面的代码实现动态分配：

```
int n;
scanf("%d", &n);
int a[n];
```

但这是错误的，定义数组时，数组大小必须为常量表达式。

（2）动态分配内存

动态内存分配就是设计用来解决静态内存分配无法解决的问题的。在 C 语言中实现动态内存分配，需要用到以下 3 个函数：malloc()、calloc()、realloc()。这 3 个函数都是在堆区域中进行内存空间的分配。

在堆中申请的内存空间不会像在栈中存储的局部变量一样，函数调用结束后会自动释放内存，需要程序设计人员手动释放，这时需要使用 free() 函数。

8.10.1　动态内存分配函数的使用

"动态"内存分配的含义：程序运行时，系统根据需要分配存储空间以存储数据，并非是在程序设计时就确定下来的。在使用动态存储时，需注意使用结束后要及时释放所分配的空间，否则剩余内存空间就会越来越少，影响系统运行，造成内存泄漏。

在 C 语言中，常用 malloc()、calloc() 和 realloc() 函数来动态地分配内存空间和实现动态数组。

（1）函数 malloc

功能：malloc 向系统申请分配指定长度的内存块。返回类型是 void * 类型。void * 表示未确定类型的指针。C 语言规定，void * 类型可以强制转换为任何其他类型的指针。

函数原型：

```
void *malloc(unsigned int num_bytes);
```

头文件：在 VC 中可以用 malloc.h 或者 stdlib.h。

返回值：如果分配成功则返回指向被分配内存块的指针，否则返回空指针 NULL。当内存不再使用时，应及时使用 free() 函数将内存块释放。

（2）函数 calloc

功能：在内存的动态存储区中分配 n 个长度为 size 的内存块，函数返回一个指向该内存块起始地址的指针；如果分配不成功，返回 NULL。

与 malloc 的区别：calloc 在动态分配内存后，自动初始化该内存块每一个内存单元内容为 0，而 malloc 不进行初始化，该内存块的数据是随机的。

函数原型：

void ＊calloc(unsigned n,unsigned size)；　//分配 n 个长度为 size 的连续空间

头文件：在 VC 中可以用 malloc. h 或者 stdlib. h。

【例 8-15】 calloc 函数的使用：

```
#include < stdlib. h>
#include <string. h>
#include <stdio. h>
int main( )
{
   char * str = NULL;
   str = (char * )calloc(10, sizeof(char));
   strcpy(str, "Test");
   printf("String is %s\n", str);
   free(str);
   return 0;
}
```

程序的运行结果如下：

```
String is Test
```

(3) 函数 realloc

功能：先释放原来 mem_address 所指内存区域，并按照 newsize 指定的大小重新分配空间，同时将原有数据从头到尾拷贝到新分配的内存区域，并返回该内存区域的首地址，即重新分配存储器块。

函数原型：

void ＊realloc(void ＊mem_address, unsigned int newsize)；

头文件：在 VC 中可以用 malloc. h 或者 stdlib. h。

返回值：如果重新分配成功则返回指向被分配内存的指针，否则返回空指针 NULL。

注意：这里原始内存中的数据还是保持不变的。当内存不再使用时，也应及时使用 free( )函数将内存块释放。

【例 8-16】 realloc 函数的使用。

```
#include<stdio. h>
#include<stdlib. h>
int main( )
{
   int i;
   int * pn;
```

```
    pn=(int *)malloc(5*sizeof(int));
    printf("%d\n",pn);
    for(i=0;i<5;i++)
        scanf("%d",&pn[i]);
    pn=(int *)realloc(pn,10*sizeof(int));
    printf("%d",pn);
    for(i=0;i<5;i++)
        printf("\n%d",pn[i]);
    printf("\n");
    free(pn);
    return 0;
}
```

程序的运行结果如下：

（4）函数 free

功能：释放由 malloc、calloc 及 realloc 分配的内存块。

函数原型：

```
void free(void * ptr);
```

头文件：在 VC 中可以用 malloc.h 或者 stdlib.h。

free 函数在使用时需注意以下问题：

① 如果 ptr 没有指向使用动态内存分配函数分配的内存空间，则会导致未定义的行为。

② 如果 ptr 是空指针，则该函数不执行任何操作。

③ 此函数不会更改 ptr 本身的值，因此它仍指向相同（现在已经无效）的位置（内存）。

④ 在 free()函数之后需要将 ptr 再置空，即 ptr = NULL；如果不将 ptr 置空，后面程序中如果通过 ptr 则会访问到已经释放过无效的或者已经被回收再利用的内存。为保证程序的健壮性，一般都要写 ptr=NULL。

8.10.2　动态数组

前面已经学习过数组的定义与使用，C 语言要求数组的长度是预先定义好的，即在程序设计阶段需确定其大小，在整个程序运行过程中数组长度不允许改变，即 C 语言中不直接支持动态数组类型。例如：

```
int n;scanf("%d",&n);
int a[n];
```

用变量表示长度是错误的。但在实际的程序编写过程中往往会发生这种情况：所需的内存空间取决于实际输入的数据，而无法预先确定。对于这种问题，直接使用数组的办法很难解决，除非预先开辟非常大的数组，但这样势必造成空间的浪费。

为了彻底解决上述问题，可以基于上述动态内存分配函数间接实现动态数组。这里的“动态数组”指的是利用内存的申请和释放函数，在程序的运行过程中，根据实际需要指定数组的大小，其本质是一个指向内存中一块连续存储区域的指针变量，而数组就是内存中一块连续的存储区域，而且对于内存中此指针指向的连续存储区域也可使用数组方式来访问，从而间接实现了动态数组的效果。

【例 8-17】　一个动态数组实现的例子。

```
#include<stdio.h>
#include<stdlib.h>
int main()
{
  int i,count;
  int *pn;
  printf("Please Input length of a Dynamic Aarry:");
  scanf("%d",&count);
  pn=(int *)malloc(count*sizeof(int));              //动态申请空间
  printf("Please Input Data into Dynamic Aarry:");
  for(i=0;i<count;i++)
    scanf("%d",&pn[i]);                             //数组方式访问
  printf("Output Data of Dynamic Aarry:");
  for(i=0;i<count;i++)
    printf("%d  ",pn[i]);                           //数组方式访问
  printf("\n");
  return 0;
}
```

程序的运行结果如下：

```
Please Input length of a Dynamic Aarry:6
Please Input Data into Dynamic Aarry:2 4 6 0 -8 10
Output Data of Dynamic Aarry:2  4  6  0  -8  10
```

8.11　程序举例

【例 8-18】　通过键盘输入 10 个数,存入数组,然后使用选择排序算法完成对这 10 个数的升序排序。

【问题分析】　为完成 10 个数的升序排序,需编写一个实现选择排序功能的函数,此函数以数组名作为函数参数,同时以数组元素个数作为函数的第二个参数。选择排序算法的基本思路如下:对 n 个数进行 n-1 趟选择排序,每一趟(例如第 i 趟)在后面的n-i+1个待排序元素中选取关键字最小的元素,作为有序子序列的第 i 个元素,直到第 n-1 趟排序完成,待排序元素只剩下一个,就不需要再进行选择排序了(见图 8-7)。

程序的源代码如下:

```
#include <stdio. h>
void print_result(int  * ,int);
void select_sort(int  * ,int);
int main()
{
   int i;
   int array[10];
   int  *  pointer;
   printf("请输入 10 个数:\n");
   for(i=0;i< 10;i++)
   {
      scanf("%d",&array[i]);
   }
   pointer=array;
   select_sort(pointer,10);
   print_result(pointer,10);
   return 0;
}
void print_result(int  * p,int n)
{//输出结果
   int k;
   for(k=0;k< n;k++)
   {
```

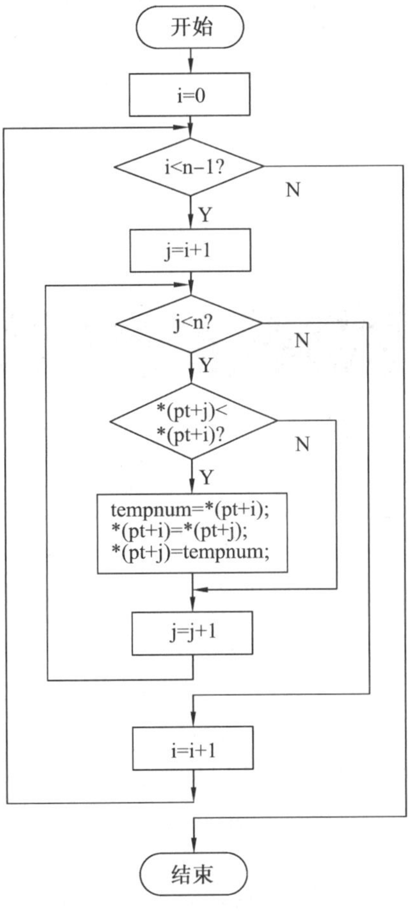

图 8-7　选择排序流程图

```
            printf(" %d ", *(p+k));
        }
}

void select_sort(int  *pt,int n)
{//全用指针的选择排序
    int i,j;
    int tempnum;

    for(i=0;i<n-1;i++){
        for(j=i+1;j<n;j++)
        {
            if( *(pt+j)< * (pt+i))
            {
                tempnum= *(pt+i);
                 * (pt+i)= * (pt+j);
                 * (pt+j)= tempnum;
            }
        }
}
```

程序的运行结果如下：

```
请输入10个数:
20 1 7 6 3 13 10 18 2 11
1 2 3 6 7 10 11 13 18 20
```

【例 8-19】 计算某个字符串在另一字符串中出现的次数。

【问题分析】 此处称此字符串为模式串(子串),另一字符串为母串,此问题实际上是字符串的匹配过程,可设置一个指针,指向母串中当前处理位置的字符,每次将母串中从当前位置开始的子字符串与模式串比较,如果母串中从当前位置开始的一个子串与模式串的每个字符都相等,则表示在字符串中找到与模式串匹配的子串,否则移动指针,指向字符串下一个位置,重新与模式串比较(见图 8-8)。此过程直到字符串搜索完毕结束。

程序的源代码如下：

```
#include "string. h"
#include "stdio. h"
int main()
{
    char str1[20],str2[20], * p1, * p2;
    int sum=0;
```

```
    printf("请输入两个字符串:\n");
    scanf("%s%s",str1,str2);
    p1=str1;
    p2=str2;
```

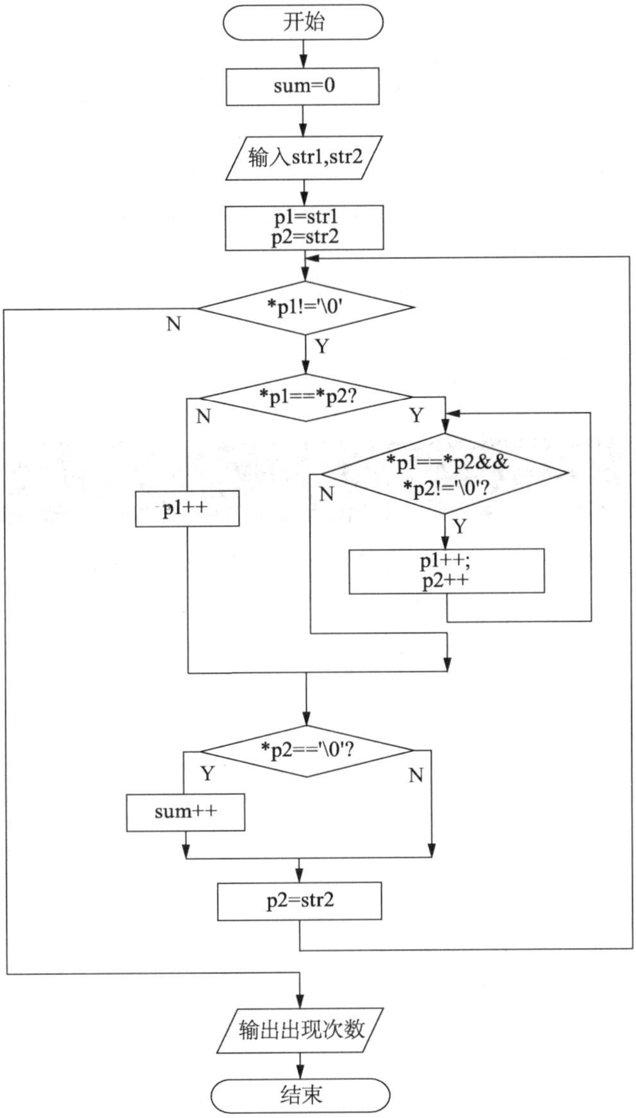

图 8-8　确定子串出现次数的流程图

```
    while(*p1!='\0')
    {
      if(*p1==*p2)
      {
        while(*p1==*p2&&*p2!='\0')              //两个串头部匹配
```

```
                {
                    p1++;                       //为下一个位置的比较做准备
                    p2++;
                }
            }
            else                                //不匹配处理
                p1++;                           //父串当前位置向后移动
            if( *p2=='\0')                      //子串查找完毕
                sum++;                          //计数值加 1
            p2=str2;                            //子串重新指向串的开始位置
        }
        printf("%s 在%s 中共出现%d 次\n",str2,str1,sum);
    }
```

程序的运行结果如下：

```
请输入两个字符串：
abcdbc bc
bc在abcdbc中共出现2次
```

【例 8-20】 求二维数组元素的最大值，并确定最大值元素所在的行和列。

【问题分析】 确定二维数组中的最大元素，同样采用“打擂法”实现，即首先假定第一行中第一列元素为最大值，然后将其他元素依次与假定最大值进行比较，若当前元素大于假定最大值，则假定最大值中保存该元素，而且需要在比较的过程中，把假定最大值元素的位置记录下来（见图 8-9）。

程序的源代码如下：

```
#include <stdio. h>
int main( )
{
    int a[3][4]={{3,17,8,11},{66,7,8,19},{12,88,7,16}};
    int *p=a[0],max,i,j,row,col;
    max=a[0][0];                                //max 初始化为第一个元素
    row=col=0;
    for(i=0;i<3;i++)
        for(j=0;j<4;j++)
            if( *(p+i*4+j)>max)                 //将数组中元素依次与当
                                                //前的假定最大值比较
            {
                max= *(p+i*4+j);
                row=i;
```

```
            col=j;
        }
        printf("a[%d][%d]=%d\n",row,col,max);
    return 0;
}
```

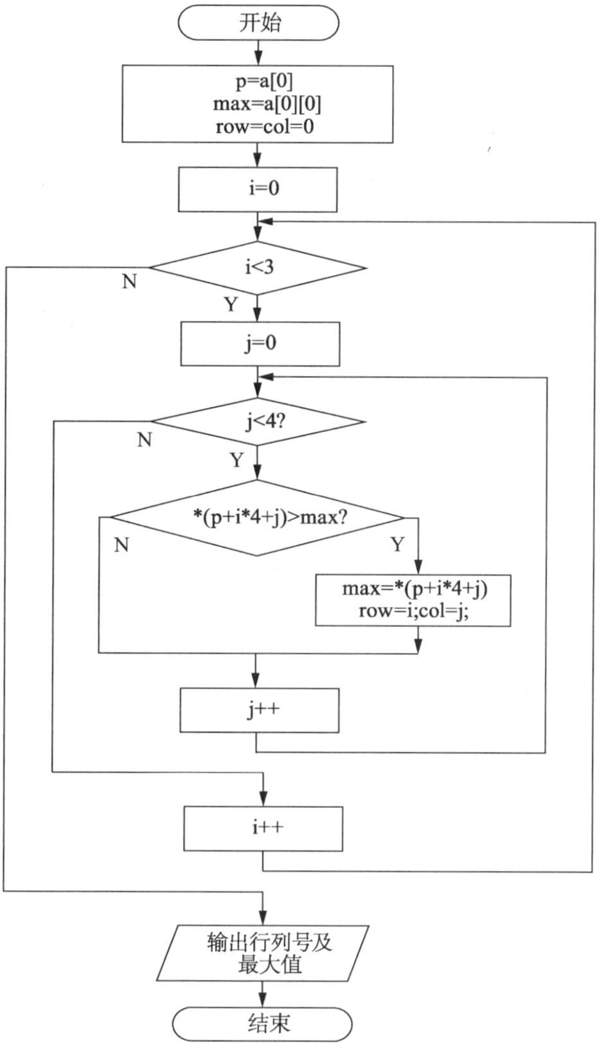

图 8-9　二维数组中查找最大值流程图

程序的运行结果如下：

```
a[2][1]=88
```

【本章小结】

本章主要内容是C语言指针的使用。指针是C语言中最富特色的一种数据结构,正确地使用指针编程可以提高程序的编译效率、灵活性和执行速度,而且便于表示各种数据结构,编写高质量的程序。本章涉及的主要内容包括:指针变量的定义、指针的运算、一维数组及二维数组与指针的结合、指针数组、字符指针、多级指针、动态内存分配和动态数组。本章内容涉及指针与前面章节内容的结合,因此综合性较强。

【考点提示】

在计算机二级考试中,本章主要出题方向及考察点如下:① 指针与地址的概念,取地址运算符 & 的作用;② 指向基本类型变量的指针的操作,指向基本类型变量的指针变量的声明、初始化、赋值及使用,指针变量的基类型,间接语句运算符“ * ”的作用;③ 基本类型数组的指针操作:指向数组元素的指针变量的声明、初始化、赋值和算术运算及引用,指向数组一行元素的行指针变量的声明、初始化、赋值、算术运算及引用,需注意一维数组的数组名是指针,及这个指针的类型,二维数组的数组名也是一个指针,但这个指针是一个行指针;④ 指针数组的声明和使用,二级指针的声明和使用;⑤ 动态数组的实现和使用。

习题

1. 一维数组的数组名及二维数组的数组名与指针有何联系。

2. 试比较行指针与普通指针。

3. 下面函数的功能是将一个整数字符串转换为一个整数,例如将"1234"转换为1234,请填空使程序完整。

```
#include<stdio.h>
int main()
{
   char *p="1234";
   int cen num=0,k ;
   len = strlen(p);
   for ( ;________; p++)
   {
      k=________;
      num = num*10 + k ;
   }
   return 0;
}
```

4. 下面函数的功能是统计子串 substr 在母串 str 中出现的次数,请填空使程序完整。

```
#include <stdio.h>
int main( )
{
  char *str="abcab", *substr="ab";
  int i,j,k,num=0;
  for (i=0;________; i++)
    for (________, k=0; substr[k]==str[j];k++ ,j++)
      if (substr [________] = = '\0') {
        num++ ; break ;
      }
  return 0;
}
```

5. 下面函数的功能是将两个字符串 s1 和 s2 连接起来,请填空使程序完整。

```
#include <stdio.h>
int main( )
{
  char a[10]="abc", *s1=a, *s2="def";
  while (*s1) s1++;
  while (*s2) {*s1=________; s1++,s2++;}
  *s1='\0';
  return 0;
}
```

6. 从键盘上输入一个字符串,然后按照下面要求输出一个新字符串,新的字符串是在原来字符串中,每两个字符之间插入一个空格,如原来的字符串为"abcd",新产生的字符串应为"a b c d"。

7. 设有一数列包含 10 个数,已按升序排好。现要求编一程序,它能够把从指定位置开始的 n 个数按逆序重新排列并输出新的完整数列。进行逆序处理时要求使用指针方法(例如:原数列为 2,4,6,8,10,12,14,16,18,20,若要求把从第 4 个数开始的 5 个数按逆序重新排列,则得到新数列为 2,4,6,16,14,12,10,8,18,20。)

第 9 章 结构体、共用体、枚举及用户定义类型

C 语言中提供了一些基本数据类型，如 int、float、char 等，但是在实际应用中有许多需要由不同类型的数据联合描述的实体，如果机械地使用基本数据类型来描述这些实体，就会为应用程序的开发带来很多麻烦。C 语言提供了一些构造型数据来描述这些实体。这些构造型数据类型包括结构体、共用体、枚举及用户定义类型，它们属于 C 语言的高级部分。

为更好地学习本章内容，需预先掌握以下知识点：基本数据类型的定义与应用，指针类型的定义与一般应用，循环结构程序设计方法，数组的定义与一般应用等。通过本章的学习，将掌握结构体、共同体、枚举及用户定义类型的目的和意义，在此基础上掌握结构体、共同体、枚举及用户定义类型在 C 语言中的实现方式，以及与数组、指针等进行集成编程中的应用。掌握本章的各知识点后，将有助于各类不同信息的准确表达，提高程序中数据组织的灵活性和规范性，将有助于提升代码的可读性。

9.1 结构体

9.1.1 定义结构类型和结构变量

前面介绍的数组是同类型的数据集合，而引入结构体的主要目的是把具有多个不同类型属性的事物作为一个逻辑整体来描述，从而扩展 C 语言的数据类型。显然，结构体是一种非常重要的构造类型，事物的属性在结构体中使用“成员”或“元素”来表示。每个成员可以是一个基本的数据类型，也可以是一个已经定义的构造类型。

结构体作为一种自定义的数据类型，必须先定义其结构体类型，然后应用结构体类型定义结构体变量。

（1）结构体类型的定义

结构体类型定义的一般形式如下：

```
struct 结构体名
{
  成员变量列表;
  …;
};
```

【说明】 ① struct：系统关键字，说明当前要定义一个新的结构体类型。

② 结构体名：结构体类型的名称，应遵循标识符规定。

③ 在“{}”之间通过分号分割的变量列表称为成员变量，它用于描述此类事物的某一方面的特性。成员变量可以为基本数据类型、数组和指针类型，也可以为结构体类型。由于不同的成员变量分别描述事物某一方面的特性，因此成员变量不能重名。

④ 使用结构体类型时，“struct 结构体名”作为一个整体，表示名为“结构体名”的结构体类型。

⑤ 结构体成员的类型不能是当前结构体类型，即结构体类型不能递归定义，原因是其结构体大小不能确定，但可以是当前结构体类型的指针。

例如，为描述班级信息（包括班级编号、专业、人数等信息），结构体定义如下：

```
struct myclass
{
  char code[10];            /* 编号 */
  char major[30];           /* 专业 */
  unsigned int count;       /* 人数 */
};
```

【说明】 myclass 是结构体类型名，struct 是关键词；结构体类型定义描述结构体数据的逻辑结构，不分配内存；分配内存是在定义结构体变量时进行的，其分配示意图如图 9-1 所示；该结构体类型 myclass 由 3 个成员组成，分别属于不同的数据类型，分号不能省略；一旦定义了结构体类型后，就可以定义结构体变量。

图 9-1　myclass 结构体变量的内存状态示意图

嵌套结构是指在一个结构体中可以包括其他结构体类型的成员，下面是一个嵌套结构的例子。

首先定义一个结构体类型 Point，用来描述三维空间中一个点的坐标，基于此结构体类型可以描述三维世界中的直线信息 Line：

```
struct Point
{
    double x; /* x 坐标 */
    double y; /* y 坐标 */
    double z; /* z 坐标 */
};
struct Line
{
    struct Point p1, p2;            //定义了一条线的两个端点
}Line1;
```

需要注意的是，一旦结构体类型被定义之后，就好比在基本类型中增加了此结构体类型（如 struct Point 为类型名），对于基本类型可以进行的一些操作，结构体类型同样拥有。例如，此结构体类型变量的定义、赋值、引用，与整型变量的定义、赋值、引用相类似。

（2）结构体变量的定义

结构体变量的定义要求其在结构体类型定义之后进行，具体来看，最基本的定义形式类似于整型变量的定义，如“int i;”。另外两种定义形式是在基本定义基础上作了简化：一是边定义类型边定义变量；二是当此结构类型仅使用一次时，可在边定义类型边定义变量时进一步省略结构类型标识符。具体参见如下：

① 先定义结构体类型，再定义结构体变量。

```
    struct Point
    {
        double x;
        double y;
        double z;
    };  // 类型定义，定义结构体类型 struct Point
struct Point Point1, Point2;
```

② 在定义结构体类型的同时定义结构体变量。

```
struct 结构体名
{
  …（成员）…
}结构体变量名表;  //在这里定义属于结构体类型的变量
```

例如：

```
struct Point
{
  double x;
  double y;
```

```
    double z;
} Point1, Point2;
```

③ 直接定义结构体变量(不给出结构体类型名,匿名的结构体类型)。

```
struct
{
    …(成员)…
}结构体变量名表;   //只在这里定义结构体类型的变量
```

例如:

```
struct
{
    double x;
    double y;
    double z;
} Point1, Point2;
```

(3) 结构体变量的初始化

结构体变量的初始化即对结构体变量的首次赋值,因此结构体变量的初始化类似整型变量的初始化,即有两种形式:一是边定义变量边初始化,如“int i = 1;”;二是先定义变量,再通过赋值语句进行初始化,如“int i; i = 1;”。两者不同之处在于:因结构体类型中包含多个成员,所以结构体变量的初始化需要通过为结构体的成员变量赋以初始值实现,而结构体成员变量的初始化则遵循简单变量或数组等的初始化方法。具体形式如下:

```
struct 结构体标识符
{
    成员变量列表;
    …
};
struct 结构体标识符 变量名 = {初始化值 1,初始化值 2,…, 初始化值 n };
```

例如,定义 struct Point 类型变量并进行初始化的语句如下:

```
struct Point Point1  = {0.0, 0.2, 0.3};
```

初始化结构体变量时,既可以初始化其全部成员,也可仅对部分成员进行初始化。此时要求初始化的数据至少有一个,其他没有初始化的成员变量由系统完成初始化,为其提供缺省的初始化值。

例如:

```
struct Student
{
    long id;
```

```
    char name[20];
    int  age;
}a= {1};
```

上述初始化操作相当于为结构体变量 a 的 id 成员赋予 1,name 成员赋予空字符串,age 成员赋予 0。

9.1.2 访问结构体成员

在 C 语言中,结构体变量的引用方法有以下几种:

(1) 引用结构体变量中的一个成员的方法。

结构体变量名 . 成员名

其中,". "运算符是成员运算符。

例如:

```
Point1. x=101;
scanf("%d", &Point1. x);   if (Point1. x==100)…;
Point1. y++;
```

(2)对于成员本身又是结构体类型时的子成员,使用成员运算符逐级访问。

例如:

```
Line1. StartPoint. x
```

(3) 同一种类型的结构体变量之间可以直接赋值,可以整体赋值,也可以成员逐个依次赋值。

例如:

```
Point1= Point2;
```

或

```
Point1. x=Point2. x;
Point1. y=Point2. y;
Point1. z=Point2. z;
```

(4) 不允许将一个结构体变量整体输入、输出操作。

例如:

```
scanf("%…",&Point1);   printf("%…", Point1);   //都是错误的
```

【例 9-1】 定义学生结构体类型及变量并进行初始化,然后输出结构体变量各成员的值。

```
#include <stdio.h>
int main()
```

```
{
    struct stu
    {
        int no; char name[20]; char sex; int age; char pno[19];
            char addr[40]; char phone[20];
    }stu1 = {11301,"Nuist",'F',19,"320406841001264","Nanjing",
        "(025)58697967"};
    printf("no=%d,name=%s,sex=%c,age=%d,pno=%s\n
        addr=%s,tel=%s\n",stu1.no,stu1.name,stu1.sex,
        stu1.age,stu1.pno,stu1.addr,stu1.phone);
    return 0;
}
```

程序的运行结果如下：

```
no=11301,name=Nuist,sex=F,age=19,pno=320406841001264
addr=Nanjing,tel=(025)58697967
```

9.1.3　结构体数组

结构体数组是指数组元素的类型为结构体类型的数组。C 语言允许使用结构体数组存放一类对象的数据。定义结构体数组也有 3 种方式。

(1) 先定义结构体类型,然后定义结构体数组:

```
struct 结构体名
{
    …
};
struct 结构体名 结构体数组名[数组的长度];
```

(2) 定义结构体类型同时定义结构体数组:

```
struct 结构体名
{
    …
}结构体数组名[数组的长度];
```

(3) 匿名结构体类型

```
struct
{
    …
}结构体数组名[数组的长度];
```

例如:定义 35 个元素的结构体数组 stu1,其中每个元素都是 struct stu 类型。

```
struct stu
{
  int no;
  char name[20];
  char sex;
  int age;
  char pno[19];
  char addr[40];
  char tel[20];
}stu1[35];
```

定义结构体数组后,可以采用"数组元素. 成员名"的形式引用结构体数组某个元素的成员,在对结构体数组初始化时,只要把结构体当成一个整体,将每个元素的数据用"{}"括起来。

例如:

```
stu1[2] = {11301,"Zhangjin",'M',"18","3210220483","Nuist",
"587311110"};
```

9.1.4 结构体指针

结构体指针变量是指向结构体变量的指针变量。结构体指针变量的值是结构体变量在内存中的起始地址。

(1) 结构体指针变量的定义如下:

struct 结构体名 *结构体指针变量名;

例如:

```
struct stu *p;        //定义了一个结构体指针变量,它可以指向一个 struct stu
                      //结构体类型的数据
```

(2) 通过结构体指针变量访问结构体变量的成员,通常有两种访问形式。

① 方式一:

(*结构体指针变量名). 成员名

结构体指针变量名=所指向的结构体变量名。注意:". "运算符优先级比""运算符高。

② 方式二:

结构体指针变量名->成员名

"->"是指向成员运算符,很简洁,更常用。

例如:可以使用(*p).age 或 p->age 访问 p 指向的结构体的 age 成员。

(3) 结构体指针在使用之前应该对结构指针初始化,初始化方法有两种。

① 方法一:分配整个结构长度的字节空间,这可用下面函数完成,仍以上例来说明如下:

```
stu=(struct stu *)malloc(sizeof (struct stu));
```

② 方法二:定义一个结构体变量后,用 & 符号取其地址赋值给一个结构体指针变量。

【例 9-2】　一个用指针访问结构体变量及结构体数组的例子。

```
#include <stdio.h>
int main()
{
   struct stu                                    //结构体类型定义
   {
      int no;
      char name[20];
      char sex;
      int age;
      float score;
   };
   struct stu stu1[3] =                          //结构体数组 stu 定义
      {{11302,"Wang",'F',20,483},
       {11303,"Liu",'M',19,503},
       {11304,"Song",'M',19,471.5}};
   struct stu stu2=
   {11301,"Zhang",'F',19,496.5}, *p, *q;
      int i;
      p=&stu2;                                   //p 指向结构体变量
   printf("%s,%c,%5.1f\n",stu2.name,(*p).sex,p->score);
                                                 //访问结构体变量
      q=stu1;                                    //指向结构体数组的元素
      for(i=0;  i<3;  i++,q++)
         printf("%s,%c,%5.1f\n",q->name,q->sex,q->score);
   return 0;
}
```

程序的运行结果如下:

```
Zhang,F,496.5
Wang,F,483.0
Liu,M,503.0
Song,M,471.5
```

【程序分析】 数组的指针就是指向其元素的指针,访问数组元素和访问变量所需要定义的指针变量完全相同;指向数组元素和指向变量的指针变量在使用上也完全相同。

9.1.5 链表

(1) 链表概述

用数组存放数据时必须事先定义其长度,即元素个数。为了提高程序的通用性,一般要定义冗余的空间,这会造成浪费内存空间。为解决这一问题,本节将介绍链表,链表可以根据需要开辟内存单元,避免造成空间浪费。图 9-2 表示为最简单的一种链表(单向链表)的结构。

	内存地址	内存单元	说明
		…	
Head→	10E10→	10E20	头指针
		…	
	10E20→	王斌	姓名
		10E30	下一结点地址
		…	
	10E30→	单余	姓名
		10E40	下一结点地址
		…	
	10E40→	陆敬	姓名
		10E50	下一结点地址
		…	
	10E50→	周伟	姓名
		NULL	空指针
		…	

图 9-2 简单单向链表的示意图

链表是一种物理存储单元上非连续、非顺序的存储结构,数据元素的逻辑顺序是通过链表中的指针链接次序实现的。链表由一系列结点(链表中每一个元素称为结点)组成,结点可以在运行时动态生成。每个结点一般至少包括两个部分:一是用来存储数据元素的数据域;二是存储下一个结点地址的指针域。

(2) 链表的组成

头指针:存放一个地址,该地址指向一个元素。

结点:链表中每一个元素称为结点,结点一般至少包括两部分:用户需要的实际数据和链接节点的指针。

表尾:它的地址部分存一个 NULL(空地址),表示链表到此结束。

链表中各元素在内存中可以不是连续存放的;要访问某一元素,必须先访问其前驱元素,根据前驱元素包含的下一元素的地址访问下一个元素。如果不提供“头指针”(head),则链表访问不是很方便。链表如同一个链条,一环扣一环,中间不能断开。可以看出,链表这种数据结构,必须利用指针变量实现,即一个结点中应包含一个指针变量,用它存放下一结点的地址。

为了实现链表,需要使用结构体作为链表中的结点。一个结构体变量包含若干成员,这些成员可以是数值类型、字符类型、数组类型,也可以是指针类型。我们用这个指针类型成员来存放下一个结点的地址。例如,可以设计这样一个结构体类型:

```
struct stu   /* 定义结构体数据类型 */
{
   int no;
   float score;
   struct stu  * next;
};
```

其中:no 和 score 用来存放结点中的有用数据(用户需要用到的数据),next 是指针类型的成员,它指向 struct stu 类型的数据,即 next 所在的结构体类型。

图 9-3、图 9-4 分别是使用结构体数组和链表存储一组数据的图示,可以对二者进行比较:

① 链表可以比较方便进行插入和删除操作,而数组在插入和删除时需要移动其他元素。

② 用数组存放数据时,必须事先定义元素个数。链表则不需要,是动态地进行存储分配的一种结构,可根据需要动态申请内存空间。

③ 数组可以随机存取,链表必须顺序存取。

④ 从存储效率上看,链表会多使用一个指向下一个节点的指针,多占用些空间,因此空间利用率没有数组高。

⑤ 数组需要整块的存储空间,如果没有足够大的空间,数组不能申请到,程序不能正常运行,而链表可以使用零散的空间。

数组	结构体成员	值
stu[0]	No	101
	score	89.5
stu[1]	no	103
	score	90

stu[2]	no	107
	score	85
…		

图 9-3　学生信息数组表示法的示意图

	内存地址	内存单元	说明
		…	
Head→	10E10→	101	学号
		89.5	成绩
		10E30	下一结点地址
		…	
	10E30→	103	学号
		90	成绩
		10E40	下一结点地址
		…	
	10E40→	107	学号
		85	成绩
		NULL	下一结点地址
		…	

图 9-4　学生信息链表表示法的示意图

(3) 简单链表的定义与使用

【例 9-3】　建立一个如图 9-4 所示的简单链表，它由 3 个学生数据的结点组成，并要求输出各结点中的数据。

```
#include <stdio.h>
#define NULL 0
struct stu                          //定义结构体数据型类
{
  long no;
  float score;
  struct stu *next;                 //结构体成中含有一个结构指针
};
int main()
{
  struct stu a,b,c,*head,*p;        //定义结构体变量及指针
  a.no=10101; a.score=89.5;         //对结点的 no 和 score 成员赋值
```

```
    b. no=10103; b. score=90;
    c. no=10107; c. score=85;
    head=&a;                      //将结点 a 的起始地址赋给头指针 head
    a. next=&b;                   //将结点 b 的起始地址赋给 a 结点的 next 成员
    b. next=&c;                   //将结点 c 的起始地址赋给 b 结点的 next 成员
    c. next=NULL;                 //结点的 next 成员不存放其他结点地址
    p=head;                       //使 P 指针指向 a 结点
    do
    {
      printf("%ld %5. 1f\n",p->no,p->score);   //输出 P 指向的结点的数据
      p=p->next;                  //使 p 指向下一结点
    } while(p! =NULL);
    return 0;
}
```

程序的运行结果如下：

```
10101  89.5
10103  90.0
10107  85.0
```

【程序分析】 首先使 head 指向 a 结点，a. next 指向 b 结点，b. next 指向 c 结点，这就构成链表关系。“c. next=NULL”的作用是使 c. next 不指向任何有用的存储单元。在输出链表时要借助 p，先使 p 指向 a 结点，然后输出 a 结点中的数据，“p=p->next”是为输出下一个结点作准备。p->next 的值是 b 结点的地址，因此执行“p=p->next”后 p 就指向 b 结点，所以在下一次循环时输出的是 b 结点中的数据。

（4）动态链表的建立

建立动态链表指在程序运行过程中根据需要动态建立起一个链表结构。有了动态内存分配和结构体的基础，要实现链表就不难了。基本步骤如下：一个一个地生成相应的结构体结点并输入各结点数据，并通过每个结构体结点中的链接指针建立起前后间的引用关联。

【例 9-4】 写一个函数来建立一个有 3 名学生数据的单向动态链表。

【问题分析】

① 首先约定学号不会为零，如果输入的学号为 0，则表示建立链表的过程完成，该结点不应连接到链表中。

② 通过 malloc(LEN) 申请结点空间，并让 p1 指向申请到的空间；接着如果读入的 p1->no不等于 0，则输入的是第一个结点 A 数据（令 n=1），且将 p1 赋值给 head，即 head 指向了第一个结点 A，也就是使 head 也指向新开辟的结点。

③ 接着再开辟另一个结点 B 并使 p1 指向它，接着输入该结点的数据，并 p2 指向 p1。

④ 再开辟一个结点 C 并使 p1 指向它，并输入该结点的数据，接着输入该结点的数，并 p2 指向 p1。

⑤ 再开辟一个新结点 D 并使 p1 指向它,输入该结点的数据,接着输入该结点的数据由于 p1->no 的值为 0,不再执行循环。

建立链表的函数如下:

```
#include <stdio. h>
#include <malloc. h>
#define NULL 0                          //令 NULL 代表 0,用它表示“空地址
#define LEN sizeof( struct stu)
  //令 LEN 代表 struct stu 类型数据的长度,sizeof 是“求字节数运算符”
struct stu
{
  long no;
  float score;
  struct stu  * next;
};
int n;                                  //n 是结点个数,为全局变量
struct stu  * ListCreat( )              //定义一个 ListCreat 函数,它是指针类型,
                                        //即此函数带回一个指针值。它指向
                                        //一个 struct stu 类型数据。实际上此
                                        //ListCreat 函数带回一个链表起始地址
{
  struct stu  * head;
  struct stu  * p1, * p2;               //p1 指向新开辟的结点,
                                        //p2 指向链表中最后一个结点
  n=0;
  p1=p2=(struct stu * )malloc(LEN);
                                        //开辟一个新单元,malloc(LEN)的
                                        //作用是开辟一个长度为 LEN 的内存区
  scanf( "%ld,%f" ,&p1->no,&p1->score);
  head=NULL;
  while(p1->no!=0)
  {
    n=n+1;
    if(n==1) head=p1;
    else p2->next=p1;                   //把 p1 所指的结点连接在 p2 所指的结
                                        //点后面,用“p2-> next=p1”来实现
    p2=p1;
    p1=(struct stu * )malloc(LEN);
    scanf( "%ld,%f" ,&p1->no,&p1->score);
```

```
    }
    p2->next=NULL;
    return(head);                    //return head,也就是链表的头地址
                                     //指向 struct stu 类型数据
}
```

函数 ListCreat 头部在括号没有内容,表示本函数没有形参,不需要进行数据传递。

可以在 main 函数中调用 ListCreat 函数:

```
#include <stdio.h>
voidmain()
{
  ListCreat();          //调用 ListCreat 函数后建立了一个单向动态链表
}
```

调用 ListCreat 函数后,函数的值是所建立的链表的第一个结点的地址,可通过查看 return 语句来显示。

(5) 链表的输出

首先要知道链表第一个结点的地址,也就是要知道 head 的值。然后设一个指针变量 p,先指向第一个结点,输出 p 所指的结点,然后使 p 后移一个结点,再输出,直到链表的尾结点。

编写一个输出链表的输出函数 ListPrint:

```
void ListPrint (struct stu *head)
{
  struct stu *p;
  printf("\nNow,These %d records are:\n",n);
  p=head;
  if(head!=NULL)
  do
  {
    printf("%ld %5.1f\n",p->no,p->score);
    p=p->next;
  }while(p!=NULL);
}
```

详细了解建立链表和链表输出过程后,链表的删除和插入过程就比较容易理解了。

(6) 链表的删除

从一个动态链表中删去一个结点并不是真正从内存中把它抹掉,而是把它从链表中分离开来,此时,只要撤销原来的链接关系即可。

仍以上面例子为例,从 p 指向的第一个结点开始,检查该结点中的 no 值是否等于输

入的要求删除的那个学号。如果相等就将该结点删除，如果不相等，就将 p 后移一个结点，再如此进行下去，直到遇到表尾为止。

可以设两个指针变量 p1 和 p2，先使 p1 指向第一个结点。

如果要删除的不是第一个结点，则使 p1 后移指向下一个结点（将 p1->next 赋给 p1），在此之前应将 p1 的值赋给 p2，使 p2 指向刚才检查过的那个结点。

还需要考虑链表是空表（无结点）和链表中找不到要删除的结点的情形。

删除结点的函数 ListDel 代码如下：

```
struct stu *ListDel(struct stu *head,long no)
{
   struct stu *p1, *p2;
  if (head==NULL)
  {
    printf("\nlist null! \n");
    exit(0);
  }
  p1=head;
  while((no!=p1->no)&&(p1->next!=NULL))
                                          //p1 不是删除的结点,后面还有结点
  {
    p2=p1;  p1=p1->next;                  //p1 后移一个结点
  }
  if(no==p1->no)                          //找到期望删除的结点
  {
    if(p1==head) head=p1->next;           //p1 是第一个结点
    else p2->next=p1->next;               //p1 不是第一个结点
    printf("delete:%ld\n",no);
    n=n-1;
  }
  else printf("%ld not been found! \n",no);  //找不到结点
  return(head);
}
```

（7）链表的插入

对链表的插入是指将一个结点插入一个已有的链表中。为了能做到正确插入，必须解决两个问题：首先要找到插入的位置，然后实现插入过程。具体过程如下：

① 先用指针变量 p0 指向待插入的结点，p1 指向链表的第一个结点。

② 将 p0->no 与 p1->no 相比较，如果 p0->no 大于 p1->no，则待插入的结点不应插在 p1 所指的结点之前。此时将 p1 后移，并使 p2 指向刚才 p1 所指的结点。

③ 再将 p1->no 与 p0->no 比，如果仍是 p0->no 大，则应使 p1 继续后移，且 p2 也继续后移一个，直到 p0->no 小于 p1->no 为止。这时将 p0 所指的结点插到 p1 所指结点之前。但是如果 p1 所指的已是表尾结点，则 p1 就不应后移了。如果 p0->no 比所有结点的 no 都大，则应将 p0 所指的结点插到链表末尾。

④ 如果插入的位置既不在第一个结点之前，又不在表尾结点之后，则将 p0 的值赋给 p2->next，使 p2->next 指向待插入的结点，然后将 p1 的值赋给 p0->next，使得 p0->next 指向 p1 指向的变量。

插入结点的函数 ListInsert 代码如下：

```
struct stu *ListInsert(struct stu *head, struct stu *stud)
{
  struct stu *p0, *p1, *p2;
  p1=head;                        //P1 指向第一个结点
  p0=stud;                        //P0 指向要插入的结点
  if(head==NULL)                  //如果是空链表
  {
    head=p0; p0->next=NULL;       //P0 作为头结点，p0 的下一个结点为空
  }
  else
  {
    while((p0->no>p1->no)&&(p1->next!=NULL))
                                  //当前指针处学号小于插入学号并且当
                                  //前指针处元素不是最后一条记录
    {
      p2=p1;                      //使 p2 指向刚才 p1 指向的结点
      p1=p1->next;                //p1 后一个结点
    }
    if(p0->no<=p1->no)            //当前指针元素学号大于插入学号
    {
      if(head==p1) head=p0;       //如果当前指针元素等待于头指针地址，
                                  //插入第一个结点之前
      else p2->next=p0;           //插入 P2 结点之后
      p0->next=p1;                //将 p1 接到插入结点之后
    }
    else { p1->next=p0; p0->next=NULL; }    //插入最后结点之后
  }
  n=n+1;                          //结点数加一
  return(head);
}
```

函数参数是 head 和 stud。stud 也是一个指针变量,从实参传来待插入结点的地址给 stud 语句“p0=stud;”的作用是使 p0 指向待插入的结点。函数类型是指针类型,函数值是链表起始地址 head。

(8) 链表的综合操作

将以上建立、输出、删除、插入的函数组织在一个程序中,即将上面的 4 个函数进行有序组织,用 main 函数作为主调函数,代码如下:

```
#include <stdio.h>
int main()
{
    struct stu  *head,stu;
    long del_no;
    prinf("请输入学生信息:\n");
    head=ListCreat();                         //建立链表,返回头指针
    ListPrint(head);                          //输出全部结点
    printf("\n 请输入删除的学号:\n");
    scanf("%ld",&del_no);
    head=ListDel(head,del_no);                //删除输入学号的节点信息
    ListPrint(head);
    printf("\n 输入插入的结点的学号和成绩:\n");
    scanf("%ld,%f",&stu.no,&stu.score);       //输入插入的结点
    head=ListInsert(head,&stu);               //用输入的信息插入一个结点
    ListPrint(head);
    return 0;
}
```

程序的运行结果如下:

```
请输入学生信息：
10101,90
10103,98
10105,76
0,0

Now,These 3 records are:
10101  90.0
10103  98.0
10105  76.0

请输入删除的学号：
10103
delete:10103

Now,These 2 records are:
10101  90.0
10105  76.0

输入插入的结点的学号和成绩：
10102,90

Now,These 3 records are:
10101  90.0
10102  90.0
10105  76.0
```

从运行结果来看,只删除一个结点或插入一个结点,此程序运行结果是正确的。请读者思考:需要插入两个以上结点时,上述程序是否有错？若有错,错在哪里？又该如何修改？

结构体和指针的应用领域很广泛,除了单向链表之外,还有环形链表和双向链表。此外,通过链表可实现队列、树、栈、图等复杂的数据结构,这些问题的学习将放在“数据结构”课程中,在此不作详述。

9.1.6　结构体与函数

结构体变量、结构体指针变量都可以像其他数据类型一样作为函数的参数,也可以将函数定义为结构体类型或结构体指针类型,即返回值为结构体、结构体指针类型。

【例 9-5】　对年龄在 19 岁以下(含 19 岁)同学的成绩增加 10 分。

```
#include <stdio.h>
struct stu
{
   int no;
   char name[20];
   char sex;
   int age;
   float score;
};
struct stu stu1[3] =
```

```
11      {{11302,"Wang",'F',20,483},
12      {11303,"Liu",'M',19,503},
13      {11304,"Song",'M',19,471.5}};
14    print(struct stu s)                         //打印学生姓名、年龄、成绩
                                                  //形参:结构体类型
15    {
16      printf("%s,%d,%5.1f\n",s.name,s.age,s.score);
17    }
18    add10(struct stu *ps)                       //年龄≤19,成绩加 10 分
                                                  //形参:结构体指针类型
19    {
20      if(ps->age<=19)ps->score=ps->score+10;
21    }
22    int main()
23    {
24      struct stu *p;
25      int i;
26      for(i=0; i<3; i++)print(stu1[i]);          //循环打印学生的记录
27      for(i=0,p=stu1; i< 3; i++,p++) add10(p);   //循环判断,加分
28      for(i=0,p=stu1; i< 3; i++,p++) print(*p);  //循环打印学生的记录
29      return 0;
30    }
```

主程序第 26~28 行的语句也可以改成如下的代码:

```
…
for(i=0; i<3; i++)print(stu1[i]);
for(i=0; i<3; i++)add10(&stu1[i]);
for(i=0; i<3; i++)print(stu1[i]);
…
```

函数 print 的形参 s 属于结构体类型,所以实参也用结构体类型 stu[i]或 *p。

函数 add10 的形参 ps 属于结构体指针类型,所以实参用指针类型 &stu[i]或 p。

【例 9-6】 将上例中的函数 add10 改写为返回结构体类型值的函数。

```
#include <stdio.h>
…
struct stu add10(struct stu s)
{
  if(s.age<=19)s.score=s.score+10;
  return s;
```

```
}
…
int main( )
{
    struct stu  * p;
    int i;                              //下面的 for 语句可以改为以下情况
    for( i=0,p=stu1; i<3; i++,p++) print( * p);
                                        //for( i=0; i<3; i++) print( stu1[ i]);
    for( i=0,p=stu1;i<3;i++,p++)  * p=add10( * p);
                                 //for( i=0;i<3;i++) stu[ i] =add10( stu1[ i]);
    for( i=0,p=stu1; i<3; i++,p++) print( * p);
                                        //for( i=0; i<3; i++) print( stu1[ i]);
    return 0;
}
```

【程序分析】 函数 add10 修改为返回结构体类型的函数,那么形参的传地址就不必要了。主函数调用 add10 时,将返回值赋值给结构体数组元素。在要向函数传递的参数内容放在结构体中时,希望使用指向结构体的指针作函数参数,这样表示方便且效率更高。

9.2 共用体

共用体是另一种构造数据类型,也称为联合体。它将不同类型的数据组织在相同的存储空间中,即在同一个存储区中存放不同类型的数据。

与结构体类似,在共用体内可以定义多种不同数据类型的成员。两者的区别是,共用体类型变量所有成员共用一块内存单元。显然,由于多个成员存放在相同的空间里,同一时刻只可能保存一个结果,因此必须清楚当前存放的是哪一个成员的值,这一点必须由用户自行确定。

共用体是在存储空间特别紧张的情况下采用的,对一些存储没有苛刻要求的场合,尽量不采用共用体,而直接使用结构体更加清晰。

9.2.1 共用体类型与共用体变量

在 C 语言中,共用体类型、共用体类型变量仍然遵循“先定义,后使用”的原则。

(1) 共用体类型定义的一般形式:

```
union 共用体名
{
  类型 1 成员 1;
  类型 2 成员 2;
  …
```

```
    类型 n 成员 n;
};
```

(2) 共用体类型变量的定义，共用体变量的定义方式与结构体变量类似，可以单独定义、同时定义、直接定义(即同时、前后、匿名)。

例如：

```
/* 定义共用体类型 data */
union data
{
    int a;
    float b;
    char c;
};
/* 定义共用体变量，其内存分配如图 9-5 所示 */
```

此处定义了一个共用体类型 union data，同时定义了共用体变量 x，y。但应注意，由于共用体开辟的存储空间将为 3 个成员共同使用，即成员 a，b，c 在内存中的起始地址相同，因此开辟空间的大小为其中最大一个成员所占的空间，本例需要 4 个字节存储。如果以上定义的是结构体，则变量所占的空间为 3 个成员之和，为 7 个字节。

```
union data x,y
```

<table>
<tr><th>地址</th><th>内存空间</th><th colspan="3">说明</th></tr>
<tr><td>…</td><td>…</td><td></td><td></td><td></td></tr>
<tr><td>x →01FE0</td><td></td><td rowspan="4">←x. b
float
4 字节</td><td rowspan="2">←x. a
int 2 字节</td><td>←x. c char 1 字节</td></tr>
<tr><td>01FE1</td><td></td><td></td></tr>
<tr><td>01FE2</td><td></td><td></td><td></td></tr>
<tr><td>01FE3</td><td></td><td></td><td></td></tr>
<tr><td>01FE4</td><td></td><td></td><td></td><td></td></tr>
<tr><td>01FE5</td><td></td><td></td><td></td><td></td></tr>
<tr><td>01FE6</td><td></td><td></td><td></td><td></td></tr>
<tr><td>01FE7</td><td></td><td></td><td></td><td></td></tr>
<tr><td>01FE8</td><td></td><td></td><td></td><td></td></tr>
<tr><td>y →01FE9</td><td></td><td rowspan="4">←y. b
float
4 字节</td><td rowspan="2">←y. a
int 2 字节</td><td>←y. c char 1 字节</td></tr>
<tr><td>01FEA</td><td></td><td></td></tr>
<tr><td>01FEB</td><td></td><td></td><td></td></tr>
<tr><td>01FEC</td><td></td><td></td><td></td></tr>
</table>

01FED				
01FEE				
01FEF				
01FF0				
01FF1				
…	…			

图 9-5　共用体变量 x,y 的内存空间状况示意图

9.2.2　共用体变量的引用

共用体变量的赋值、引用都是通过对变量的成员操作实现的,与结构体不同的是,共用体变量中只有一个成员在某一时刻是有效的,只能引用当前成员的值,不能同时引用多个成员的值。共用体变量的成员表示为:

共用体变量名 . 成员名

使用共用体类型数据时,应注意共用体数据的特点:

(1) 同一内存段可以用来存放不同类型的成员,但是每一瞬时只能存放其中的一种(也只有一种有意义)。

(2) 共用体变量中有意义的成员是最后一次存放的成员。

例如:

```
x.a=3;
x.b=4.5;
x.c='A';
```

执行语句后;当前只有 x.c 的值有效,因为其余两个成员的值已先后被取代。x 变量中的值为'A',x.a 和 x.b 也可以访问,但没有实际意义。但有时可以作为数据类型转换的方法,即以一种类型的数据存入,以另一种数据类型读出。在实际应用中经常使用。

(3) 共用体变量的地址和它的成员的地址都是同一地址,即 &x.a = &x.b = &x.c = &x。

(4) 除整体赋值外,不能对共用体变量进行赋值,也不能企图引用共用体变量来得到成员的值。不能在定义共用体变量时对共用体变量进行初始化,系统不清楚是为哪个成员赋初值。

(5) 可以将共用体变量作为函数参数,函数也可以返回共用体或共用体指针。

(6) 共用体与结构体一样,也可以相互嵌套。

9.2.3　共用体指针

共同体指针变量是指向共同体变量的指针变量。共同体指针变量的值是共用体变量(在内存中的)的起始地址。

(1) 共用体指针变量的定义:

union 共同体名 ＊共同体指针变量名;

例如:

```
union data  ＊x;          //定义了一个共用体指针变量,它可以指向一个 union
                          //data 共用体类型的数据
```

(2) 通过共用体指针变量访问共用体变量的成员有两种访问形式。

第一种:

(＊共用体指针变量名). 成员名

＊共用体指针变量名=所指向的共用体变量名,注意:“. ”运算符优先级比“＊”运算符高。

第二种:

共用体指针变量名-> 成员名

“->”是指向成员运算符,很简洁,更常用。

例如:可以使用(＊x). a 或 x->a 访问 p 指向的共用体的 a 成员。

(3) 共用体指针的初始化有以下两种方法:

① 分配整个共用体长度的字节空间,这可用下面函数完成,仍以上例来说明如下:

```
data =(union string＊)malloc(size of (union string));
```

size of (union string)自动求取 string 共用体的字节长度, malloc( ) 函数定义了一个大小为共用体长度的内存区域, 然后将其地址作为共用体指针返回。

② 定义一个共用体变量后,用 & 符号取其地址赋值给一个共用体指针变量。

例如:

```
union exam  ＊p,x;
p=&x;
x.a=3;
printf("%d\n",p->a);
p->b=4.5;
printf("%f\n",x.b);
```

9.3 枚举与自定义类型

9.3.1 枚举类型

在实际应用中,有些变量的取值被限定在一个有限的范围内。例如:人的性别包括 male 和 female;一个星期包括周日、周一、周二、周三、周四、周五和周六;月份可为一月、二月、三月、四月、五月、六月、七月、八月、九月、十月、十一月和十二月；一个班每周有六门课程；等等。如果把这些量说明为整型，字符型或其他类型显然是不十分贴切的。

为此，C 语言提供了一种称为“枚举”的类型。在“枚举”类型的定义中列举出所有可能的取值，被说明为该“枚举”类型的变量的取值不能超过定义的范围。应该说明的是，枚举类型是一种基本数据类型，而不是一种构造类型，因为它不能再分解为任何基本类型。

枚举是离散的有限数据的集合。枚举型变量的取值仅限于列举出且事先定义的若干数据之一。

（1）枚举类型定义

```
enum 枚举类型名
{
    枚举元素(或枚举常量)列表
};
```

例如：

```
enum weekday
{
    sun,mon,tue,wed,thu,fri,sat
};
```

（2）枚举变量的定义，与结构体和共用体类似，枚举也必须先定义类型及枚举变量，通常有下面 3 种定义方式：

① 定义枚举类型的同时定义变量：

```
enum 枚举类型名{枚举常量列表}枚举变量列表;
```

② 先定义类型后定义变量：

```
enum 枚举类型名 枚举变量列表;
```

③ 匿名枚举类型：

```
enum {枚举常量列表}枚举变量列表;
```

例如：

```
enum weekday{sun, mon, tue, wed, thu,f ri, sat};
/* 定义枚举类型 enum weekday,取值范围:sun, mon,…, sat */
enum weekday week1,week2;
/* 定义 enum weekday 枚举类型的变量 week1,week2,其取值范围:sun,
mon,…, sat */
week1=wed; week2=fri;  /* 可以用枚举常量给枚举变量赋值 */
```

（3）关于枚举使用的几点说明：

① enum是标识枚举类型的关键词,定义枚举类型时应当用enum开头。

② 枚举元素(枚举常量)由程序设计者自己指定,命名规则同标识符。这些名字往往是带有含义的符号,这样可以提高程序的可读性。

③ 枚举元素在编译时,按定义时的排列顺序取值0,1,2,…。(类似整型常数)

④ 枚举元素是常量,不是变量;看似变量,实为常量。可以将枚举元素赋值给枚举变量,但是不能给枚举常量赋值。在定义枚举类型时可以给这些枚举常量指定整型常数值,未指定值的枚举常量的值是等于在前一个枚举常量的值基础上加1。

例如:

```
enum weekday{sun=7,mon=1,tue,wed,thu,fri,sat};
```

⑤ 枚举变量和常量一般可以参与整数可以参与的运算,如算术运/关系/赋值等运算。但无法直接对枚举数据进行直接输出,需通过"翻译"才能正确输出。

例如:通过语句组"week1=sun;printf("%s",week1);"直接打印出"sun"是做不到的,但可通过"if(week1==sun) printf("sun");"语句 "翻译"来输出。

9.3.2 自定义类型

C语言允许用户定义自己习惯的数据类型名称,来替代系统默认的基本类型名称、数组类型名称、指针类型名称和用户自定义的结构类型,来进一步提高程序的可读性。实现时,可借助C语言中的typedef定义类型语句来重新定义,格式为:

```
typedef  类型定义  类型名;
```

typedef是定义了一个新的类型名字,并没有建立新的数据类型,它是已有类型的别名而已。使用类型定义的好处是既可以增加程序可读性,也可简化书写。

typedef类型定义的典型应用有以下几种:

(1) 定义一种新数据类型,作简单的名字替换。

例如:

```
typedef unsigned int UINT;   /* 定义UINT是无符号整型类型 */
UINT u1;                     /* 定义UINT类型(无符号整型)变量u1 */
```

(2) 简化数据类型的书写。

```
typedef struct
{
    int month;
    int day;
    int year;
}DATE;  /* 定义DATE是一种结构体类型 */
DATE birthday,*p,d[7];
/*定义DATA(结构体类型)类型的变量birthday、指针p、数组d */
```

注意:用 typedef 定义的结构体类型不再需要 struct 关键词,明显简洁多了。

(3) 定义特定的数组类型

```
typedef intNUM[10];/* 定义 NUM 是 10 数整型数组类型(存放 10 个整数) */
NUM n;  /* 定义 NUM 类型(10 数整型数组)的变量 n */
```

(4) 定义特定的指针类型。

```
typedef char * STRING;  /* 定义 STRING 是字符指针类型 */
STRING p;  /* 定义 STRING 类型(字符指针类型)的变量 p */
```

对于 typedef 自定义类型的使用补充如下:typedef 类型定义并没有创造新的数据类型,且只能定义类型不能定义变量,另外与 define 的含义不相同,具体如表 9-1 所示。

表 9-1　typedef 与 define 比较

define	typedef
预编译时处理	编译时处理
简单字符置换	为已有类型命名

9.4　程序举例

【例 9-7】 通过共用体成员显示其在内存的存储情况,以年月日时间为例。

【问题分析】 先定义两个结构体:一个名为 time 的结构体,另一个名为 dig 的共用体。

```
struct time
{
    short int year;        /*年*/
    short int month;       /*月*/
    short int day;         /*日*/
};
union dig
{
    struct time date;      /*嵌套的结构体类型*/
    char byte[6];
};
```

以十进制地址为例,假定共用体的成员在内存的存储是从地址 1000 单元开始存放,整个共用体类型需占存储空间 6 个字节,即共用体 dig 的成员 date 与 byte 共用这 6 个字节的存储空间。

由于共用体成员 date 包含 3 个整型的结构体成员,各占 2 个字节。date. year 是由 2

个字节组成，用 byte 字符数组表示为 byte[0]和 byte[1]，且 byte[1]是高字节，byte[0]是低字节。下面用程序实现共用体在内存中的存储：

```
#include<stdio.h>
struct time
{
    short int year;                          /*年*/
    short int month;                         /*月*/
    short int day;                           /*日*/
};
union dig
{
    struct time date;                        /*嵌套的结构体类型*/
    char byte[6];
};
void main()
{
    union dig unit;
    int i;
    printf("enter year:\n");
    scanf("%d",&unit.date.year);             /*输入年*/
    printf("enter month:\n");
    scanf("%d",&unit.date.month);            /*输入月*/
    printf("enter day:\n");
    scanf("%d",&unit.date.day);              /*输入日*/
    printf("year=%d month=%d day=%d\n", unit.date.year,unit.
    date.month, unit.date.day);              /*打印输出*/
    for(i=0;i<6;i++)
    printf("%d,",unit.byte[i]);              /*按字节以十进制输出*/
    printf("\n");
}
```

程序的运行结果如下：

```
enter year:
2013
enter month:
06
enter day:
28
year=2013 month=6 day=28
 -35 7 0 0 6 0
```

【程序分析】　本例中用到结构体 time 和共用体 dig，通过运行结果更加清楚了结构体和共用体的区别和联系，加深了对结构体和共用体的认识，以便更好地掌握它们。

【例 9-8】　用一个结构体表示学生的学号和成绩，对全体学生按成绩进行排序，并输出排序后的学号、成绩和全班平均成绩。

【问题分析】　先定义一个结构体，一个指向结构体的指针数组，用冒泡排序方法排序。

```
#include<stdio.h>
#define N 10                                   /* 全班学生数 */
struct stu_info
{
   char num[6];                                /* 学生学号 */
   int score;                                  /* 学生成绩 */
   } stu[N] ;                                  /*  stu:结构体数组 */
int main( )
{
      struct stu_info  *pt, *p[N];             /* pt 是指向结构体的指针,p 是指向
                                               /* 结构体的指针数组 */
      int i,j;
   floatsum=0;                                 /* sum 是成绩累计变量 */
      for(i=0;i <N;i++)                        /* 输入学生的学号和成绩 */
   {
      fflush(stdin);                           /* 清除输入缓冲区的内容 */
      gets(stu[ i] .num);                      /* 输入学生的学号 */
      scanf( "%d" ,&stu[ i] .score);           /* 输入学生的成绩 */
      p[i] =&stu[i];                           /* 指针数组 p[i]的第 i 个指针(元素)
                                               /* 指向结构体数组的第 i 个元素 */
      sum+ =stu[ i] .score;                    /* 学生成绩累计 */
      }
      for(i=1;i <N;i ++)                       /* 冒泡法排序,降序 */
      {
         for (j=0;j<N-1;j++)
           if(p[j]->score<p[j+1]->score)
             {
             pt=p[j];
             p[j]=p[j+1];
             p[j+1]=pt;
             }
      }
```

```
        for(i=0;i<N;i ++ )                    /* 按排序顺序输出学号和成绩 */
        printf("%10s%d \n" ,p[i] -> num,p[i]->score);
    printf ( "average score =%d \n",sum/N);      /* 输出平均成绩 */
}
```

【程序分析】 程序在结构体数组 stu 和指针数组 p 之间建立了对应的指针关系。在排序过程中,程序采用冒泡排序的思想,但在进行数据交换时,并没有交换结构体数据本身,而是交换了指向结构体数据的指针。在输出时,按照排序后指针的顺序,输出排序后的数据。

【本章小结】

介绍了 C 语言的复杂数据类型——结构体、共用体、枚举及用户定义类型。重点是结构体与指针、链表、结构体数组、共同体中成员的存储及枚举类型等内容,以及如何使用 typedef 来自定义数据类型。对本章内容的熟练掌握,有助于实现信息的准确表达,更符合数据本身的特性,大大提升程序的可读性;另外通过链表可实现动态复杂的数据结构,编写复杂的高效程序。

【考点提示】

在二级等级考试中,本章主要出题方向及考察点主要如下:

(1) 用 typedef 说明一个新类型。

(2) 结构体和共用体类型数据的定义和成员的引用。

(3) 通过结构体构成链表,单向链表的建立,结点数据的输出、删除与插入等。

(4) 结构体变量、结构体数组的指针操作(将指针与后续章节中的结构体结合):指向结构体变量的指针变量的声明、初始化、赋值及引用,指向结构体数组的指针变量的声明、初始化、赋值、算术运算及引用。

习题

1. 填空题

(1) 以下程序的输出结果是________。

```
#include <stdio.h>
struct myun
{
    struct
    {
        int x, y, z;
    }u;
```

```
    int k;
  }a;
main()
{
  a.u.x=4; a.u.y=5; a.u.z=6;a.k=0;
  printf("%d\n",a.u.x);
}
```

（2）以下程序的输出结果是__________。

```
#include <stdio.h>
struct STU
{
  char name[20];
  int no;
};
void f1(struct STU c)
{
  struct STU b={"LiMing",2012};
  c=b;
}
void f2(struct STU *c)
{
  struct STU b={"ZhangJiang",2014};
  *c=b;
}
void main()
{
  struct STU a={"TangShan",2011},b={"WangYing",2013};
  f1(a);f2(&b);
  printf("%d %d\n",a.no,b.no);
}
```

（3）设用指针方法给 sl 的成员 no 赋值 1234 的语句是__________。

```
#include <stdio.h>
struct student
{
  int no;
  char name[12];
  float score[3];
```

```
}sl, *p = &sl;
```

(4) 设“union student { int n;char a[100]; } b;”,则 sizeof(b)的值是________。

(5) 以下程序的输出结果是____________。

```
#include <stdio.h>
struct w {   char low ; char high ;   } ;
union u {   struct w byte ; int word ; } uu;
main ( )
{
  uu.word = 0x1234 ;
  printf("%04x\n",  uu.word); printf("%02x\n", uu.byte.high) ;
  printf("%02x\n", uu.byte.low);   uu.byte.low = 0xff ;
  printf("%04x\n",uu.word) ;
}
```

2. 编程题

(1) 有 10 个学生,每个学生的数据包括学号、姓名、3 门课的成绩,从键盘输入 10 个学生数据,要求打印出 3 门课总平均成绩以及最高分的学生的数据(包括学号、姓名及 3 门课的成绩、平均分数)。

(2)设有若干个人员的数据,其中有学生和教师。学生的数据中包括:姓名、号码、性别、职业、班级。教师的数据包括:姓名、号码、性别、职业、职务。可以看出,学生和教师所包含的数据是不同的。现要求把它们放在同一表格中。'S'表示学生,'T'表示教师。

(3) 建立一个链表,每个结点包括:学号、姓名、性别、年龄。输入一个年龄,如果链表中的结点所包含的年龄等于此年龄,则将此结点删去。

第10章 文件

10.1 文件概述

通过前面几章的学习,我们知道了程序处理的对象是数据,任何程序都离不开数据。例如,要求一个气象台连续 10 天观测 14 时温度的平均值,以前的方法是,这 10 个温度数据要么在程序中直接赋值,要么在运行时从键盘输入,输出结果一般在显示器上显示。数据量较少时这种方法还是可行的,但如果数据量很大,比如要计算这个气象台一年的平均温度,就会出现下列问题:① 每次运行程序都要从键盘输入大量数据,费时费力。如果输入过程中不小心输错了一个数据,就会前功尽弃,需要重新输入全部数据,或者出现错误结果。② 程序输出结果只能在显示器上显示或打印输出一次,而无法长期保存,结果数据无法再次利用。

使用文件就可以解决上述问题,并且还可以利用文件保存计算的中间结果。我们把数据事先保存在文件中,存放在外部介质(如磁盘)上,当程序运行需要数据时,就从文件中读入;程序的中间结果或运行结果输出到文件中保存起来,需要时再从文件里取出来。这样做的好处是显而易见的:数据只需要从键盘输入一次,以后就可以多次使用了;程序运行的结果可以长期保存并多次使用,还可以作为下一步处理的输入数据。因此,使用文件便于对数据的存取、使用和管理。

文件有不同的类型,程序设计中主要用到两种文件:① 程序文件。包括源程序文件(后缀为 .c)、目标文件(后缀为 .obj)、可执行文件(后缀为 .exe)等。这种文件的内容为程序代码。② 数据文件。文件的内容不是程序,而是提供给程序运行时读写的数据,如在程序运行过程中输出到磁盘的数据,或在程序运行过程中供输入的数据。

本章讨论的主要内容是数据文件。

计算机系统中有各种各样的输入输出设备,各种设备之间的差异很大,为了简化对各种设备的操作,操作系统把各种设备都统一作为文件来处理。从操作系统的角度看,每一个与主机相连的输入输出设备都看作一个文件。例如,终端键盘是输入文件,显示器和打印机是输出文件。

文件是指存储在外部介质(如磁盘)上的相关数据的集合。这里的数据可以是程序的代码,也可以是纯粹的数据或文档。操作系统以文件为单位对数据进行管理,也就是说,如果想找在外部介质上的数据,必须先按文件名找到所指定的文件,然后再从该文件中读取数据。要向外部介质上存储数据也必须先建立一个文件(以文件名标识该文件),才能向它输出数据。

输入输出是数据传送的过程，数据如流水一样从一处流向另一处，因此，常将输入输出形象的称为流，即数据流。流表示了信息从源端到目的端的流动。输入操作时，数据从文件流向计算机内存，输出操作时，数据从计算机内存流向文件（如显示、打印机、磁盘等）。文件由操作系统统一管理。

从 C 程序的观点看，无论程序一次读一个字符，或一行字符，或一个指定的数据区，作为输入输出的各种文件或设备都是以逻辑数据流的方式出现的。C 语言把文件看作一个字符（或字节）序列，即由一个一个字符（或字节）数据顺序组成。

C 语言的数据文件由一连串的字符（或字节）组成，不考虑行的界限，两行之间的数据不会自动加分隔符（如换行符），对文件的存取以字符（字节）为单位。输入输出数据流的开始和结束仅受程序控制，不受物理符号（如回车换行符）控制，这种文件称为流式文件。

（1）文件名

一个文件要有一个唯一的文件标识，以便于用户识别和引用。文件标识指出了文件所在的设备、位置、名字和类型。例如，D:\TEMP\EXAMPLE\E1. DAT。其中，“D:\TEMPEXAMPLE\”是文件的路径，表示文件在 D 盘上的 TEMP 文件夹下的子文件夹 EXAMPLE 中，如果不指定设备名和路径，则文件保存在当前设备和文件夹中；“E1”是文件的名字，唯一标识该文件；“. DAT”是文件的扩展名，表示文件的类型。

通常，为了方便，常常将文件标识称为文件名（即 E1）。

（2）文件分类

根据数据的组织形式，数据文件分为 ASCII 文件和二进制文件。数据在内存中是以二进制形式存储的，如果不进行转换就输出到外存，就是二进制文件。如果要求以 ASCII 代码形式存储在外存上，就需要在存储前对数据进行转换。ASCII 文件又称为文本文件（text file），每一个字节存放一个字符的 ASCII 代码。

数据在磁盘上存储时，字符都是以 ASCII 形式存储，数值型数据既可以用 ASCII 形式存储，也可以用二进制形式存储。例如，整数 10000，在内存中的形式如图 10-1 所示；如果按照 ASCII 形式输出到磁盘如图 10-2 所示，在磁盘中占 5 个字节，一个字符占一个字节；如果按照二进制形式输出到磁盘如图 10-3 所示，在磁盘上占 4 个字节（用 Visual C++时），与内存中的形式一模一样。

00000000	00000000	00000011	11101000

图 10-1　整数 10000 在内存中的形式

00110001	00110000	00110000	00110000	00110000

图 10-2　整数 10000 按照 ASCⅡ形式输出到磁盘

00000000	00000000	00000011	11101000

图 10-3　整数 10000 按二进制形式输出到磁盘

用 ASCII 码形式输出字符时，字节与字符一一对应，一个字节存储一个字符，便于对字符逐个进行处理，但占存储空间较多，而且要花费时间进行转换（二进制形式与 ASCII 码形式之间的转换）。用二进制形式输出数值，可以节省外存空间和转换时间，把内存中的数值原封不动的输出到磁盘上，此时一个字节并不代表一个字符。

(3) 文件缓冲区

ANSI C 标准采用“缓冲文件系统”处理数据文件，所谓缓冲文件系统，是指系统自动地在内存区，为程序中正在使用的每个文件开辟一个文件缓冲区。从内存向磁盘输出数据必须先送到内存中的输出缓冲区，装满输出缓冲区后才一起输出到磁盘。程序从磁盘读入数据时，一次从磁盘文件读取一批数据送到内存输入缓冲区，缓冲区满后，再从缓冲区逐个将数据送到程序数据区（赋给变量）。缓冲区的大小由各个具体的 C 编译系统确定。

10.2　文件类型指针

每一个被使用的文件都在内存中开辟一个相应的文件信息区，用来保存文件的相关信息（如文件名称、文件状态、文件当前的位置等），这些信息保存在一个结构体变量中。该结构体变量的类型是由系统声明的，名称为 FILE。例如一种 C 编译系统的 stdio. h 头文件中的文件类型声明：

```
typedef struct
  { short    level ;                //缓冲区“满”或“空”的程度
  unsigned flags ;                  //文件状态标志
  char fd ;                         //文件描述符
  unsigned  char  hold ;            //如缓冲区无内容不读取字符
  short  bsize ;                    //缓冲区大小
  unsigned  char  * buffer ;        //数据缓冲区的位置
  unsigned  char  * curp ;          //指针当前的指向
  unsigned  istemp;                 //临时文件指示器
  short  token ;                    //用于有效性检查
  } FILE ;
```

不同的 C 编译系统的 FILE 类型包含的内容不完全相同，但大同小异。对以上结构体中的成员及其含义，只需了解其中存放文件的有关信息即可。

FILE 是 typedef 定义的一个结构体类型。程序中可以直接用 FILE 类型名定义变量。每一个 FILE 类型的变量对应一个文件的信息区，其中存放该文件的有关信息。例如，定义以下 FILE 类型的变量：

```
FILE  * fp ;
```

定义了一个结构体变量 f1，用它来存放一个文件的有关信息。这些信息是在打开文件时由系统根据文件的情况自动装入的，用户不必过问。

一般不定义 FILE 类型的变量，而是定义指向 FILE 类型的指针变量，通过指针变量来引用 FILE 类型的变量，这样使用方便。

例如，定义一个指向文件类型的指针变量：

```
FILE    *fp ;
```

定义 fp 是一个指向 FILE 类型（文件类型）数据的指针变量，称为文件指针。可以通过 fp 来操纵结构体变量（即文件信息），通过该结构体里的文件信息，就可以访问该文件。通过一个文件类型的指针变量，只能访问一个文件。这种类型的变量，称为指向文件的指针变量。

注意：指向文件的这种变量并不是指向磁盘上的数据文件的开头，而是指向内存中文件信息区的开头。

（1）文件的存取方式

文件存取方式是指对文件中数据进行读写的操作方式，C 数据文件的存取方式分为两种：顺序存取和直接存取。

顺序存取是指将文件的记录按建立的时间先后顺序依次存放在存储介质中，所产生的文件记录的逻辑次序与物理顺序是一致的。对顺序存取的文件进行读写操作时必须按从头到尾的顺序进行，也就是说，程序中要读/写第 n 个记录时，必须要先读写前面的 n-1 个记录。这种访问方式就像听录音带一样。

直接存取方式（又称随机存取）是指由程序指定文件中的某个位置（记录）对它直接存取。这种方式比较自由，就像我们使用 DVD/VCD 来听音乐一样，在程序执行过程中对任意一个指定的记录进行读写。

顺序存取的文件中记录的长度可以完全不同，而直接存取的文件中每个记录的长度都相同。

（2）文件的定位

每个文件都有一个隐含的指针，称为文件指针。文件指针总是指向文件中的一个数据项（当前记录），对文件数据读写操作时，只能对文件指针指向的当前数据项进行读写。文件打开后，文件指针指向第一个数据项，称为文件的起始位置（文件头）。文件指针的指向是可以改变的，对于顺序文件，在读写前要对文件指针进行定位，并且读写完当前记录后，指针自动指向下一个数据项，一直到指向最后一个数据项的后面，称为文件的结束位置（文件尾）。对于直接存取文件，在读写过程中，要对文件指针进行定位。文件指针如图 10-4 所示。

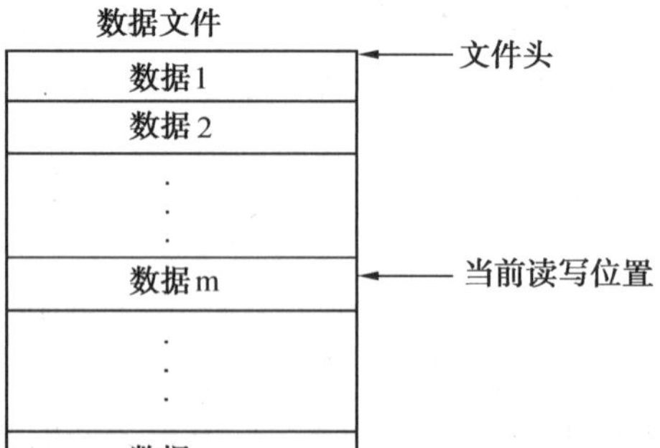

图 10-4　文件指针

10.3 文件的打开与关闭

对文件读写之前应该打开文件，使用结束后应该关闭该文件。“打开”是指为文件建立相应的信息区（存放该文件的相关信息）和文件缓冲区（用来暂时存放输入输出的数据）。

在打开文件的同时，需要指定一个指针变量指向该文件，这样就建立了指针变量与文件之间的关联，就可以通过该指针变量对文件进行读写了。“关闭”是指撤销文件信息区和文件缓冲区，这样就不能通过该指针变量再对该文件进行读写了。

10.3.1 文件打开

函数 fopen 用来打开文件，其调用方式如下：

fopen（文件名，文件使用方式）；

例如：

```
FILE   * fp ;                      //定义一个文件型指针
fp=fopen ("file1","r") ;           //打开 w1 文件，返回值赋给 fp
```

上例表示要打开名为“file1”的文件，使用文件方式是“读入”。fopen 函数返回值是指向 file1 文件的指针（即内存中 file1 文件信息区的起始地址），返回值赋给 fp，fp 就与文件 file1 建立了关联，或者说 fp 指向了 file1 文件，就可以通过 fp 读取 file1 文件的内容了。

使用文件的方式见表 10-1。

表 10-1 使用文件的方式

文件使用方式	含义	如果指定的文件不存在
r（只读）	为输入数据打开一个已经存在的文件	出错
w（只写）	为输出数据打开一个文本文件	建立新文件
a（追加）	向文本文件尾添加数据	出错
rb（只读）	为输入数据打开一个二进制文件	出错
wb（只写）	为输出数据打开一个二进制文件	建立新文件
ab（追加）	向二进制文件尾添加数据	出错
r+（读写）	为读写打开一个文本文件	出错
w+（读写）	为读写建立一个新文本文件	建立新文件
a+（读写）	为读写打开一个文本文件	出错
rb+（读写）	为读写打开一个二进制文件	出错
wr+（读写）	为读写打开一个新的二进制文件	建立新文件
ab+（读写）	为读写打开一个二进制文件	出错

文件使用方式：

（1）用“r”方式打开的文件只能用于向计算机输入，不能向该文件输出数据。该文件应该已经存在，并且存有数据，这样才能从该文件中读取数据。不能用“r”方式打开一个不存在的文件，否则出错。

（2）用“w”方式打开的文件只能用于向该文件写（即输出）数据，不能用来向计算机输入数据。如果该文件原来不存在，则在打开该文件前，新建立一个以指定的名字命名的文件，然后可以向该文件输出数据；如果该文件原来已经存在，则在打开文件前先将该文件删除，然后重新建立一个新的文件（文件内容为空）。

（3）用“a”方式打开文件，是向已经存在的文件中添加新的数据，即追加数据，数据添加在文件已有数据的后边，原来的数据不受影响。打开文件时，系统将文件读写位置标记移动到文件末尾。这种方式打开文件，保证该文件已经存在，否则报错。

在每一个数据文件中，自动设置了一个隐式的“文件读写位置标记”，它指向的位置就是当前的读写位置。执行一次读写后，标记向后移动一个位置，以便读写下一个数据。

（4）用“r+”“w+”“a+”方式打开的文件，既可以用于输入数据，也可以用于输出数据。用“r+”方式时文件已经存在，否则报错。用“w+”方式时，新建立一个文件，可以向该文件先写后读。用“a+”方式时，原来的文件不删除，文件读写位置标记移到文件末尾，可以添加，也可以读。

（5）如果 fopen 操作失败，函数会返回一个空指针值 NULL（在 stdio. h 文件中，NULL 被定义为 0），表示出错了。出错的原因可能是：用“r”方式打开一个不存在的文件；磁盘出故障了；磁盘已满无法建立新文件；或其他的操作系统错误等。

例如：

```
if((fp=fopen("f1","r"))= =NULL)
{printf("cannot open this file\n");
exit(0) ;}
```

fopen 打开 f1 文件，返回值赋给 fp，然后判断 fp 的值。如果 fp 的值为 NULL，表示打开文件出错，输出提示信息。

exit 是系统函数，其作用是关闭所有文件，终止正在执行的程序。用户检查出错原因，修改后再重新运行程序。

（6）计算机从磁盘输入 ASCII 字符时，回车换行符，系统把它转换为一个换行符，输出到文件时，把换行符转换为回车和换行两个字符。用二进制文件时，不进行这种转换，在内存中的数据与输出到磁盘中的数据形式完全一致。

（7）程序中可以使用 3 个标准的流文件：标准输入流、标准输出流、标准出错输出流。系统对这 3 个文件指定了与终端的对应关系。标准输入流是从终端（键盘）的输入、标准输出流是向终端（显示器）的输出、标准出错输出流是将出错信息发送到终端（显示器）。

当程序开始运行时，系统自动打开这 3 个标准流文件，所以编程时不需要在程序中用 fopen 打开它们。系统定义了 3 个文件类型指针变量——stdin、stdout 和 stderr，分别指向标准输入流、标准输出流、标准出错流。

10.3.2 文件关闭

使用完文件后应该关闭文件。“关闭”就是撤销文件信息区和文件缓冲区，使文件指针不再指向该文件，不能再通过该指针变量对该文件进行操作，除非再次打开。

关闭文件使用 fclose 函数，一个 fclose 语句只能关闭一个文件。其调用的一般形式如下：

fclose(文件指针变量)；

例如：

```
fclose(fp);
```

关闭 fp 指向的文件，此后不能再使用 fp 对该文件进行操作。

如果不关闭文件就可能丢失数据 。向文件写数据时，先将数据输出到缓冲区，当缓冲区满后，才将数据一起写到磁盘文件里。如果数据未填满缓冲区而程序结束运行，缓冲区里的数据有可能丢失。用 fclose 函数关闭文件，不管缓冲区是否填满，都会将缓冲区里的数据写到磁盘，然后才撤销文件信息区。

fclose 函数也返回一个值，当成功关闭文件时返回 0，否则返回 EOF(-1)。

10.4 顺序读写文件

文件打开后，就可以读写里边的数据了。顺序读写是指对文件读或写数据的顺序，都是从前往后执行，与其在文件中的物理顺序是一致的。

10.4.1 字符读写

对文本文件读入或输出一个字符的函数见表 10-2。

表 10-2 读写一个字符的函数

函数名	调用形式	功能	返回值
fgetc	fgetc(fp)	从 fp 指向的文件中读入一个字符	读成功，返回所读的字符，失败返回 EOF(-1)
fputc	fputc(ch , fp)	把 ch 里的字符写到 fp 指向的文件中	输出成功返回输出的字符，失败返回 EOF(-1)

【例 10-1】 从键盘输入一些字符，逐个输出到磁盘上的文件中，直到用户输入“!”为止。

【问题分析】 该题需要用 fgetc 函数从键盘循环读入一个一个的字符，然后用 fputc 函数一个一个输出到磁盘文件中。

```
#include  <stdio.h>
#include  <stdlib.h>
void main()
{ FILE  *fp ;
```

```
    char c , fn[20];
    printf("输入一个文件名") ;
    scanf("%s" , fn ) ;                      //输入文件名放到fn数组里
    if((fp=fopen(fn , "w" ))= =NULL)        //打开文件并使fp指向此文件
    {printf("文件打不开\n") ;                //如果出错输出提示信息
      exit(0) ;                               //终止程序
    }
    getchar( ) ;                              //读出缓冲区里的回车符
    printf("输入一个要存储到磁盘文件的字符串(以! 结束):") ;
    c=getchar( ) ;                            //读键盘输入的第一个字符
    while(c !='!')                            //当输入'!'时结束循环
       {fputc(c , fp ) ;                      //向磁盘文件输出一个字符
        putchar( c );                         //将输出的字符输出到屏幕
        c=getchar( ) ;                        //读下一个字符
       }
    fclose(fp) ;                              //关闭文件
    printf("\n");
}
```

程序运行结果如下：

```
输入一个文件名:  d:\f1.txt
输入一个要存储到磁盘文件的字符串（以!结束）: class3!
class3
```

【程序分析】

（1）用来存储数据的文件名，可以在 fopen 函数中直接写成字符串常量形式（如“d:\fi. txt”），也可以在程序运行时临时输入。本程序文件名采用键盘临时输入，文件格式为纯文本文件（txt），采用其他格式也可以。用纯文本文件的好处是，可以用记事本打开查看其中的内容。当输入文件名 d:\f1. txt 时，操作系统就在 D 盘根目录下建立此文件，如果 D 盘根目录下已经存在 f1. txt 文件，会删除原来的 f1. txt 文件，重新建立一个同名文件。

（2）fopen 函数打开一个“只写”文件（“w”），此文件只能用于写数据，不能用于从中读数据。如果打开成功，返回该文件的地址，赋给 fp 指针变量。如果打开文件不成功，在屏幕上显示出错信息，然后用 exit 函数终止程序运行。

（3）exit 是标准 C 的库函数，其定义在 stdlib. h 头文件里，其作用是终止程序运行。

（4）getchar 函数用于接收从键盘输入的字符，每次只能接受一个字符。字符串结束标志可以任意指定，其他的如“#”“@”“ $ ”等都可以。

（5）程序的执行过程：先从键盘读入一个字符，如果是字符“!”，表示字符串结束，结束循环，程序往下执行；如果不是字符“!”，执行一次循环体，将读入的该字符输出到磁盘文件 f1. txt 中，并在屏幕上输出该字符，然后从键盘读下一个字符，执行下一次循环判断。

如此反复执行,直到读到字符“!”为止。

(6) 为了检查程序执行的结果,可以用记事本打开D盘根目录下的文件f1.txt,查看其中的内容。

10.4.2 字符串读写

前面介绍了向磁盘文件读写一个字符的方法,如果字符个数很多,一个一个的读写就很麻烦,C语言提供了可以一次读写一个字符串的函数。fgets用于读一个字符串,fputs用于写一个字符串。例如:

```
fgets(str , n , fp ) ;
```

作用是从fp所指向的文件中读入一个长度为n-1的字符串,并在最后加一个“\0”字符,然后把这n个字符放到字符数组str中。

读写一个字符串的函数见表10-3。

表10-3 读写一个字符串的函数

函数名	调用形式	功能	返回值
fgets	fgets(str , n , fp)	从fp指向的文件中读入一个长度为n-1的字符串,存放到数组str中	成功,返回地址str,失败返回NULL
fputs	fputs(str , fp)	把str指向的字符串写到fp指向的文件中	输出成功返回0,失败返回非0

(1) fgets函数的原型

```
char * fgets(char * str, int  n , FILE  * fp) ;
```

作用是从fp指向的文件中读入一个字符串。其中n是要求得到的字符个数,实际是只从fp指向的文件中读入n-1个字符,然后加上结束标记“\0”,组成n个字符放到字符数组str中。如果读完n-1个字符之前遇到换行符“\n”或文件结束符EOF,读入即结束,但遇到的换行符“\n”也作为一个字符读入。如果执行成功,函数返回str数组的首地址,如果一开始就遇到文件尾或读数据出错,则返回NULL。

(2) fputs函数的原型

```
int  fputs(char  * str , FILE  * fp) ;
```

作用是将str所指向的字符串输出到fp所指向的文件中。str可以是字符串常量、字符数组名或字符型指针变量。字符串末尾的“\0”不输出。如果函数执行成功返回0,否则返回EOF。

前面用过的gets和puts是以标准终端(键盘和显示器)为读写对象,而fgets和fputs是以指定的文件为读写对象。

【例10-2】 从键盘输入一个字符串,将其中的小写字母全部转换成大写字母,然后输出到一个磁盘文件fs中保存;读取文件fs的内容,输出到屏幕。

【问题分析】 利用gets从键盘读一个字符串,保存到数组n中,对数组中的字母进行处理,如果是小写字母就改成大写字母;将数组 n 中的字符串写到磁盘文件 fs 中保存;打开磁盘文件 fs,把其中的字符串读入数组 m 中,输出数组 m 中的字符串到屏幕。

```
#include <stdio.h>
#include <stdlib.h>
void main()
{ FILE   *fp;
  char  n[20], m[20];
  int i=0;
  printf("请输入一个字符串:  ");
  gets(n);                            //键盘输入字符串放到数组 n 中
  if((fp=fopen("fs", "w"))==NULL)
                      //以"w"方式打开文件并使 fp 指向此文件
    {printf("文件打不开\n");          //如果出错输出提示信息
    exit(0);                          //终止程序
    }
  for(i=0; n[i]!='\0'; i++)
    if(n[i]>='a' && n[i]<='z')
      n[i]=n[i]-32;
  fputs(n, fp);               //输出数组 n 的内容到 fp 指向的文件
  fclose(fp);                         //关闭文件
  if((fp=fopen("fs", "r"))==NULL)
                    //以"r"方式打开文件并使 fp 指向此文件
    {printf("文件打不开\n");          //如果出错输出提示信息
    exit(0);                          //终止程序
    }
  fgets(m, 20, fp);                   //读文件的内容到数组 m 中
  puts("文件 fs 的内容是:");
  puts(m);                            //输出数组内容(就是文件 fs 的内容)
  fclose(fp);
}
```

程序运行结果如下:

```
请输入一个字符串:  clAss onE
文件fs的内容是:
CLASS ONE
```

【程序分析】

① 键盘输入字符串放到数组 n 中,以"w"方式打开磁盘文件。循环处理数组 n,把小写字母转换成大写字母,调用 fputs 函数把数组 n 里的字符串写到磁盘文件 fs 中。写完数

据后要关闭 fp 指向的文件 fs。

② 以"r"方式再次打开文件 fs,此时 fp 指向文件开头位置,使用 fgets 函数读取文件的内容到数组 m 中,输出数组 m 里的字符串到屏幕。可以看到磁盘文件里保存的就是数组 n 中的内容。

10.4.3 数据块读写

程序中不仅可以一次输入输出一个数据,也可以一次输入输出一批数据,例如数组或结构体变量的值,C 语言用 fread 函数从文件中一次读取一个数据块,用 fwrite 函数向文件一次写入一个数据块。在读写时是以二进制形式进行的。在向磁盘写数据时,直接将内存中的一组数据原封不动、不加转换的输出到磁盘文件上,在从磁盘文件读入时,也是一次将磁盘文件中的一批数据读入内存。

批量读写数据的函数:

```
fread(buf , size , fp ) ;
fwrite(buf , size ,n , fp) ;
```

其中:① buf 是一个地址。对于 fread,buf 是存放从文件中读入的数据的存储区的起始地址。对于 fwrite,buf 是要输出数据的存储区的起始地址。② size 是要读写的字节数。③ n 是要读写的次数(一次 size 个字节)。④ fp 是 FILE 类型的指针变量(指向打开的文件)。

在打开文件时需要指定用二进制形式,才能使用 fread 和 fwrite 读写任何类型的数据。

例如:

```
fread(a , 4 ,20 ,fp ) ;
```

其中 a 是一个 int 型数组,fread 函数从 fp 所指的文件读入 20 个整型数据(连续存放的,每个数据占 4 个字节的一批数据),存储到所指 a 中。

读结构体数据时,需要先定义一个结构体数组:

```
srtuct Student
  {char name[20] ;
    int no ;
    int age ;
    char sex ;
    char add[50] ;
  }stu[50] ;
```

上面定义了一个结构体数组 stu,有 50 个元素,每个元素存放一个学生的信息(包括姓名、学号、年龄、性别、住址)。假设 50 个学生的数据已经存放在磁盘文件中,可以用以下的 for 循环和 fread 函数读入 50 个学生的数据:

```
for(i=0 ; i<50 ;i++)
  fread(&stu[i] , sizeof(struct Student) , 1 , fp) ;
```

循环执行 50 次,每次从 fp 指向的文件中读入一个元素(79 个字节)。

用 for 循环和 fwrite 函数写 50 个元素到磁盘文件中的语句:

```
for(i=0 ; i<50 ;i++)
  fwrite(&stu[i] , sizeof(struct   student) , 1 , fp ) ;
```

fread 和 fwrite 函数的返回值类型为 int 型,如果 fread 和 fwrite 函数执行成功,则函数返回形式参数 n 的值(整数),即输入输出元素的个数。

【例 10-3】 键盘输入 3 个学生的数据,包括姓名、学号、年龄、性别、住址,要求:

① 把 3 个学生的数据保存到磁盘文件 fn2. dat 中。

② 从文件 fn2. dat 里读取数据到内存数组,并输出到屏幕。

【问题分析】 需要定义结构体数组存放学生数据,定义两个子函数,一个用于把内存数据写到磁盘文件,一个用于把磁盘文件数据读入内存,主函数调用这两个子函数。

```
 #include <stdio. h>
 #include <stdlib. h>
 #define    N 50
 struct Student
 {char name[20] ;
 int no ;
 int age ;
 char sex ;
 char add[50] ;
 }stu[N] ,stu2[N] ;                  //定义结构体数组
void wfile( )                  //本函数把数组 stu 中的数据写到文件 fn2. dat 中
{ int i;
FILE   * fp ;                        //定义文件指针变量
   if((fp=fopen("fn2. dat" , "wb" ))= =NULL)       //以"wb"方式打开文件
      {printf("文件打不开\n") ;    //如果出错输出提示信息
        exit(0);                     //终止程序
      }
for(i=0 ; i<N ; i++)
   if(fwrite(&stu[i] , sizeof(struct   Student) , 1 , fp)!=1)
                                     //向文件输出一个学生的数据
      {printf("write error\n") ;     //如果出错,输出提示信息
        break ;   }
        fclose(fp);
      }
void rfile()                         //本函数把文件 fn2. dat 中数据读入数组 stu2 中
{   int i;
```

```
    FILE  *fp ;
    if((fp=fopen("fn2.dat" , "rb" ))==NULL)  //"rb"方式打开文件
      {printf("文件打不开\n") ;  //如果出错输出提示信息终止程序
        exit(0);
      }
  for(i=0 ; i<N ; i++)
    fread(&stu2[i] , sizeof(struct  Student) , 1 , fp) ;
                                  //读文件数据到数组里
      fclose(fp);                 //关闭文件
  }
  void main()
  { int  i;
    printf("input data:\n");
    for(i=0; i<N ; i++)           //键盘输入数据到数组中
      scanf("%s%d%d%c%s" ,stu[i].name , &stu[i].no ,
      &stu[i].age , &stu2[i].sex , stu[i].add ) ;
  wfile();              //调用函数保存 stu 中的数据到磁盘文件 fn2.dat 中
  rfile ();         //调用函数把磁盘文件 fn2.dat 中的数据读入数组 stu2 中
  printf("output data:\n");
  for(i=0 ; i<N ; i++)            //输出到屏幕
    printf("%s-%d-%d-%s\n",stu2[i].name , stu2[i].no ,
    stu2[i].age , stu2[i].sex , stu[i].add ) ;
      }
```

程序调试时把 N 改为 3,以减少输入的数据,程序运行结果如下:

```
input data:
jack 101 21T beijing
tom 102 23F shanghai
kala 103 25F hongkong
output data:
jack-101-21-T-beijing
tom-102-23-F-shanghai
kala-103-25-F-hongkong
```

【程序分析】

(1) wfile 函数以"wb"方式打开文件 fn2.dat,把内存数组 stu 里的学生数据写到磁盘文件 fn2.dat 中保存,函数结束前要关闭文件 fn2.dat。

(2) rfile 函数以"rb"方式打开文件 fn2.dat,把保存在磁盘文件 fn2.dat 中的学生数据读入内存数组 stu2 中, 函数结束前要关闭文件 fn2.dat。

(3) 主函数里接受键盘输入,调用 wfile 函数写数据,调用 rfile 函数读数据。

10.4.4 格式化读写

前面章节已经用过 scanf 和 printf，向标准终端设备进行格式化输入输出数据的方法，如果要对文件进行格式化的输入输出，需要用 fprintf 函数和 fscanf 函数。这两个函数与 scanf 和 printf 函数类似，都是格式化读写函数，只是 fscanf 和 fprintf 读写的对象不是标准终端而是磁盘文件。fscanf 和 fprintf 的调用方式：

```
fscanf(文件指针,格式字符串,输入表列);
fprintf(文件指针,格式字符串,输出表列);
```

例如：

```
int  a=5 ;float  b=8.3 ;
fprintf(fp ,"%d  %5.2f",a , b);
```

函数的作用是将 int 型 a 的值按%d 格式、float 型 b 的值按%5.2f 格式输出到 fp 所指向的文件(假设文件名是 fi.txt)中，磁盘文件中的值是：

```
5  5.3
```

和输出到屏幕一样：

```
fscanf(fp ,"%d  %f",&a,&b);
```

假设读上边同一磁盘文件，则把 5 赋给 a，5.3 赋给 b。

fprintf 和 fscanf 输入输出很方便，但由于输入时要将文件中的 ASCII 转换为二进制再赋给内存变量，输出时要将内存中的二进制形式转换为字符形式再输出到磁盘文件，花费的时间较多。所以在内存与磁盘频繁交换数据时，最好不要用 fprintf 和 fscanf 函数，要用 fread 和 fwrite 函数交换二进制数据。

10.5 随机读写数据文件

对文件顺序读写比较容易理解，操作也很简单，但有的时候，我们只需要读取某一文件的一个或几个数据，如果按顺序读写效率反而不高。例如，文件中有 10000 个数据，如果读取第 9999 个数据，需要从文件开头逐个读入前 9998 个后，才能读取第 9999 个，如果文件更大，这种方式效率更低。

随机访问不是按照数据在文件中的物理位置顺序读写，而是可以对文件中任何位置的数据进行读写，所以这种方法比顺序读写效率高的多。

对于按顺序读写文件，每读写完一个数据后，文件位置指针顺序向后移动一个位置，下一次执行读写操作时，读出(写入)文件指针所指向位置的数据，指针再次下移一个位置，重复操作，直到读写完为止。此时文件位置指针指向最后一个数据之后。

随机读写时，可以根据读写的需要，移动文件指针指向的位置。文件位置指针可以向前移动，也可以向后移动，移动到文件头或尾部，然后对该位置进行读写。

移动文件位置指针的函数如下：

（1）使用 rewind 函数使文件位置指针指向文件开头

rewind 函数的作用是使文件位置指针重新指向到文件的开头，此函数没有返回值。

【例 10-4】 有一个磁盘文件 fn1. txt，内有数据“hello world！”，要求两次读取文件的内容，输出到屏幕。

【问题分析】

本题可用两种方法处理：

① 打开文件，第一次读取文件内容，把文件位置指针移动到文件开头，再一次读取数据。

② 打开文件，读取文件内容，关闭文件后再一次打开该文件，读取文件内容。

本题采用第一种方法编写程序。程序代码如下：

```
#include <stdio. h>
#include <stdlib. h>
void main( )
{ FILE   * fp ;
  char   ch ;
  if( ( fp=fopen( "fn1. txt"  , "r"  ) )= =NULL)
                                        //打开文件并使 fp 指向此文件
  { printf( "文件打不开\n" ) ;          //如果出错输出提示信息终止程序
    exit(0) ;
  }
printf( " \n 第一次读文件:\n" ) ;
while( ( ch= fgetc( fp) ) ! =EOF)       //从 fp 指向的文件当前位置读一个字符
    putchar( ch) ;                      //如果不到文件尾部就输出
rewind( fp) ;                           //文件指针 fp 重新指向文件开头位置
printf( " \n 第二次读文件:\n" ) ;
while( ( ch= fgetc( fp) )  ! =EOF)
    putchar( ch) ;
fclose( fp) ;                           //关闭磁盘文件
}
```

程序运行结果如下：

```
第一次读文件:
hello world!
第二次读文件:
hello world!
```

【程序分析】

① 以只读方式打开磁盘文件 fn1. txt，循环读取文件（“hello world！”）中的每一个字

符，如果不是 EOF，表示文件没有到尾部，输出到屏幕，继续循环读取。当读取的字符等于 EOF 时，表示到了文件尾部，循环结束，此时文件位置指针 fp 指向尾部。

第二次读取文件 fn1. txt 时，文件已经打开了(如果关闭后再次打开文件，fp 指向文件头)，文件位置指针指向文件尾部，需要调用 rewind 函数，使文件位置指针再次指向文件头，然后再次循环读取文件内容。

② feof 是测试文件是否到达尾部的一个函数，所以测试是否到达文件尾部的代码也可以这样编写：

```
while( !feof( fp ) )
  putchar( ch=fgetc( fp ) ) ) ;
```

(2)使用 fseek 函数改变文件位置指针

fseek 函数一般用于二进制文件，其调用格式为：

```
fseek( 文件类型指针，位移量，起始点) ;
```

第 3 个参数"起始点"：为 0 时代表"文件位置开始"；为 1 时代表"文件当前位置"；为 2 时代表"文件末尾位置"。

第 2 个参数"位移量"是指以起始点为基准，向前(文件尾部方向)移动的字节数。位移量的类型是 long int。

例如：

```
fseek(fp , 10L ,0) ;      //将文件位置指针从文件开头向前移动 10 个字节
fseek(fp , 10L ,0) ;      //将文件位置指针从文件开头向前移动 10 个字节
fseek(fp , 10L ,1) ;      //将文件位置指针从当前位置向前移动 10 个字节
fseek(fp , -10L ,2) ;     //将文件位置指针从文件尾部向后(文件开头方
                          //向)移动 10 个字节，负数表示后退。
```

(3) 用 ftell 函数测试文件位置指针的当前位置

因为文件中的文件位置指针经常移动，很难记住其当前所处的位置，所以可以使用 ftell 函数得到当前的位置，用到文件开头的位移量来表示。ftell 函数执行成功返回位移量，失败返回-1L。例如：

```
n=ftell(fp) ;
if(n==-1L) puts("error!") ;
```

利用 rewind 和 fseek 函数随机读写磁盘文件的例子如下所示。

【例 10-5】 已知某气象站 7 月 17 日至 7 月 21 日每天 4 个观测时间(即 02，08，14，20 时)的温度观测值如表 10-4 所示。观测数据保存在一个磁盘文件 fn1. dat 中，编程实现读取 17 日 2 时、18 日 2 时、19 日 8 时、20 日 14 时、21 日 20 时的温度值，显示到屏幕上。

表 10-4 某气向站 17—21 日温度观测值 ℃

日期 \ 时间 (T_{ij})	02	08	14	20
17	28. 8	32. 9	36. 8	33. 2
18	29. 8	31. 8	36. 0	31. 1
19	28. 7	32. 3	35. 1	32. 3
20	29. 9	33. 4	36. 2	32. 7
21	30. 4	32. 5	36. 5	25. 5

【问题分析】 读写离散数据，需要用 fseek 函数移动文件位置指针到需要的位置，每一次移动时可以从文件头开始，也可以从当前位置或文件尾部，都能移动到所需位置。如果需要知道文件指针的当前位置，可以用 ftell 函数返回文件指针的当前值。

程序代码如下：

```
#include  <stdio. h>
#include  <stdlib. h>
void main( )
{float  p[5];
   int i  ;
   FILE  * fp ;
   if( (fp=fopen("fn1. dat" , "rb" ))= =NULL)
                                    //打开文件并使 fp 指向此文件
   {printf("文件打不开\n") ;        //如果出错输出提示信息
      exit(0);                      //终止程序
   }
   i=ftell( fp );                   //返回当前文件指针的位置
   printf("当前的指针值:%d  " , i );
   fread(&p , 4 , 1 , fp );
   printf("当前的数据值:%3. 1f\n" , p ) ;
   fseek( fp , 4 * 4 , 0 ) ;        //从文件开头前移 4 个数据:4 * 4 个字节
   i=ftell( fp );
   printf("当前的指针值:%d ", i );
   fread(&p , 4 , 1 , fp );
   printf("当前的数据值:%3. 1f\n" , p ) ;
   fseek( fp , 4 * 4 , 1 );     //从当前位置向前移动 4 个数据单位:4 * 4 字节
   i=ftell( fp );
   printf("当前的指针值:%d ", i ) ;
   fread(&p , 4 , 1 , fp ) ;
```

```
    printf(" 当前的数据值:%3.1f\n" , p) ;
    fseek(fp , -6 * 4 , 2 );             //从文件尾部后退 6 个数据:-6 * 4 个字节
    i=ftell( fp );
    printf(" 当前的指针值:%d ",i);
    fread(&p , 4 , 1 , fp);
    printf(" 当前的数据值:%3.1f\n" , p) ;
    fseek(fp , -1 * 4 , 2);              //从文件尾部后退一个数据:-4 个字节
    i=ftell( fp );
    printf(" 当前的指针值:%d ",i);
    fread(&p, 4 , 1 , fp );
    printf(" 当前的数据值:%3.1f\n" , p) ;
    fclose( fp );                        //关闭磁盘文件 fn1.dat
}
```

程序运行结果如下：

```
当前的指针值:0  当前的数据值: 28.8
当前的指针值:16 当前的数据值: 29.8
当前的指针值:36 当前的数据值: 32.3
当前的指针值:56 当前的数据值: 36.2
当前的指针值:76 当前的数据值: 25.5
```

【程序分析】

① 例 10-4 介绍了 rewind 的用法，本例介绍了 fseek 和 ftell 的用法。程序打开文件时 fp 指向文件头，读第一个数据。随后读取所需要的数据时，需要移动文件位置指针，程序中分别从 3 个基准：文件头、当前位置指针、文件尾移动指针。

② 程序执行输出的文件指针值，都是指针离文件开头位置的字节数。读取一个数据（4 个字节），指针自动下移一个数据单位（4 个字节）。读取离散数据时，需要调用 fseek 函数移动指针到所需要的位置。

10.6 文件读写出错检测函数

C 系统提供一些函数用来检查输入输出函数调用时可能出现的错误。

（1）ferror 函数

在调用各种输入输出函数（如 putc、getc、fread、fwrite 等）时，如果出现错误，除了通过函数返回值体现外，还可以用 ferror 函数检查。ferror 的调用形式：

```
ferror(fp) ;
```

如果 ferror 函数返回值为 0，表示未出错；如果返回值非 0，表示出错。

在执行 fopen 函数时，ferror 函数的初始值自动置为 0。

【注意】 对同一个每次调用输入输出函数时，都会产生一个新的 ferror 函数值，所

以，在调用一个输入输出函数后，应立即检查 ferror 函数的值，否则信息会丢失。

（2）clearerr 函数

clearerr 函数的作用是使文件错误标志和文件结束标志置为 0。如果在调用一个输入输出函数时出现错误，ferror 函数为非 0 值；应该立即调用 clearerr(p)函数，使 ferror(fp)的值变为 0，以便再进行下一次的检测。

只要出现文件读写错误标志，它就一直保留，直到对同一文件调用 clearerr 函数或 rewind函数，或其他任何一个输入输出函数。

10.7 程序举例

【例 10-6】 已知某气象站 7 月 17 日至 7 月 21 日每天 4 个观测时间（即 02，08，14，20 时）的温度观测值如表 10-4 所示。要求编写程序实现以下功能：

（1）从键盘输入数据，保存到一个磁盘文件 fn1. dat 中。

（2）从该文件中读出数据，统计每天的平均温度和总的平均温度。

（3）把每天的日期及平均温度写到 fn2. dat 中。

【问题分析】 首先需要定义一个 5 行 4 列的二维数组 p[5][4]，存放观测的温度值。观测时间放到一个一维数组 time[4]中，观测日期放到一维数组 day[5]中。键盘输入数据保存到文件 fn1. dat 中，然后从文件 fn1. dat 中读取数据，放到数组 p 中，显示数组 p 的内容（观测值）。计算平均温度并放到文件 fn2. dat 中。再读出 fn2. dat 的内容，输出到屏幕。编程时需要以“w”方式和“r”方式分别打开文件。程序需要以二进制方式读写数据（fread 和 fwrite）。

程序代码如下：

```
#include <stdio.h>
#include <stdlib.h>
#define M 5
#define N 4
void main( )
{ float   P[M][N] , b ;                   //定义数组存放温度值
   int   time[N]={02 , 08 , 14 , 20} ;    //存放时间
   int   day[M]={17 ,18,19,20,21} ;       //存放日期
   FILE   * fp , * fp2 ;                  //定义文件指针变量
   int i , j , d ;
   if( (fp=fopen( "fn1. dat" , "wb" ) )= =NULL)
                                          //打开文件并使 fp 指向此文件
      {printf( "文件打不开\n" ) ;         //如果出错输出提示信息终止程序
      exit(0);
      }
for(i=0 ; i<M ; i++)                      //循环从键盘读温度并输出到磁盘文件
```

```
   for(j=0 ; j<N ; j++)
     {scanf("%f" , &b) ;                    //读键盘温度值放到数组 t 中
       fwrite(&b] ,  4 , 1 , fp);           //向磁盘文件输出一个温度值
     }
fclose(fp);                                 //关闭磁盘文件
if((fp=fopen("fn1. dat" , "rb" ))= =NULL)
                                            //以只读方式打开磁盘文件
     {printf("文件打不开\n") ;              //如果出错输出提示信息终止程序
       exit(0);
     }
for(i=0;i<M;i++)                            //循环读磁盘文件数据到数组 p 中
     for(j=0;j<N;j++)
          fread(&p[i][j] , 4 , 1 , fp);
     printf("    ") ;
   for(i=0 ; i<N ;i++)
     {if(time[i]<10)
          {printf("     0");                //用于排版
            printf("%d 时" , time[i]) ;}
     else   printf("%4d 时" , time[i]) ;
     }
     for(i=0 ; i<M ; i++)                   //循环输出数组 p 的内容到显示器
          { putchar('\n');
            printf("%2d 日" ,day[i]) ;
              putchar(' ');
          for(j=0;j<N;j++)
              printf("%3. 1f   ", p[i][j]);
          }
  if((fp2=fopen("fn2. dat" , "wb" ))= =NULL)
                                 //以只写方式打开文件并使 fp2 指向此文件
     {printf("文件打不开\n") ;              //如果出错输出提示信息终止程序
     exit(0);  }
printf("\n 每日的平均温度:\n");
for(i=0;i<M;i++)
     {sum1=0;
     for(j=0;j<N;j++)
          sum1+=p[i][j];
     sum2+=sum1;
     sum1/=4.0;                             //每日的平均温度
```

```
        fwrite(&day[i] , 4 , 1 , fp2);        //把日期写到 fp2 指向的文件
        fwrite(&sum1 , 4 , 1 , fp2);    //把每日的平均温度写到 fp2 指向的文件
    }
    fclose(fp2);                              //关闭 fp2 指向的文件
    if((fp2=fopen("fn2.dat" , "rb" ))==NULL)
                             //以只读方式打开文件并使 fp2 指向此文件
        {printf("文件打不开\n") ;              //如果出错输出提示信息终止程序
        exit(0); }
      for(i=0 ; i<M ; i++)
        { fread(&d , 4 , 1 , fp2);            //从 fp2 指向的文件读入日期放到 d 中
        fread(&sum1 , 4 , 1 , fp2);
                             //从 fp2 指向的文件读入平均温度放到 sum1 中
        printf("%d 日=%3.1f ", d, sum1);//输出日期和平均温度到显示器
      }
    sum2/=20;                                 // 总的平均温度
    printf("\n 总的平均温度:%3.1f", sum2);
    fclose(fp2);                              //关闭 fp2 指向的文件
    }
```

程序运行结果如下：

```
28.8 32.9 36.8 33.2
29.8 31.8 36.0 31.1
28.7 32.3 35.1 32.3
29.9 33.4 36.2 32.7
30.4 32.5 36.5 25.5
```

```
     02时   08时   14时   20时
17日 28.8   32.9   36.8   33.2
18日 29.8   31.8   36.0   31.1
19日 28.7   32.3   35.1   32.3
20日 29.9   33.4   36.2   32.7
21日 30.4   32.5   36.5   25.5
每日的平均温度:
17日=32.9 18日=32.2 19日=32.1 20日=33.0 21日=31.2
总的平均温度: 32.3
```

【程序分析】

(1) 以“wb”方式(以“w”方式也可以)打开文件 fn1.dat(文件后缀自己定义),如果打开失败,显示出错信息。把键盘输入的数据写到文件 fn1.dat 中。输入完后关闭文件。

(2) 以“rb”方式打开文件 fn1.dat,从中读出数据放到数组 p 中。把数组 p 的内容输出到显示器。

(3) 以“wb”方式打开 fn2.dat 文件,计算平均温度,并把日期和平均温度写到 fn2.dat 中,然后关闭 fn2.dat 文件。

(4) 以“rb”方式打开文件 fn2.dat,读入日期和平均温度输出到显示器。

（5）关闭 fn2. dat 文件。

（6）向文件写数据打开文件的方式和从文件中读数据打开文件的方式要匹配，比如用“wb”和“rb”，或用“w”和“r”方式。

【例 10-7】 把整型数组 a 中的内容输出到文件 d3. dat 中，从文件头部向前移动文件指针 sizeof(int) * 3 个字节，从文件当前位置开始读 3 个整数（字节数为 sizeof(int)）到数组 a 中，输出数组 a 的内容。

程序代码如下：

```
#include <stdio. h>
void main( )
{FILE * fp ;
   int i, a[6]={ 1 , 2 , 3 , 4 , 5 , 6 };
   if((fp=fopen("d3. dat" , "wb+" ))= =NULL)
                                              //打开文件并使 fp 指向此文件
         {printf("文件打不开\n") ;            //如果出错输出提示信息终止程序
         exit(0);
         }
         fwrite( a , sizeof(int) , 6 , fp ) ;
         fseek( fp , sizeof(int) *3 , SEEK_SET ) ;
         fread( a , sizeof(int) , 3 , fp ) ;
         fclose( fp ) ;
         for( i=0 ; i<6 ; i++ )
            printf("%d",  a[i] ) ;
         putchar('\n') ;
}
```

程序运行结果如下：

```
456456
```

【程序分析】

（1）以追加方式“wb+”打开文件“d3. dat”，返回的指针赋给 fp。

（2）向 fp 指向的文件（d3. dat）连续写入（fwrite 函数）6 次，每次写入 a 数组中的一个整数（字节数为 sizeof(int)），写入后文件 d3. dat 中的内容为 123456。

（3）利用定位函数 fseek 从文件头（SEEK_SET 表示文件开始位置）向前移动 sizeof (int) *3 个字节数，此时文件指针指向数据 4。

（4）从 fp 指向的文件 d3. dat 中读 3 个数据（每个数据字节数为 sizeof(int)），放到数组 a（指针）指向的位置，从文件读出的 3 个数据 4,5,6 把数组中的 1,2,3 覆盖了。此时数组 a 中的内容为 456456。

（5）循环输出数组 a，输出结果为 456456。

【本章小结】

本章介绍了文件的概念、有关文件操作的各种函数、读写磁盘文件的方法。C 语言中的文件根据数据的组织形式,分为 ASCII 文件和二进制文件,二进制文件效率比 ASCII 文件高,具体使用哪种方式的文件,需要使用者自己根据需要确定。文件打开的方式有很多,需要经常熟悉才能熟练使用。文件使用完后要及时关闭,以免影响其他进程对文件的使用。

【考点提示】

在二级等级考试中,本章主要出题方向及考察点主要如下:① 文件的基本概念与文件指针变量的声明预定义;② 缓冲文件系统常用操作函数:文件打开 fopen 函数和关闭 fclose 函数,文件操作函数 fprintf、fscanf、 fgetc、 fputc、fgets、fputs、fread 、fwrite,文件定位函数 fseek、rewind,其他函数 feof 等。

习题

1. 比较 ASCII 文件和二进制文件的区别,并说明二者在操作方法上的区别。
2. 什么是文件类型指针? 通过文件类型指针访问文件有何好处?
3. 什么是顺序存取? 什么是直接存取? 两种存取方式有何不同?
4. 以下叙述正确的是________。

A. C 语言中的文件是流式文件,因此只能顺序存取

B. 打开一个已存在的文件并进行了写操作后,原有文件中的全部数据必定被覆盖

C. 在一个程序中对文件进行了写操作后,必须先关闭该文件然后再打开,才能读到第一个数据

D. 当对文件的读(写)操作完成后,必须将它关闭,否则可能导致数据丢失

5. 以下程序:

```
#include <stdio. h>
void  main( )
{ FILE   * fp ;
   int  k , n , a[6] = { 1 , 2 , 3 , 4 , 5 , 6 } ;
   fp = fopen( " d2. dat" , " w" ) ;
   fprintf( fp ," %d%d%d\n" , a[0] , a[1] , a[2] ) ;
   fprintf( fp ," %d%d%d\n" , a[3] , a[4] , a[5] ) ;
   fclose( fp ) ;
   fp = fopen( " d2. dat" , " r" ) ;
   fcanf( fp ," %d%d\n" , &k , &n ) ;
   printf( " %d  %d\n" , k , n ) ;
```

```
    fclose(fp) ;
}
```

程序运行后输出结果是________。

A. 1　2　　B. 1　4　　C. 123　4　　D）123　456

6. 执行以下程序后，test. txt 文件的内容是________。

```
#include <stdio. h>
void main( )
{ FILE * fp ;
  char  * s1 = "fortran" , s2 = "basic" ;
  if( ( fp=fopen( "test. txt" , "wb" ) )= =NULL )
  { printf( "Can't  open test. txt  file\n" ) ;
    exit( 0) ;
  }
  fwrite( s1 , 7 , 1 , fp ) ;
  fseek( fp , 0L , SEEK_SET ) ;
  fwrite( s2 , 5 , 1 , fp ) ;
  fclose( fp ) ;
}
```

A. basican　　B. basicfortran　　C. basic　　D. fortranbasic

7. 有以下程序：

```
#include <stdio. h>
void main( )
{ FILE * fp ;
  inti ;
char  ch[ ] = "abcd" , t ;
  if( ( fp=fopen( "abc. dat" , "wb+" ) )= =NULL )
  { printf( "Can't  open abc. dat  file\n" ) ;
    exit( 0) ;
  }
  for( i=0 ; i<4 ; i++ )
    fwrite( &ch[i] , 1 , 1 , fp ) ;
  fseek( fp , -2 , SEEK_END ) ;
  fread( &t , 1 , 1 , fp ) ;
  fclose( fp ) ;
  printf( "%c\n" ,  t ) ;
}
```

程序执行后的输出结果是________。

A. d　　　　B. c　　　　C. b　　　　D. a

8. 键盘输入两行字符串，各放到两个磁盘文件 f1 和 f2 中，要求把两个文件中的字符串合并，按由大到小的顺序放到一个磁盘文件 f3 中。

9. 键盘输入如干行字符串，保存到磁盘文件中，再从文件中读出数据，将其中的小写字母转换成大写字母后输出到屏幕。

10. 键盘输入 10 名学生的学号、姓名和 3 门课的成绩，放到磁盘文件 fe1 中，对文件进行以下各项操作：

（1）将文件 fe1 中的数据，按学生平均成绩排序后再放回文件 fe1 中，高分在前、低分在后。

（2）把文件中超过平均分的学生学号和成绩放到磁盘文件 fe2 中。

参考文献

[1] 郭建伟.计算机基础教程[M].武汉：华中科技大学出版社,2007.

[2] 陈海波、王申康.新编程序设计方法学[M].杭州：浙江大学出版社,2004.

[3] 余祥宣,崔国华,邹海明.计算机算法基础[M].武汉：华中科技大学出版社,2006.

[4] 谭浩强.C 程序设计[M].4 版.北京：清华大学出版社,2010.

[5] 刘玉英.C 语言程序设计—案例驱动教程[M].北京：清华大学出版社,2011.

[6] 楼永坚,吴鹏,许恩友.C 语言程序设计[M].北京：人民邮电出版社,2006.

[7] 丁亚涛.C 语言程序设计[M].北京：高等教育出版社,2006.

[8] 夏宽理.C 语言程序设计[M].北京：中国铁道出版社,2009.

[9] Kernighan B W,Ritchie D M.C 程序设计语言[M].徐宝文,李志,译.北京：机械工业出版社,2004.

[10] Pierce B C.类型和程序设计语言[M].马世龙,眭跃飞,等译.北京：电子工业出版社,2005.

[11] Louden K C.程序设计语言—原理与实践[M].黄林鹏,毛宏燕,黄晓琴,等译.2 版.北京：电子工业出版社,2004.

[12] 严蔚敏,吴伟民.数据结构(C 语言版)[M].北京：清华大学出版社,2007.

[13] 姜成志.C 语言程序设计教程[M].北京：清华大学出版社,2011.

[14] 赛煜.C 语言程序设计实训教程[M].北京：中国铁道出版社,2008.

[15] 谭浩强,张基温.C 语言程序设计教程[M].3 版.北京：高等教育出版社,2006.

[16] 谭浩强.C 程序设计题解与上机指导[M].3 版.北京：清华大学出版社,2005.

[17] 朱立华, 陈可佳.C 语言程序设计[M].北京：人民邮电出版社,2018.

附录

附录 A 标准 ASCII 码表

DEC	HEX	CHAR	DEC	HEX	CHAR	DEC	HEX	CHAR	DEC	HEX	CHAR	DEC	HEX	CHAR
0	0	NUL	26	1A	SUB	52	34	4	78	4E	N	104	68	h
1	1	SOH	27	1B	ESC	53	35	5	79	4F	O	105	69	i
2	2	STX	28	1C	FS	54	36	6	80	50	P	106	6A	j
3	3	ETX	29	1D	GS	55	37	7	81	51	Q	107	6B	k
4	4	EOT	30	1E	RS	56	38	8	82	52	R	108	6C	l
5	5	ENQ	31	1F	US	57	39	9	83	53	X	109	6D	m
6	6	ACK	32	20	SPACE	58	3A	:	84	54	T	110	6E	n
7	7	BEL	33	21	!	59	3B	;	85	55	U	111	6F	o
8	8	BS	34	22	"	60	3C	<	86	56	V	112	70	p
9	9	HT	35	23	#	61	3D	=	87	57	W	113	71	q
10	A	LF	36	24	$	62	3E	>	88	58	X	114	72	r
11	B	VT	37	25	%	63	3F	?	89	59	Y	115	73	s
12	C	FF	38	26	&	64	40	@	90	5A	Z	116	74	t
13	D	CR	39	27	,	65	41	A	91	5B	[	117	75	u
14	E	SO	40	28	(	66	42	B	92	5C	\	118	76	v
15	F	SI	41	29	)	67	43	C	93	5D	]	119	77	w
16	10	DLE	42	2A	*	68	44	D	94	5E	^	120	78	x
17	11	DCI	43	2B		69	45	E	95	5F	–	121	79	y
18	12	DC2	44	2C	,	70	46	F	96	60	、	122	7A	z
19	13	DC3	45	2D	–	71	47	G	97	61	a	123	7B	{
20	14	DC4	46	2E	.	72	48	H	98	62	b	124	7C	|
21	15	NAK	47	2F	/	73	49	I	99	63	c	125	7D	}
22	16	SYN	48	30	0	74	4A	J	100	64	d	126	7E	~
23	17	TB	49	31	1	75	4B	K	101	65	e	127	7F	DEL
24	18	CAN	50	32	2	76	4C	L	102	66	f			
25	19	EM	51	33	3	77	4D	M	103	67	g			

注：DEC—十进制制数；HEX—十六进制数；CHAR—ASCII 字符；NUL—空；VT—垂直制表；SYN—空转同步；SOH—标题开始；FF—走纸控制；ETB—信息组传送结束；STX—正文开始；CR—回车；ETX—正文结束；SO—移位输出；EM—纸尽；EOY—传输结束；SI—移位输入；SUB—换置；ENQ—询问字符；DLE—空格；DC1—设备控制 1；FS—文字分隔符；BEL—报警；DC2—设备控制 2；GS—组分隔符；BS—退一格；DC3—设备控制 3；RS—记录分隔符；DC4—设备控制 4；US—单元分隔符；LF—换行；NAK—否定；DEL—删除；CAN—作废；ESC—换码；ACK—承认；HT—横向列表。

附录 B　C 语言的关键字

C 语言简洁、紧凑，使用方便、灵活。ANSI C 一共只有 32 个关键字：

序号	关键词	含义
1	auto	声明自动变量
2	short	声明短整型变量或函数
3	int	声明整型变量或函数
4	long	声明长整型变量或函数
5	float	声明浮点型变量或函数
6	double	声明双精度变量或函数
7	char	声明字符型变量或函数
8	struct	声明结构体变量或函数
9	union	声明共用数据类型
10	enum	声明枚举类型
11	typedef	用以给数据类型取别名
12	const	声明只读变量
13	unsigned	声明无符号类型变量或函数
14	signed	声明有符号类型变量或函数
15	extern	声明变量是在其他文件正声明
16	register	声明寄存器变量
17	static	声明静态变量
18	volatile	说明变量在程序执行中可被隐含地改变
19	void	声明函数无返回值或无参数，声明无类型指针
20	if	条件语句
21	else	条件语句否定分支(与 if 连用)
22	switch	用于开关语句
23	case	开关语句分支
24	for	一种循环语句
25	do	循环语句的循环体
26	while	循环语句的循环条件
27	goto	无条件跳转语句
28	continue	结束当前循环，开始下一轮循环
29	break	跳出当前循环
30	default	开关语句中的“其他”分支
31	sizeof	计算数据类型长度
32	return	子程序返回语句(可以带参数，也可不带参数)循环条件

注：以上关键词不能用作用户定义的标识符。

附录C　C语言常用语法提要

为方便读者查阅，下面列出C语言语法中常用的一些重要部分，但并未采用严格的语法定义形式，只是备忘性质，供参考。

1. 标识符

标识符可由字母、数字和下划线组成，但必须以字母或下划线开头。大、小写字母分别认为是两个不同的字符。不同的系统对标识符的字符数由不同的规定，一般允许7个字符。

2.常量

(1) 整型常量：十进制常量、八进制常量（以0开头的数字序列）、十六进制常量（以0x开头的数字序列）、长整型常量（在数字后加字符l或L）。

(2) 字符常量：用单引号（单撇号）括起来的一个字符，可以使用转义字符。

(3) 实型常量：小数形式、指数形式。

(4) 字符串常量：用双引号（双撇号）括起来的字符序列。

3. 表达式

(1) 算术表达式

整型表达式：参加运算的运算量是整型量，结果也是整型量。

实型表达式：参加运算的运算量是实型量，运算过程先转换成double型，结果也是double型。

(2) 逻辑表达式

用逻辑运算符连接的整型量，结果为一个整数(0或1)。逻辑表达式可以认为是整型表达式的一种特殊形式。

(3) 强制类型转换表达式

用“(类型)”运算符使表达式的类型进行强制转换，如(float)a。

(4) 逗号表达式

形式为：

表达式1，表达式2，…，表达式n

顺序求出表达式1，表达式2，…，表达式n的值。结果为表达式n的值。

(5) 赋值表达式

将赋值号“=”右侧表达式的值赋给赋值号左边的变量。赋值表达式的值为执行赋值后被赋值的变量的值。

(6) 条件表达式

形式为：

逻辑表达式？表达式1：表达式2

逻辑表达式的值为非0，则条件表达式的值等于表达式1的值；逻辑表达式的值为0，则条件表达式的值等于表达式2的值。

(7) 指针表达式

对指针类型的数据进行运算。例如:p-2,p1-p2,&a 等(其中 p,p1,p2 均已定义为指针变量,a 为已定义的变量),结果为指针类型。

以上各种表达式可以包含有关的运算符,也可以是不包含任何运算符(例如,常量是算术表达式的最简单的形式)。

4. 数据定义

对程序中用到的所有变量都需要定义。对数据要定义其数据类型,需要时指定其存储类别。

(1) 类型表示符

可用:int、short、long、unsigned、char、float、double、struct 结构体名、union 共用体名、用 typdef 定义的类型名。

结构体与共用体的定义形式为:

struct 结构体名
{成员列表};
union 共用体名
{成员列表};

用 typdef 定义的新类型名的形式为:

typdef 已有类型 新定义类型

(2) 存储类别

可用:auto、static、register、extern;如不指定存储类别,默认为 auto。

变量的定义形式为:

存储类别 数据类型 变量表列

注意外部数据定义只能用 extern 或 static,而不能用 auto 或 register。

5. 函数定义

形式为:存储类别 数据类型 函数名(形参列表)
函数体

函数的存储类别只能用 extern 或 static。函数体使用花括号括起来,可包括数据定义和语句。

6. 变量的初始化

可以在定义时对变量或数组指定初始值。

静态变量或外部变量如未初始化,系统自动使其初值为 0(对数值型变量)或空(对字符型数据)。对自动变量或寄存器变量,如未初始化,则其初始值为一随机数据。

7. 语句

包括:表达式语句、函数调用语句、控制语句、复合语句、空语句。其中控制语句包括:

(1) if(表达式) 语句

或

if(表达式) 语句 1

else 语句 2
(2) while(表达式) 语句
(3) do-while(表达式) 语句
(4) for(表达式 1; 表达式 2; 表达式 3) 语句
(5) switch(表达式)
{case 常量表达式 1:语句 1;
…
case 常量表达式 n:语句 n;
default: 语句 n+1};
(6) break 语句
(7) continue 语句
(8) return 语句
(9) goto 语句
8. 预处理命令
#define 宏名 字符串
#define 宏名(参数 1, 参数 2,…,参数 n)字符串
#undef 宏名
#include "文件名"或<文件名>
#if 常量表达式
#ifdef 宏名
#ifndef 宏名
#else
#endif

附录 D C 语言常用的标准库函数

表 1 数学函数(math.h)

函数名	函数功能	函数返回值类型
abs(int i)	求整数的绝对值	int
fabs(double x)	返回浮点数的绝对值	double
floor(double x)	向下舍入	double
fmod(double x, double y)	计算 x 对 y 的模, 即 x/y 的余数	double
exp(double x)	指数函数	double
log(double x)	对数函数 ln(x)	double
log10(double x)	对数函数 log	double
labs(long n)	取长整型绝对值	long

续表

函数名	函数功能	函数返回值类型
modf(double value, double *iptr)	把数分为指数和尾数	double
pow(double x, double y)	指数函数(x 的 y 次方)	double
sqrt(double x)	计算平方根	double
sin(double x)	正弦函数	double
asin(double x)	反正弦函数	double
sinh(double x)	双曲正弦函数	double
cos(double x)	余弦函数	double
acos(double x)	反余弦函数	double
cosh(double x)	双曲余弦函数	double
tan(double x)	正切函数	double
atan(double x)	反正切函数	double
tanh(double x)	双曲正切函数	double
abs(int i)	求整数的绝对值	int
fabs(double x)	返回浮点数的绝对值	double
floor(double x)	向下舍入	double
fmod(double x, double y)	计算 x 对 y 的模，即 x/y 的余数	double
exp(double x)	指数函数	double
log(double x)	对数函数 ln(x)	double
log10(double x)	对数函数 log	double
labs(long n)	取长整型绝对值	long
modf(double value, double *iptr)	把数分为指数和尾数	double
pow(double x, double y)	指数函数(x 的 y 次方)	double
sqrt(double x)	计算平方根	double
sin(double x)	正弦函数	double
asin(double x)	反正弦函数	double
sinh(double x)	双曲正弦函数	double
cos(double x)	余弦函数	double
acos(double x)	反余弦函数	double
tan(double x)	正切函数	double
atan(double x)	反正切函数	double

表 2 字符串函数(string.h)

函数名	函数功能	函数返回值类型
strcat(char *dest,const char *src)	将字符串 src 添加到 dest 末尾	char
strchr(const char *s,int c)	检索并返回字符 c 在字符串 s 中第一次出现的位置	char
strcmp(const char *s1,const char *s2)	比较字符串 s1 与 s2 的大小,并返回 s1-s2	int
stpcpy(char *dest,const char *src)	将字符串 src 复制到 dest	char
strdup(const char *s)	将字符串 s 复制到最近建立的单元	char
strlen(const char *s)	返回字符串 s 的长度	int
strlwr(char *s)	将字符串 s 中的大写字母全部转换成小写字母,并返回转换后的字符串	char
strrev(char *s)	将字符串 s 中的字符全部颠倒顺序重新排列,并返回排列后的字符串	char
strset(char *s,int ch)	将一个字符串 s 中的所有字符置于一个给定的字符 ch	char
strspn(const char *s1,const char *s2)	扫描字符串 s1,并返回在 s1 和 s2 中均有的字个数	char
strstr(const char *s1,const char *s2)	描字符串 s2,并返回第一次出现 s1 的位置	char
strtok(char *s1,const char *s2)	检索字符串 s1,该字符串 s1 是由字符串 s2 中定义的定界符所分隔	char
strupr(char *s)	将字符串 s 中的小写字母全部转换成大写字母,并返回转换后的字符串	char

表 3 字符函数(ctype.h)

函数名	函数功能	函数返回值类型
isalpha(int ch)	若 ch 是字母('A'~'Z','a'~'z')返回非 0 值,否则返回 0	int
isalnum(int ch)	若 ch 是字母('A'~'Z','a'~'z')或数字('0'~'9')返回非 0 值,否则返回 0	int
isascii(int ch)	若 ch 是字符(ASCII 码中的 0~127)返回非 0 值,否则返回 0	int
iscntrl(int ch)	若 ch 是作废字符(0x7F)或普通控制字符(0x00~0x1F)返回非 0 值,否则返回 0	int
isdigit(int ch)	若 ch 是数字('0'~'9')返回非 0 值,否则返回 0	int
isgraph(int ch)	若 ch 是可打印字符(不含空格)(0x21~0x7E)返回非 0 值,否则返回 0	int
islower(int ch)	若 ch 是小写字母('a'~'z')返回非 0 值,否则返回 0	int
isprint(int ch)	若 ch 是可打印字符(含空格)(0x20~0x7E)返回非 0 值,否则返回 0	int

续表

函数名	函数功能	函数返回值类型
ispunct(int ch)	若 ch 是标点字符(0x00~0x1F)返回非 0 值,否则返回 0	int
isspace(int ch)	若 ch 是空格(' '),水平制表符(\t),回车符(\r),走纸换行(\f),垂直制表符(\v),换行符(\n),返回非 0 值,否则返回 0	int
isupper(int ch)	若 ch 是大写字母('A'~'Z')返回非 0 值,否则返回 0	int
isxdigit(int ch)	若 ch 是 16 进制数('0'~'9',l'A'~'F','a'~'f')返回非 0 值,否则返回 0	int
tolower(int ch)	若 ch 是大写字母('A'~'Z')返回相应的小写字母('a'~'z')	int
toupper(int ch)	若 ch 是小写字母('a'~'z')返回相应的大写字母('A'~'Z')	int

表 4　输入输出函数(stdio.h)

函数名	函数功能	函数返回值类型
getch()	从控制台(键盘)读一个字符,不显示在屏幕上	int
putch()	向控制台(键盘)写一个字符	int
getchar()	从控制台(键盘)读一个字符,显示在屏幕上	int
putchar()	向控制台(键盘)写一个字符	int
getchar()	从控制台(键盘)读一个字符,显示在屏幕上	int
getc(FILE * stream)	从流 stream 中读一个字符,并返回这个字符	int
putc(int ch,FILE * stream)	向流 stream 写入一个字符 ch	int
getw(FILE * stream)	从流 stream 读入一个整数,错误返回 EOF	int
putw(int w,FILE * stream)	向流 stream 写入一个整数	int
fclose(handle)	关闭 handle 所表示的文件处理	FILE *
fgetc(FILE * stream)	从流 stream 处读一个字符,并返回这个字符	int
fputc(int ch,FILE * stream)	将字符 ch 写入流 stream 中	int
fgets(char * string,int n, FILE * stream)	流 stream 中读 n 个字符存入 string 中	c har *
fopen(char * filename,char * type)	打开一个文件 filename,打开方式为 type,并返回这个文件指针,type 可为以下字符串加上后缀	FILE *
fputs(char * string,FILE * stream)	将字符串 string 写入流 stream 中	
fread(void * ptr,int size,int nitems,FILE * stream)	从流 stream 中读入 nitems 个长度为 size 的字符串存入 ptr 中	int
fwrite(void * ptr,int size,int nitems,FILE * stream)	向流 stream 中写入 nitems 个长度为 size 的字符串,字符串在 ptr 中	int

续表

函数名	函数功能	函数返回值类型
fscanf(FILE * stream,char * format[,argument,…])	以格式化形式从流 stream 中读入一个字符串	int
fprintf(FILE * stream, char * format[,argument,…])	以格式化形式将一个字符串写给指定的流 stream	int
scanf(char * format[,argument…])	从控制台读入一个字符串,分别对各个参数进行赋值,使用 BIOS 进行输出	int
printf (char * format [, argument, …])	发送格式化字符串输出给控制台(显示器),使用 BIOS 进行输出	int

注:[…]表示可选参数。

附录 E C 语言运算符优先级

优先级	运算符	名称或含义	使用形式	结合方向	说明
1	[]	数组下标	数组名[常量表达式]	左到右	
	()	圆括号	(exp)/函数名(形参表)		
	.	成员选择(对象)	对象.成员名		
	->	成员选择(指针)	对象指针->成员名		
2	-	负号运算符	-exp	右到左	单目运算符
	(类型)	强制类型转换	(类型)exp		
	++	自增运算符	++var/var++		单目运算符
	--	自减运算符	--var/var--		单目运算符
	*	取值运算符	* 指针变量		单目运算符
	&	取地址运算符	&var		单目运算符
	!	逻辑非运算符	! exp		单目运算符
	~	按位取反运算符	~exp		单目运算符
	sizeof	长度运算符	sizeof(exp)		
3	/	除	exp1/exp2	左到右	双目运算符
	*	乘	exp1 * exp2		双目运算符
	%	余数(取模)	整型表达式/整型表达式		双目运算符
4	+	加	exp1+exp2	左到右	双目运算符
	-	减	exp1-exp2		双目运算符

续表

优先级	运算符	名称或含义	使用形式	结合方向	说明
5	<<	左移	var<<exp	左到右	双目运算符
	>>	右移	var>>exp		双目运算符
6	>	大于	exp1>exp2	左到右	双目运算符
	>=	大于等于	exp1>=exp2		双目运算符
	<	小于	exp1<exp2		双目运算符
	<=	小于等于	exp1<=exp2		双目运算符
7	==	等于	exp1==exp2	左到右	双目运算符
	!=	不等于	exp1!=exp2		双目运算符
8	&	按位与	exp1&exp2	左到右	双目运算符
9	^	按位异或	exp1^exp2	左到右	双目运算符
10	|	按位或	exp1|exp2	左到右	双目运算符
11	&&	逻辑与	exp1&&exp2	左到右	双目运算符
12	||	逻辑或	exp1||exp2	左到右	双目运算符
13	?:	条件运算符	exp1? exp2: exp3	右到左	三目运算符
14	=	赋值运算符	var=exp	右到左	
	/=	除后赋值	var/=exp		
	*=	乘后赋值	var*=exp		
	%=	取模后赋值	var%=exp		
	+=	加后赋值	var+=exp		
	-=	减后赋值	var-=exp		
	<<=	左移后赋值	var<<=exp		
	>>=	右移后赋值	var>>=exp		
	&=	按位与后赋值	var&=exp		
	^=	按位异或后赋值	var^=exp		
	|=	按位或后赋值	var|=exp		
15	,	逗号运算符	exp1,exp2,…	左到右	从左向右顺序运算

注:(1) exp代表表达式,var代表变量;

(2)若在编程过程中,记不清楚运算符间的优先级时,可采用加括号的方式进行优先级控制。

附录F 程序设计常见错误与解决方法

错误原因	示例	出错现象	解决方法
1. 编程基础与I/O控制			

变量未定义就使用	intx=3,y=4;
	tmp=x;
	x=y;
	y=tmp;
		系统报错:' tmp ': undeclared identifier（tmp是没有声明的标识符）	增加变量tmp的定义，再使用该变量

变量名拼写错误	int tmp; tnp=2;	系统报错:' tnp ': undeclared identifier	查看对应的变量及其定义，保证前后一致
使用了未赋值的变量，其值不可预测	int x; printf("%d" , x);	系统告警:local variable ' x ' used without having been initialized(使用了未初始化的局部变量“x”)	养成对变量初始化的习惯，保证访问前有确定值
不预先判断除数是否为0	int devide(intx, int y) {return x/y;}	系统无报错或告警,但是当调用时,若第二实参为0,则弹出意外终止对话框且报异常消息：Integer division by zero	在函数定义时增加对除数为0的考虑并做处理,防止运行时出错

未考虑数值溢出的可能	intx=100000;
	x=x * x * x
	printf("%d" , x);
		系统无报错或告警,但是输出结果不正确	超出了x定义的范围,预先估计运算结果的可能范围,采用取值范围更大的类型,如:double

语句之后丢失分号	int x, y x=3;y=4;	系统报错:missing ';' before identifier ' x '(在标识符“x”的前面缺少“;”)	按照提示的行号,找到出错位置,添加分号
忘记给格式控制串加双引号	int x=sizeof(int); printf(%d, x);	系统报若干个错:missing ')' before '%'(在“%”的前面缺少“)”); "printf":用于调用的参数太少; "d":未声明的标识符	根据编译器所指错误位置,将格式串两边加""
未给scanf中的变量加取地址运算符&	intx; scanf("%d" , x);	系统告警:The variable x is being used without being initialized	根据编译器所指告警位置，检查并修改,增加取地址符&
scanf的格式控制串中含有“\n”等转义字符	int x; scanf("%d\n" , &x);	系统无报错或告警,但是输入数据时无法及时结束	从格式控制串中去掉“\n”转义字符

续表

错误原因	示例	出错现象	解决方法

读入实型数据时，在 scanf 的格式控制串中规定输入精度	float x;
	scanf("%5.2f",&x);
	printf("%f", x);
		系统无报错或告警，但是输出结果并不是输入时的数据	从格式控制串中去掉5.2精度控制，输入实型数不能控制精度

在格式控制字符串之后丢失逗号	printf("%d"x));	系统报错：missing ')' before identifier ' x '(在标识符"x"的前面缺少")")	不是在 x 之前加")"，而应该在 x 之前加","

在 printf 中的输出变量前加上了取地址符 &	intx;
	scanf("%d", &x);
	printf("%d", &x);
		系统无报错或告警，但是输出结果不正确	先用调试器跟踪观察变量的当前值，如果变量值正确而输出结果不对，则检查 printf 中的各个参数，如果输入的数据与变量所获得的值不一致，则检查 scanf 中的各个参数

漏写了 printf 中欲输出的表达式	scanf('%d", &x); printf("%d");		

输入输出格式控制符与数据类型不一致	intx = 12, y; float z = 12.5;
	scanf("%c", &x);
	printf("x=%f", x);
	printf("z=%d", z);
		系统无报错或告警，但是输出结果不正确	

漏写了 printf 中与欲输出的表达式对应的格式控制串	intx;
	scanf("%d", &x);
	printf("%d", x, x+3);
		系统无报错或告警，但是缺少期望的输出结果	

2. 控制语句部分			

混淆"&,|"与"&&,||"	int x, y;
	scanf ("% d% d", &x, &y);
	if(x&y)
	printf ("x! = 0 and y! =0");
	else
	printf("x = = 0 or y = = 0");
		系统无报错或告警，但是当输入 2 和 5 时，输出结果却是 x = = 0 or y = = 0	用调试器跟踪观察表达式 x&&y 的结果，以及与流程走向的矛盾，从而发现问题所在，将 & 改为 && 即可解决

将"= ="误写成"="	int x=3, y=4;
	if(x = y) printf ("x = = y");
	else printf("x! =y");
		系统无报错或告警，但是输出结果不正确，输出结果永远都是 x = =y	用调试器跟踪观察变量的当前值，注意执行 if 语句的执行，从而找出逻辑错误

用"= ="比较两个浮点数	float x;
	scanf("%f", &x);
	if(x = = 123.456)
	  printf("equal");
	else
	  printf("unequal");
		系统无报错或告警，但是输出结果永远都是 unequal，即使输入的 x 值为 123.456	将变量类型改为 double 型以提高精度；更好的方法是以绝对值之差在某一范围为相等。如：if (fabs(x - 123456) < 1e-5)

续表

错误原因	示例	出错现象	解决方法

单分支 if 条件表达式圆括号外加了分号	int x, y;
	scanf("%d%d"), &x, &y);
	if(x>y); x-=y
	printf("%d", x);
		系统无报错或告警,但是无论输入的值大小关系如何,都执行 x-=y 输出改变后的 x	用调试器跟踪观察程序的执行过程,注意观察输入 x<y 这种情况下的执行语句,从而找出错误位置

双分支 if 条件表达式圆括号外加了分号	int x, y;
	scanf("%d%d"), &x, &y);
	if(x>y); x-=y;
	else y-=x;
		系统报错: illegal else without matching if(没有匹配 if 的非法 else)	根据出错位置和错误信息提示,删除多余的分号

switch-case 语句未提供 default 分支	int x, y;
	scanf("%d", &x);
	switch (x)
	{
	case 1: y=1;break;
	case 2: y=2;break;}
	printf("y=%d\n", y);
		系统无报错或告警,但是当输入的 x 不是 1 或 2 时,则弹出意外终止对话框且报异常消息: The variable 'y' is being used without being initialized	用调试器跟踪观察程序的执行过程,当输入的 x 不是 1 或 2 时直接执行了输出语句而未对 y 做任何处理。加上 default 分支

while 语句条件表达式圆括号外加了分号	int x=1,y=0;
	while (x<=5);
	  y+=x++;
	printf("%d", y);
		系统无报错或告警,但却是死循环	用调试器跟踪观察程序的执行过程,发现陷入死循环而无法执行到语句"y+=x++;",去掉多余分号

while 循环体内缺少改变循环控制变量值的语句导致死循环	int x=1,y=0;
	while (x<=5)
	  y+=x;
	printf("%d", y);
		系统无报错或告警,但却是死循环	用调试器跟踪观察程序的执行过程,观察变量值的变化情况,发现 x 值一直不变,增加对 x 的修改

for 语句圆括号内的 3 个表达式未用分号分隔	int x=1, y=0;
	for (x=1, x<=5, x++)
	y+=x;
		系统报错:missing ';' before ')'(在")"的前面缺少";")	根据出错位置和错误信息提示,找到 for 语句,将逗号改为分号

for 语句后误加分号	int i, s=0;
	for (i=1;i<=5;i++);
	  s+=i;
	printf("s=%d\n", s);
		系统无报错或告警,但是输出结果是 s=6 而不是 s=15	用调试器跟踪观察程序的执行过程,找到未重复执行"s+=i;"的原因,去掉 for 后的分号

累加器未事先清零	int x=1,y;
	for (x=1;x<=5;x++)
	  y+=x;
	printf("%d", y);
		系统无报错或告警,但是输出结果错误	用调试器跟踪观察变量 y 的值,y 值一开始就是随机数,增加初始化清零

续表

错误原因	示例	出错现象	解决方法

if、while、for 的控制语句中未用大括号构成复合语句	int x, y, t;
	scanf ("% d% d" , &x, &y) ;
	if(x>y)
	  t=x; x=y; y=t;
	printf("%d %d\n", x, y) ;
		系统无报错或告警,但是当输入的 x<y 时,则弹出意外终止对话框且报异常消息: The variable 't' is being used without being initialized.	用调试器跟踪观察程序的执行过程及变量 y 的值,在 x<y 时执行了 x=y; y=t,此时 t 无初值,则报错,解决方法为对"t=x; x=y; y=t;"加大括号构成复合语句

3. 函数部分			
使用了库函数但未包含相应的头文件	int x, y; scanf("%d", &x) ; y=(int)sqrt(x) ; printf("%d %d\n", x, y) ;	系统报错:' sqrt ' undefined; assuming extern returning int ("sqrt"未定义;假设外部返回 int)	根据错误提示,增加相应的文件包含
函数原型定义末尾未加分号	int f(int x, int y) void main( ) { …… } int f(int x, int y) {return x+y;}	系统报错:在"{"的前面缺少";";"main":不在形参表中;函数"int f (int, int)"已有主体	仔细检查错误提示位置及前后相邻位置,在原型声明最后补加分号
函数定义首部末尾加了分号	int f(int x, int y) ; { return x+y; } void main( ) {…}	系统报错: found '{' at file scope (missing function header?) (在文件范围内找到"{"(是否缺少函数头?);语法错误:"}"	仔细检查错误提示位置及前后相邻位置,将函数定义首部最后的分号去掉
将形参又定义为本函数内的局部变量	int f(int x, int y) { int x; return x+y; }	系统报错:redefinition of formal parameter ' x '(形参"x"的重定义)	根据错误提示,修改局部变量名,不能与形参同名

从返回值类型为 void 的函数中返回一个值	void f(intx)
	{
	  return x * 10;
	}
		系统告警:' f ': ' void ' function returning a value ("f": "void"函数返回值)	根据告警提示,删除 return 语句,修改函数

有返回值的函数不用 return 指明返回值	int f(int x) {x=x+100;}	系统告警:' f ': must return a value("f":必须返回一个值)	根据提示增加 return 语句
在定义一个函数的函数体内定义了另一个函数	int f(int x, int y) { void q(void) { printf("OK\n") ;} return x+y; }	系统报错: syntax error: missing ';' before '{'(在"{"的前面缺少";")	函数不允许嵌套定义,将函取 q 的定义完全放到 f 函数外面与 f 函数平行定义

续表

错误原因	示例	出错现象	解决方法
随意修改全局变量的值	int x=3; void f1(void) {x * =100; } void f2(void) {x+=50;}	系统无报错或告警,但是在不适当的时机改变生局变量会引起混乱,并造成模块之间的强耦合	减少全局变量的使用,可以通过参数传递达到多模块多函数之间传递数据
调用函数后不检查函数是否正确执行	FILE *fp; fp=fopen ("file1.txt","r"); while (!feof(fp)) { … }	系统无报错或告警,在某些情况下运行可能出现意外终止对话框	打开文件后,增加一条判断语句: if (! fp) { printf (" error \ n"); exit(0);}
4. 数组和字符串操作部分			
未使用整型常量表达式定义数组的长度	int n=10; int a[n];	系统报错:不能分配常量大小为 0 的数组;“a”:未知的大小;应输入常量表达式	将 n 定义为符号常量,# define n 10
初始化数组提供的初值个数大于数组长度	int a[2]={8,7,6};	系统报错:too many initializers (初始值设定项太多)	减少初值个数,使初值个数小于等于数组长度
初始化数组时未依次提供各元素初值	int a[3]={9, ,7};	系统报错:syntax error: ','(语法错误:“,”)	必须从左到右依次提供元素初值
访问二维数组元素的形式出错	int a[2][2]={1,2,3,4}; a[1,1]=9;	系统报错:left operand must be l-value	将对二维数组元素的访问形式改为“a[1][1]=9;”

数组下标越界	int i, a[3]={7,8,9};
	for (i=1;i<=3;i++)
	printf("%2d",a[i]);
		系统无报错或告警,输出结果为 8 9 -858993460 而不是预期的 7 8 9	用调试器观察数组各个元素的值,发现下标从 0 开始,修改循环起止值

字符串没有'\0'结束符	char s[5]; int i;
	for (i=0;i<3;i++)
	s[i]='A'+i;
	puts(s);
		系统无报错或告警,但是输出结果不正确,为:ABC 烫烫烫烫 * (* 表示通配符,可以是任意个任意字符)	用调试器观察字符数组各个元素的值,元素 s[3]和 s[4]的值均为 -52,无串结尾标志,增加 s[3]=0

字符数组没有空间存放“\0”结束符	char s[3]="ABC"; puts(s);	系统无报错或告警,但输出结果不正确,为:ABC 烫 *	增大字符数组的长度保证有足够的空间存放“\0”结束符
直接用赋值运算符对字符数组赋值	char s[5]; s="ABC";	系统报错:left operand must be l-value(左操作数必须为左值)	只有初始化时才可以使用赋值号,改变字符数组的值改用“strcpy(s,"ABC");”

续表

错误原因	示例	出错现象	解决方法

欲用 scanf 读入带空格的字符串	char s[20];
	scanf("%s", s);
	puts(s);
		系统无报错或告警,当输入"hello world!"后,输出结果为 hello	用 scanf 读入时自动以空白符(空格、Tab、回车)为结束标志,应用 gets(s)

用字符实参对应一个字符串形参	void fun(char s[ ]) { puts(s); } void main() {fun('A');}	系统告警: ' char * ' differs in levels of indirection from ' const int '("const char *"与"int"的间接级别不同)	将实参改成一个字符串常量或一维字符数组名
用字符串实参对应一个字符形参	void fun(char s) { putchar(s); } void main() {fun("ABC");}	系统告警:' char ' differs in levels of indirection from ' char [4]'	将实参改成一个字符常量或字符变量名
5. 指针操作部分			

通过没有确定值的指针变量读写它所指向的空间	int x=3, *p;
	*p+=x;
	printf("%d", *p);
		系统告警:弹出意外终止框且报异常消息:local variable 'p' used without having been initialized	在定义指针变量的同时最好初始化,或用赋值语句使其获得一个确切地址

对并没有指向数组某一元素空间的指针进行算术运算	int x=10, *p=&x;
	p++;
	printf("%d", *p);
		系统无报错或告警,运行结果为:
		-858993460
			指针的算术运算只有当指向数组元素空间时才有意义,此处删除 p++

指向数组空间的指针进行算术运算超出了数组范围	int a[3]={1,2,3};
	int *p=a, i;
	for(i=0;i<3;i++)
	p++;
	printf("%d", *p);
		系统无报错或告警,运行结果为:
		-858993460
			通过调试器跟踪程序的执行过程,观察 p 及 *p 的值,循环体执行了 3 次以后 p 指向了数组 a 的空间之外,减少循环次数

类型不一致的两个指针进行了赋值	int x=3, *p=&x;
	floaty=9.7f, *q=&y;
	p=q;
	printf("%d" ,*p);
		系统告警: '=': incompatible types from ' float *' to ' int *'(从"float *"到"int *"的类型不兼容)	两个类型完全一致的指针才能赋值,否则使用强制类型转换,改为"p=(int *)q;",但是输出结果可能是无意义的值

未判断动态空间申请是否成功就直接访问	int *p, i;
	p=calloc(3,sizeof(int));
	for (i=0;i<3;i++)
	  p[i]=i+10;
	for (j=0;j<3;j++)
	  printf("%d", p[i]);
		error C2440:"=":无法从"void *"转换为"int *"从"void *"到指向非"void"的指针的转换要求显式类型转换	将"p=calloc(3, sizeof(int));"修改为"p=(int *)calloc(3, sizeof(int));"

续表

错误原因	示例	出错现象	解决方法

引用未初始化的动态空间中的内容	int *p, i, s=0;
	p=(int *)malloc(3 * sizeof(int));
	if(!p) {
	printf("allocation fail");
	exit(0); }
	for (i=0;i<3;i++)
	s+=p[i];
	printf("%d", s);
		系统无报错或告警,运行结果为:1768515943	通过调试器跟踪程序的执行过程,观察 p 及 *p 的值,增加对动态数组元素的赋值或读入语句,再进行运算

用 malloc 或 calloc 申请的内存未用 free 释放	int *p=(int *)calloc(3,sizeof(int)); …	系统无报错或告警,但是这样会造成内存浪费和内存泄漏	当动态空间使用结束后一定要及时用 free(p)进行释放
6. 结构体、文件及其他部分			

定义结构体类型时,最后未加分号	struct Point
	{
	double x, y;
	}
		系统报错:syntax error: missing ';' before '}'	在结构体类型定义的最后加一个分号

仅使用结构成员名来访问结构体的一个成员	struct Point
	{ double x, y;
	} a={1,2};
	a.x=10;
	y=20;
		系统报错:'y': undeclared identifier("y":未声明的标识符)	根据编译器指示出错位置,将 y=20 改为"a.y=10;"

文件打开后不及时判断是否正确打开就对文件进行读写操作	FILE *p=fopen("a1.txt","r");
	while(! feof(p))…
		系统无报错或告警,但是这样会影响其他程序使用此文件,可能造成数据丢失等	在文件打开之后读写之前,增加判断语句:
			if(!p)
			{
			printf("open failure \n");
			exit(0);
			}

文件打开后不及时关闭	FILE *p=fopen("a1.txt","r"); …	系统无报错或告警,但是这样会影响其他程序使用此文件,可能造成数据丢失等	在文件读写操作结束后一定要及时关闭文件